内蒙古马文化与马产业研究丛书

马文化

黄淑洁等 ● 著

内蒙古出版集团

内蒙古人民出版社

图书在版编目（CIP）数据

马文化/黄淑洁等著. –呼和浩特:内蒙古人民
出版社，2019.8

（内蒙古马文化与马产业研究丛书）

ISBN 978-7-204-15986-4

Ⅰ.①马… Ⅱ.①黄… Ⅲ.①马-文化-研究-中国
Ⅳ.①S821

中国版本图书馆 CIP 数据核字（2019）第 138803 号

马文化

作　　者	黄淑洁等	
责任编辑	董立群　王　瑶	
封面设计	额伊勒德格	
出版发行	内蒙古出版集团　内蒙古人民出版社	
地　　址	呼和浩特市新城区中山东路 8 号波士名人国际 B 座 5 层	
网　　址	http://www.impph.cn	
印　　刷	内蒙古恩科赛美好印刷有限公司	
开　　本	710mm×1000mm　1/16	
印　　张	21	
字　　数	290 千	
版　　次	2019 年 8 月第 1 版	
印　　次	2019 年 8 月第 1 次印刷	
书　　号	ISBN 978-7-204-15986-4	
定　　价	65.00 元	

如出现印装质量问题，请与我社联系。联系电话:(0471)3946120

"内蒙古马文化与马产业研究丛书"
《马文化》编写组

组　　长：黄淑洁

成　　员：伊德日克　　张永升　　武建林

　　　　　赵利娜　　　陈　莹

总　序

　　"你听过马的长嘶吗？假如你没听过的话，我真不知道你是怎么理解蓝天的高远和大地的辽阔的。听了马的嘶鸣，懦夫也会振作起来。你仔细观察过马蹄吗？听过马蹄落地的声音吗？有了那胶质坚硬的东西，可爬山、可涉水，即使长征万里也在所不辞，而它有节奏的踏地之声，不正是激越的鼓点吗？"每次读到蒙古族作家敖德斯尔在《骏马》一文中的这段话时，我都激情澎湃、思绪万千。是的，蒙古族失去了马，就会失掉民族的魂魄；蒙古族文化中没了马文化，就会失去民族文化的自信。在漫长的历史长河中，没有哪一个民族像蒙古族一样与马有着密切的联系，没有哪一个民族像蒙古族一样对马有着深厚的感情。马伴随着蒙古族人迁徙、生产、生活，成为蒙古族人最真诚的朋友。马作为人类早期驯化的动物，与人、与自然共同构成了和谐共生的关系，衍生出了丰富的马文化。

　　内蒙古自治区的草原面积为 8666.7 万公顷，其中有效天然牧场 6818 万公顷，占全国草场面积的 27%，是我国最大的草场和天然牧场。据新华社报道，2018 年内蒙古马匹数量接近 85 万匹，成为国内马匹数量最多的省区。草原和马已经成为内蒙古自治区最具代表性的标志，吸引着无数人前来内蒙古旅游和体验。

　　2014 年 1 月 26 日至 28 日，春节前夕，习近平总书记在视察内蒙古时讲到，"我们干事创业就要像蒙古马那样，有一种吃苦耐劳、一往无前的精神"。这是对内蒙古各族干部群众的殷切期望和鼓励鞭策，蒙古马精神已经成为新时代内蒙古人民的精神象征，成为实现"守望相助"，建设祖国北疆亮丽风景线及实现内蒙古发展历史性巨变的强大精神力量。

"马"的历史悠久,"马"的文化土壤肥沃、积淀丰厚,"马"的功能演变和优化进程可以概括为由"役"的传统功能向"术"的现代功能的转变。无论从历史纵向角度看,还是从现实横向角度看,"马"的功能转变都为发展马产业提供了新的视角和思路。

改革开放四十年来,内蒙古大地呈现出了大力发展现代马产业的强劲势头,2017年自治区出台了《内蒙古自治区人民政府关于促进现代马产业发展的若干意见》,这个意见出台以后,为内蒙古发展现代马产业指明了方向。正是在这样的背景下,自治区党委宣传部决定在2019年举办内蒙古国际马博览会,并委托自治区社科联编写出版一套关于"马"的丛书。经过充分调研和论证,结合内蒙古实际,社科联策划出版了一套"内蒙古马文化与马产业研究丛书",该丛书共六本,分别是《马科学》《马产业》《马旅游》《马文化》《赛马业》和《蒙古马精神》,并将其作为自治区社会科学基金重大项目向社会公开招标。

通过公开招标,内蒙古大学、内蒙古农业大学、内蒙古艺术学院、内蒙古体育职业学院和内蒙古民族文化产业研究院等六个写作团队成功中标。内蒙古大学马克思主义学院教授傅锁根主持撰写《蒙古马精神》,内蒙古农业大学芒来教授主持撰写《马科学》,内蒙古民族文化产业研究院董杰教授主持撰写《马旅游》,内蒙古艺术学院黄淑洁教授主持撰写《马文化》,内蒙古农业大学职业技术学院王怀栋教授主持撰写《马产业》,内蒙古体育职业学院殷俊海研究员和温俊祥先生、郎林先生共同主持撰写《赛马业》。经过近六个月的艰苦写作,"内蒙古马文化与马产业研究丛书"一套六本专著终于付梓,这是自治区社科联组织的专家学者在马学领域一次高效的学术研究和学术创作的成功典范。

《马科学》主要从马属动物的起源、分类、外貌、育种繁殖等动物属性出发,科学揭示了马的生命周期和进化历程,阐释了马科学研究的最新成果和进展;《马产业》以传统马产业到现代马产业的发展历程,全景展现了马产业链,特别为内蒙古发展马产业做出了系统规划;《赛马业》从现代马产业发展的必由之路——赛马活动入手,揭示了赛马产业的终端价值,提出了内蒙古发展赛马产业的路径和方法;《马旅游》从建设内蒙古旅游文化大区的角度出发,提出了以草原为底色、旅游为方式、马为内容的内蒙古特色旅游体系;《马文化》从远古传说入手,介绍人马关系之嬗变,系统梳理中国古代马文化内涵、现代体育中的马文化及不同艺术领域中的马文化表现形式,还特别介绍了蒙古族的蒙古马文化,探讨马文化的研究价值及其传承与开发;《蒙古马精神》则从马的属性上归纳、提炼、总结出内蒙古人民坚守的蒙古马精神,论证和契合了习近平总书记对内蒙古弘扬蒙古马精神的理论总结。丛书整体上反映了马产业从传统到现代的转化,从动物范畴到文化领域的提炼,从实体到精神的升华之过程,具有科学性、系统性、前沿性。

这套丛书是国内首次系统研究和介绍马科学、马产业、马文化、蒙古马精神价值的丛书,填补了马科学领域的一个空白,展现了内蒙古学者在马科学领域的功底。写作过程中,大家边学习、边研究、边创作,过程非常艰难,但都坚持了下来。为保证写作质量和进度,自治区社科联专门成立了马文化与马产业研究丛书工作小组,胡益华副主席、朱晓俊副主席、李爱仙部长做了大量工作,进行全过程质量把关,组织区内专家、学者研究讨论,等等。同时,创新了重大课题研究的模式,定期组织研究团队交流,各写作团队既有分工,也有协作,打破了各团队独立写作的状态。但由于时间仓促,写作任务重,难免留下了一些遗憾,但瑕不掩瑜,相信自治区马科学、马产业领域的学者会继续深入研究探索,弥补这些缺憾。

伴随着历史演进和社会发展,马产业在培育新的经济增长动能、满足人民群众多样化健身休闲需求、建设健康中国、全面建成小康社会中发挥着重要作用。内蒙古作为马科学、马产业领域的发达省区,一定会为我国马产业、马文化的发展做出新的贡献,内蒙古各族人民也一定会遵照习近平总书记提出的坚守蒙古马精神,为"建设亮丽内蒙古,共圆伟大中国梦"做出努力。

内蒙古自治区社会科学界联合会

杭栓柱

前 言

在人类悠远的历史长河中，马是人类最早结识并驯化的动物。农耕时代，马作为重要畜力在人们的生产和生活领域建立了不可磨灭的功绩；在战争中，马作为坐骑与骑兵出生入死，以神奇的速度、勇敢的精神、无穷的力量和忠诚的行为辅助了人类；在古代和平盛世，马作为军中训练士兵和宫廷娱乐的工具，与古人同打马球或一同狩猎；在现代休闲旅游及体育竞技赛场，马陪伴着人类追求共同的目标……千百年来，即使时代变迁，科技进步，人与马共同创造的马文化一直伴随着中华民族的发展，并对其起到了巨大的促进和推动作用。到了现代，赛马和马术是体育运动中的重要项目，被世界瞩目。马文化是中国传统文化的重要组成部分，是草原文化的主体，是游牧文明的象征。故而，弘扬马文化，研究马科学，促进马产业，是我们义不容辞的责任。

纵观人类社会的发展进程，从史前时代的猎物到交通工具，从生活中的重要畜力到战争中的机器，马加速了民族融合，推动了国家统一。在人类的迁徙和征战中，马始终与人类一同亲历着每一次的重大变革和历史事件的整个过程。周天子成为万乘之君，战国时期的"胡服骑射"，秦始皇统一中国及秦陵巨大的兵马俑阵，汉武帝征服匈奴平定边疆，隋唐盛世马球的盛行，成吉思汗开疆拓土，康熙大帝御驾亲征……历史的辉煌瞬间均可凝聚成马背上的历史。即便到了现代，战场变为赛场，马依然是体育休闲竞技运动的主角。千百年来，马文化不仅是中国传统文化的重要组成部分，更为其发展提供了动力和源泉。马文化博大精深，丰富多彩。我们研究远古时期的相马、医马和驭马之术,关注历朝历代的马政,梳理不同艺术形态领域中的马文化,是对优秀传统文化的深入挖掘和整理。文化是精神的载体,传承优秀传统文化对树立民族大众的文化自觉意识、文化自信意识具有重要作用。同时,还要积极提炼和梳理传统马文化的当代价值,为马文化注入更多的时代内涵。提出更为切合当下实际的文化理论,理性思考马文化现代"新马路"所面临的困境及不足等具体问题,审视传统文化与现代文明的关系,实现由传统向现代的转型。融入世界先进马文化建设潮流中,科学取舍,对其合理内核以时代发展的要求予以批判地继承并推陈出新,树立新时代的马文化形象。

要推动马文化走出国门,将一个发展的、开放的、文明的中国马文化全新形象展示给世界。我们要尽快制定实施与经济形势发展相适应、有利于对外文化交流和贸易的马文化相关政策,举全社会之力,充分调动各方积极性,推动马文化走向世界。同时,健全马文化产品和服务贸易协调机制,树立国际观念,把马文化资源优势转化为国际市场的竞争优势,把对外文化交流作为文化贸易的手段,努力提高马文化产品的质量及其在国际市场上的竞争力,拓展马文化产品在国内国际市场上的空间,实现马文化产业的升级换代和优化组合。

黄淑洁

2019 年 3 月 16 日于呼和浩特

目　录

第一章

马文化的产生及其内涵探究

马与人的历史渊源需要追溯到遥远的远古时代。那时，先民因为缺乏对大自然的认知而感到自身力量的孱弱与渺小，喜欢把某些动物当作神灵的圣物来崇拜，希望以此求得神灵的庇佑与保护。在人类历史发展进程中，许多国家或民族都有自己尊崇的动物，如古罗马的母狼（后来以独首鹰），德国的独首鹰，俄罗斯、南斯拉夫、意大利等国家的双首鹰，美国的鹫以及我国的龙。

最初，先民将龙的形象与马紧密联系在一起：龙首像马，龙身的一部分也取自马体。马的原始形态虽然无从考证，但是从现存的野生动物如斑马、角马和普氏野马中可以找到它们的近亲，以此作为研究的参照。可以推测，原始形态的马有着长长的脸，长长的鼻道，靠嗅觉的敏感发现短缺的食物和水源；似乎可以让我们看到马的祖先是什么样的。眼球突出，可以观察到更广的范围和角度，发现四周的猎食者；蹄子像镐一样可以刨出雪或泥土中的草和植物根系。马是靠群体行动来抵御猎食者的进攻的，所以在被攻击时，会争先恐后地奔跑逃命。马有一定的智商，能够判断攻击者什么动作表示准备发起进攻，什么动作表示已经吃饱该休息了。马会警惕那些我们并不在意的东西，特别是突然移动的物体。

国际著名杂志 PNAS 上的一项研究提出：家马很可能起源自欧亚大陆草原，即今天的乌克兰和哈萨克斯坦西部，随着牧群的扩展而不断与野马杂交繁殖。考古学证据提示：马是在欧亚大陆西部草原驯化的，而来自现代母马的遗传证据指向了跨越广大的地理区域的多重驯化事件。有人用欧亚大陆北部 300 多匹马的遗传数据，对马的"驯化的起源和传播"进行了建模，重建了野马的种群统计，并提出野马的活动范围大约在 1.6 万年前扩展到了欧亚大陆东部。这些发现证实了马的驯化起源于欧亚大陆西部，并且提供了证据表明广泛存在野马进入家马群。[1]

马之所以成为人类驯养的对象是因为马具有很强的奔跑和跳跃能力。马的性情比较温顺，从不主动发起攻击，但这并不代表马没有个性。相反，

---

[1] 摘自中国马术网。

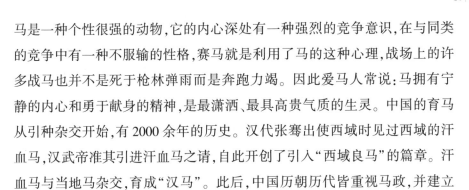

马是一种个性很强的动物,它的内心深处有一种强烈的竞争意识,在与同类的竞争中有一种不服输的性格,赛马就是利用了马的这种心理,战场上的许多战马也并不是死于枪林弹雨而是奔跑力竭。因此爱马人常说:马拥有宁静的内心和勇于献身的精神,是最潇洒、最具高贵气质的生灵。中国的育马从引种杂交开始,有2000余年的历史。汉代张骞出使西域时见过西域的汗血马,汉武帝准其引进汗血马之请,自此开创了引入"西域良马"的篇章。汗血马与当地马杂交,育成"汉马"。此后,中国历朝历代皆重视马政,并建立国家马场,培育军马。

关于马和人类的伙伴关系以及马文化的形成得从一些古老的传说谈起。

第一节 中国远古马文化的历史源流

一、龙马同体异形传说

龙是一种传说中的生物,许多国家和民族都喜欢把龙神化,赋予其强大的力量,创造了很多关于龙的传说。龙虽然不是中国特有,却是中国人崇拜的最尊贵的动物。人们把各种美好的希望都集中到龙的身上,因而它变成了祥瑞的化身,代表着吉祥,能兴云雨、利万物,春分而登天,秋分而潜渊。因此,中国历代帝王都被称为人中之龙,享有至高无上的权力。

那么,龙与马是什么关系呢?从先民对龙的理解和认识里可见一斑。首先,从外形及身长划分,《周礼·夏官司马》中说:"马八尺以上为龙,七尺以上为騋,六尺以上为马。"这是最早把龙与马联系在一起的文献记载。按照这个记载,龙、騋马是同一种生物,只是龙比一般的马长一些而已。其次,由龙变成的马,即龙马。《辞海》中将其解释为"古代传说中形状像马的龙"。

持这种看法的人认为，马是不能徜徉于大河之中的，只有身兼马和龙的双重本领的龙马才能做到。第三，神异之马。这是南北朝时期由天马、神马等说法演绎而来的。"龙马者仁马也，河水之精。高八尺五寸，长颈有翼，旁有垂毛，鸣声九哀。"南朝梁沈约在《宋书》中的这种描述把龙马说得形象而传神。

总之，古人对马的想象是大胆而丰富的。在古人的观念中龙是在天上飞的，马是在地上跑的，二者是同一种生物，只是大小不同而已。这自然不是现实中的马，而是神马或天马。上天入地，穿云入海时为龙；而沟通天地、驰骋千里时，龙幻化成具有神力的天马。

考古学家从湖南长沙马王堆等考古发现中得到了很多验证。古人对宇宙的认识集中体现在墓穴中的"非衣"上。马王堆帛画的构图分为天上、人间、冥府三部分。画面的底层是镇墓兽，画面最上方是人类向往的天国，一对神龙在天门两侧，天门之上有一双似马神兽在驰骋。一同出土的彩绘漆棺上绘有已经成仙的羽人和身有麟而无毛的龙马，让人不由得浮想联翩：若没有龙马，谁能把灵魂带入天国？

还有关于西王母的故事。据说在遥远的西方有一座神奇的山，名曰昆仑，西王母就住在那里。她有长生不老药，因此很多人都欲前往讨药，西王母成了人们祈请的大神，昆仑山成了那些妄想升天而永生的凡人们梦想进入的世界。而能够载人升天的龙马便被奉为天神的神兽。周穆王听闻后也加入祈药行列，驭八龙之骏驰骋万里至昆仑山。古人关于龙马的构想今天听起来也许荒诞，却充满了先人大胆的想象和美好愿望，使人感受到一种升腾、一种俊逸、一种神奇之美。龙马形象的构建不仅表达了古人追求长生不老和对美好世界的向往，也展现了人类渴望征服自然和自由驰骋于天地的愿望。

古人认为飞行在空中的天马和神龙一样，天马也拥有龙一样的力量！在中国古代龙和马的关系非常密切，"龙马精神"即是一例。这里的龙马就是指传说中的骏马，是一种似龙似马的动物。古书中这种例子还有很多，如《列仙传》中"马医"的故事。黄帝时有一个马医叫马师皇，很擅于治马并且知马生死。一次，一条龙从天而降，奄奄一息。马师皇用针灸法为龙医治，配以甘草汤,龙很快痊愈。此后,常常有病龙来找他医治,马师皇因此而名声大振。后来龙把他接上了天。又如《吕氏春秋·本味》曰:"马之美者,青龙之匹。"龙马混杂的形象不仅在古代文献中常常见到,在一些出土文物中也有实物为证:内蒙古红山文化遗址出土的环状的碧玉马龙,其龙首即为马首的样子;河南仰韶文化遗址出土的贝壳龙的头部也酷似马首。可以想见,在先人的观念里,马即是龙,或者说马是龙在人间的具化,龙是想象中的天马!所以古人才说:"在天莫如龙,在地莫如马"。

二、河图洛书与炎黄文化

马的速度、耐力及自由的精神一直以来都在吸引着人们如醉如痴的崇拜和如梦如狂的幻想,流传着很多传说与佳话。河图洛书的传说是其中最著名的,版本很多,下面介绍两种。

传说一:伏羲是华夏文明的始祖。伏羲时期,由于生活原始,人们对大自然和生命的认识几乎为零。伏羲是一个极其聪明又有胆识之人。他对日月星辰、季节气候、草木兴衰等大自然中与人们生活相关的事都非常关注并深入研究。例如他看到蜘蛛织网就联想到渔民可以效仿其结网捕鱼。这个发明给当时人们的生活带来许多方便,受到人民的敬仰。一次,伏羲捕鱼时捕到一只白色的乌龟,他便挖了一个水池把白龟养了起来。一天,伏羲又听说河里出了个怪物,就来到河边观看。那怪物说龙不像龙,说马不像马,见到伏羲竟然老老实实地来到他面前,一动不动。伏羲仔细审视,见怪物背上长有花纹:一、六居下,二、七居上,三、八居左,四、九居右,五、十居中。伏羲把这个图案临摹到一片树叶上。他一画完,怪物便大叫一声腾空而起,转瞬消失。很多人围上来问:"这是什么怪物?"伏羲说:"它像龙又像马,就叫它龙马吧。"伏羲回到白龟池边琢磨那片树叶上的花纹,但百思不得其解。忽然,他听见池水哗哗作响,只见白龟从水底游到他面前,向他点了三下头,脑袋往壳里一缩,卧在水边不动了。伏羲发现白龟盖上的花纹中间五块,周围八块,外圈儿十二块,最外圈儿二十四块,顿时悟出了天地万物的变化规律。

伏羲仰则观象于天,俯则观法于地,根据自然界的八种现象:天、地、水、火、山、雷、风、泽及其相互关系,用乾、坤、坎、离、艮、震、巽、兑八种符号与之相对应,画出了先天八卦,总结出了自然界的发展规律,如天、地,阴、阳,春、夏,秋、冬四季。龙马身上的图案被称作"河图",白龟背上的图案被称作"洛书"。

　　传说二:河图是黄河水神河伯授给大禹的。古时候有个叫冯夷的人一心想成仙,他听说人喝满一百天水仙花的汁液就可化为仙体,于是他便到处寻找水仙花。在寻找过程中,他常常和黄河打交道。第九十九天的时候,冯夷兴奋又得意,因为只要再找一棵水仙花的汁液就可成仙了。但是过河时,河水突然暴涨,他被淹死了。死后的他一肚子冤屈,到玉帝那里去告黄河的状。玉帝听说黄河无人管教常常危害百姓,很是恼火。他见冯夷已吮吸了九十九天水仙花的汁液,也该成仙了,就问冯夷是否愿意去当黄河的水神,负责治理黄河。冯夷答应了,因为他觉得这样既能满足自己成仙的心愿,也可报被淹死之仇。于是冯夷成了水神,上任后被人称为河伯。但是这个新任水神对治理黄河束手无策,又去向玉帝讨教。玉帝告诉他,要治理好黄河需先摸清黄河的水情,画个河图为依据。于是,水神河伯回到老家找乡亲们帮忙,但乡亲们对他在世时的好逸恶劳很反感,所以无人理会,只有一位长者见他要给百姓们办好事便答应帮他。从此,河伯和长者跋山涉水,察看黄河水情,一跑就是几年,最后把长者累病了,长者在回去养病前再三嘱咐河伯不要中途而废。之后,河伯一人坚持把河图画好,黄河哪里深、哪里浅、哪里好冲堤、哪里易决口、哪里该挖、哪里该堵、哪里能断水、哪里可排洪都画得一清二楚。此时的河伯也已年老体弱,没有气力去照图实施对黄河的治理了,就在黄河底下安度晚年,希望有一天会有高人来治理黄河,把河图授给他。不料,黄河连连涨水,屡屡泛滥。百姓们知道玉帝派河伯来治水,却不见他的面,都骂河伯不尽职尽责,不管百姓死活。再说那位曾经帮助河伯画河图累生病的长者要去找河伯,儿子后羿不让他去,长者不听儿子劝阻,执意前往,结果遇上黄河决口被冲走,连尸体都没找到。后羿因此非常恨河伯。后来,大禹带着开山斧、避水剑来到黄河边治水。河伯得知后决定把河图授给大禹,途中遇见英武的年轻人后羿,误以为是大禹。而后羿得知对方是河伯——害死父亲的人,顿时怒冲心头,张弓搭箭,不问青红皂白,"嗖"地一箭射中河伯左眼。河伯一气之下就去撕那幅水情图。正在这时,大禹出现了,阻止了河伯。河伯见对岸一个头戴斗笠的人自称大禹,方知自己刚才认错了人。大禹因为知道河伯画了河图,也正在寻找河伯求教。后羿推开大禹,又要搭箭张弓,大禹阻止了他并把河伯画图的艰辛告知后羿,后羿才知自己的冒失莽撞。河伯知道后羿是长者之子,也没多怪罪,便把河图授予大禹。大禹接过河图兴奋地看着,正要感谢河伯时,发现河伯已经跃进黄河无影无踪了。大禹在河图的帮助下,终于治住了黄河。

河图与洛书是中国古代流传下来的带有神秘色彩的两幅图案,被认为是阴阳五行术数之源。古人用龙马、神龟与图、书结合一起的图画来象征我们文化的古老源头,龙马自然也就成为中华民族的精神象征。千百年来,先民把背负河图的龙马看作人世间吉祥的征兆。

 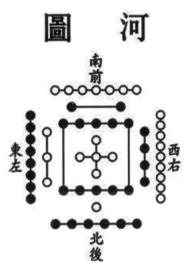

河图洛书最初是什么样子,今天人们已无从可知,但从一些史籍记载看,它的慧根是很古远的。河图洛书的基本构成要素黑点或白点,可以变换

成若干不同组合,整体上排列成矩阵。高深神秘的河图洛书,究其本源,所表达的是一种数学思想。河图洛书在宋代初年才被发现,南宋数学家杨辉把它叫作"纵横图"。河图上排列成数阵的黑点和白点,蕴藏着无穷的奥秘:洛书上,纵、横、斜三条线上的三个数字,其和皆等于15。中外学者作了长期的探索研究,认为这是中国先民心灵思维的结晶,是中国古代文明的第一个里程碑,对哲学、政治学、军事学、伦理学、美学、文学诸领域产生了深远影响。

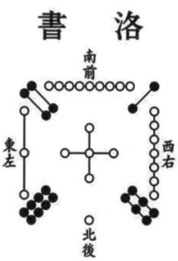

有学者认为:河图洛书反映了中国人对数字的崇拜和时空观念。数字和对称是它最直接、最基本的特点,"和"或"差"的数理关系是它的基本内涵。人类最初从动物进化成人的重要标志之一就是数字。古希腊毕达哥拉斯学派的思想家菲洛劳斯曾说过:"庞大、万能和完美无缺是数字的力量所在,它是人类生活的开始和主宰者,是一切事物的参与者。没有数字,一切都是混乱和黑暗的。"或许正因为如此,先民都非常崇拜数字,这也是世界上每个民族在文化启蒙之初的共同特征。而在中国,先民对数字的崇拜具有丰富的内涵,可以说包含了远古时期的先民所具有的天文、地理、人伦、哲学、艺术、原始宗教、日常生活等方面的知识。先民对数字的崇拜主要是指对一至十这十个基本数字以及对十以后的由基本数字生发出来的一些数字的崇拜。对先民而言，一至十这十个基本数字不仅是数学意义的数字，还具有世界观、宇宙观意义以及美学意义、祥瑞意义等，他们认为每个基本数字都是完美数、吉利数、理想数、大智慧数，每一个都含义无穷。

后来，河图洛书被易学加入五行、阴阳、四时和方位之说，内容大大丰富起来。《周易》中，乾为天，坤为地。先民认为天的象征是龙，地的象征是牝马。除了《周易》中"飞龙在天"的描述之外，还有《山海经》中"乘龙升天"、《楚辞》中乘龙遨游太空等记载，都把龙看作升天神兽。龙有羽翼，春分而登天，秋分而潜渊，所以后人为马添上相应的脚注：龙为天马，即"龙马者，仁马，河水之精也"。

三、西域良马与天马行空

先民认为世间万物都是由神灵主宰的，如《山海经》中记载的日神、月神、云神、雨神、风神、四方之神等。"马祖，古称天驷，上应星宿，即房宿，为东方苍龙七宿之第四宿，房宿由四颗星组成，故名天驷，即四匹为一组的天马。"[1]马本无祖可寻，但关于马的想象被后人不断丰富和流传，最终被描绘成龙马，即天马、神马。

西汉张骞出使西域时在大宛（古西域国名，在今中亚费尔干纳盆地）发现了一个新的马种——大宛马。这种马在奔跑过程中，肩膀会慢慢鼓起并流出像鲜血一样的汗水，因此又名"汗血马"。得知此事的汉武帝不惜一切代价甚至通过武力、战争去获取此马。汉武帝得到大宛马后，赋予大宛马以"天马"之美名。还作《西极天马歌》以示纪念："天马来兮从西极。经万里兮归有德。承灵威兮降外国。涉流沙兮四夷服。"汉武帝对马的热爱并非单纯的"声色犬马之好"，而是深知好马对于战争的重要。当时汉王朝北方的

---

[1] 林璎:《天马·前言》,外文出版社,2002。

匈奴拥有勇猛善战的骑兵,给汉王朝带来极大的威胁。因此,汉武帝命人用汗血马等来自西域的良马与蒙古马杂交,在今河西走廊山丹军马场培育出山丹军马。从那时起,中原的马种得到改良,汉王朝军队的装备也因此得到大幅增强。

关于"天马行空"有很多传说,其中流传比较广泛的说法是汉武帝时的传说。相传,当时西域有一匹马被叫作天马。这匹马四肢健壮,非常灵敏,没人能够抓得住它。后来人们想到一个办法,即在山脚下放了一匹非常美丽的五彩母马来吸引天马。天马很快被吸引,不久五彩马就生出了很多小马。据说这些小马出的汗是赭石色的,马蹄踏在石头上还会留下深深的印痕。这个消息很快传播开来,有一天传到了汉武帝耳中。汉武帝非常开心,于是派使者经丝绸之路送去百匹绸缎用以交换一匹小马。西域人没有应允,还将汉帝的使者赶了回去。汉武帝一气之下派兵攻打西域,最终得到了一匹小马。后人将这匹不惜以战争换来的天马称作"西极天马"。

古代神话传说中,天马被视作能飞的神兽。后人也经常把诗画中奔放豪迈的气势比作在天空任意驰骋的天马,即"天马行空"。

四、千里马与龙马喻人

马的数量和种类很多,但千里良驹却很难得。古语有"千金易得,良将难求",比喻人才像千里马一样难得,所以,千里马成了古人对人才的隐喻。

伯乐相马是大家熟悉的关于千里马的故事。据传伯乐是天上管理马匹的神仙,人间把精于相马的人也称为伯乐。春秋时期第一个被称作伯乐的人叫孙阳,他在相马方面非常厉害,人们亲切地叫他伯乐,以至于忘记了他原来的名字。一次,楚王委托伯乐为其购买能日行千里的骏马,伯乐接受任务后便到各地寻访。可是找了几个国家,依然没有发现中意的良马,伯乐只好沮丧返回。途中,他无意间看到一匹拉着盐车的马吃力地行进在陡坡上,马儿每迈一步都十分艰难,呼呼地喘着气。爱马的伯乐看得心疼,不由自主地走上前。这匹马儿也似乎有灵性,见伯乐走近,突然昂起头大声嘶鸣,好像在对伯乐倾诉自己的悲怨。懂马的伯乐从嘶鸣中听出了马的心声,便请求驾车的人将马卖给他。马主人暗笑伯乐是个傻瓜,毫不犹豫地同意了,将拉车没气力又骨瘦如柴的马卖给了伯乐。伯乐高兴地牵着意外中发现的千里马,直奔楚国来到楚王宫。伯乐拍着马的脖颈对马耳语:"我给你找到了好主人。"马儿也像明白了伯乐的语意,引颈长嘶,声音洪亮直上云霄,还抬起前蹄把地面震得咯咯作响。楚王听到马叫声便走出宫外,看见伯乐牵的马瘦得不成样子时有些不悦。伯乐抚摸着马说:"大王,这确实是匹千里马,只要精心喂养,不出半个月,一定会恢复体力。"楚王将信将疑,便命马夫尽心尽力把马喂好。不久,这匹马果然变得精壮神骏,在楚王跃马扬鞭、驰骋沙场过程中为楚王立下不少功劳。

在我国,用千里马比喻人才由来已久,"千金买骨"的典故就是其中最好的例证。燕国有个臣子名郭隗,向燕昭王讲了一则关于千里马的寓言故事:"从前有个君王想花千金求一匹千里马,三年过去了,一直未能如愿。侍臣便主动请战,表示自己可以找到千里马。国君非常高兴,便派他去找。三个月后,侍臣找到一匹千里马,但是马已经死了。侍臣拿出五百金买下了马的骨头,回来交差。国君生气地说:'我要的是活马,你怎么花五百金的价钱去买回一堆枯骨?'侍臣答道:'是啊,今天我替大王花五百金买下千里马的骨头,那一匹活生生的千里马就不知多昂贵了。天下人由此知道大王这样看重千里马,还愁别的千里马不来吗?'果然,不到一年,很多千里马就出现在君王的面前了。"

传说或故事终归是先民的想象或杜撰,现在的马,在很大程度上改变了最初的习性,我们很难了解它们原始的生活状态。马是草原游牧生活方式的标志,是游牧民族的象征,无"马"不成族。据资料显示:最早骑在马背上的是中亚一带的游牧民族,《史记》《汉书》称之为"塞"或"塞种"、尖帽塞人或萨迦人,希腊人称之为"斯基台人"。最初跨上马背的人应该不是为了娱乐,而是为捕猎马、征服马,猎人感受到他从未感受过的速度,从此发现了驾驭骏马的乐趣。

第二节　从中国养马历程探马文化内涵

一、中国养马简史

远古时期,是谁、在怎样的境况下、以何种方式让马走进了人类的生活,我们无法获悉,但从先民刻画在山洞或石壁上的图案可以判断,在还没有文字记载的年代,先民已经将马匹儿获并使其成为生活中最得力的助手。文字出现以后,虽然没有完整的有关马的详细著述,但在各种史册或作品中散落着一些有关马的著述成为后人进行研究的珍贵资料。目前,专家学者较为一致的看法是:马最早起源于北美洲,后经白令海峡散布到欧亚大陆,传播到全世界。后来北美洲气候巨变,导致马属动物灭绝,直到16世纪西班牙的征服者重新将马引进美洲。关于马的祖先、驯化马的确切时间和地点尚需进一步的调查和论证。我国也是马的发源地之一,今山东境内的始新世地层中发掘到的中华原古马及湖南境内发现的衡阳原古马都与欧美发现的始新马同属于始新马亚科。在内蒙古锡林郭勒草原上发现的安琪马化石、江苏省南京市郊发掘的奥尔良安琪马与法国南部奥尔良发掘的马化石同属于中新世马种。[1] 这说明我国马种的起源并不晚于欧美,只是未能构成一个系统的图谱。

研究资料显示,我国在中国猿人出现以前即已有三趾马的存在。我国的养马史也早于西方国家,据《周易·系辞下》载,黄帝、尧、舜时,"服牛乘马,引重致远",说明当时马匹已经被驯化并用于使役。养马业一直以来都是人们生产、生活的组成部分之一,并随着社会生产力的发展而发展,且马

---

[1]　谢成侠:《中国养马史》,农业出版社,1991年5月(修订版),5页。

的应用范围也在一点一点扩大。

原始社会时期，从先民获取野马并将其作为生活资料起，到后来成为生产生活离不开的家畜，实践证明，马已经成为先民集体劳动的重要成员之一，并在马等畜力的相助下推动了原始社会的发展。奴隶社会时期，养马和管理车乘的工作由奴隶负责，他们把一部分劳动加到牛马身上，既减轻了自身的劳动负担，也提高了那个时期的养马水平。从发掘出来的甲骨文和马骨等考古资料中已经能够证明奴隶社会时期，马的驯养取得了很多成就。

封建社会的历史比较漫长，历朝历代为了卫戍边疆，充实兵力，驯养着数量众多的马，百姓家中也有用于生产生活的家用马匹。为了提高马的质量，汉代大规模兴建官办马场，从国外引进优良种马对自己马场的马匹进行改良，并积极开展育种工作。宫里还出现了专供皇室御用的矮马，这种身高不过三尺的珍贵宠物"乘之可于果树下行"。1983 年，我国西南大学民族学院黄怀昭等人发现了古老而珍贵的五腰椎矮马，用事实说明中国是世界马种发源地之一。[1] 唐朝养马业臻于极盛，北方和西北的游牧民族最为发达。国力衰退时，养马的重担就会加在百姓身上，通过严苛的法令从百姓中征用马匹；朝代更迭的战乱时期，养马业被战争破坏，致使马匹数量大大减少。

周朝，随着生产力的发展，马的用途也在扩大。《周礼·夏官》有"辨六马之属"的记载，"六马"包括繁殖用的"种马"、军事用的"戎马"、仪仗祭典用的"齐马"、善奔驰驿用的"道马"、田猎用的"田马"和杂役用的"驽马"。相传，秦王的祖先就是以养马起家的，且秦朝所在的地理位置与自然环境非常适于养马，因此骑兵在秦国有长足的发展便不足为奇了。秦朝还在《秦律》中列入保护马牛的法律，在边郡设立牧师苑，成为历代皇朝建立大规模养马场的开端。到了汉代，养马业服务于为国防和皇室娱乐。汉景帝二年，为了抵御外敌，在西北边郡建养马场多达 36 所，奴役 3 万人，养马 30 万匹，[2] 如此规模的养马业，在当时是极为罕见的。到了汉武帝时期，马匹数

---

[1] 张彩珍:《中国马术运动史》,1994,7 页。
[2] 谢成侠:《中国养马史》,农业出版社,1991 年 5 月(修订版),70 页。

量增至 40 万,有了足够的反击匈奴的力量,反击战争也因此拉开序幕。公元前 123 年,汉武帝派大将卫青、霍去病先后出塞,率骑兵十余万,取得了史上对匈战争的第一次大捷,此次胜利更激起统治者对养马业的重视,其重视程度之高因马而发动战争便足以为证。当时,汉武帝派张骞出使西域,在那里发现了当时最好的良马大宛马。汉武帝听后,因爱马心切,又专派使臣前往大宛去索取良马,但大宛不肯予汉还杀了使臣。汉武帝大怒,派骑兵数万远征大宛,但首战以失败告终,所剩人马十分之一二。汉武帝又征 6 万人、3 万马及驴骡和骆驼数以万计,兵临大宛,希望不战而屈人之兵,以达索马目的,却再遭大宛国王拒绝。其后,大宛贵族内部发生政变,国王被杀,大宛与汉议和,汉军选取良马数十匹及中等以下牡牝马 3000 多匹,还约定大宛每年献赠良马 2 匹。汉武帝在长安为西域良马修建了华丽的御厩,还专门作《天马歌》以赞。

魏晋南北朝时期,连年战乱使养马业遭到严重破坏。隋朝承袭北魏养马之基础,虽然马匹数量有所下降,但规模仍然可观。隋炀帝亲自监督,把养马地区扩大到今青海东部,还从波斯国购买良马来改良国内的马匹。纵观中国养马业,若论规模的宏大以及对社会发展所起的作用之大,首推唐朝。唐朝是游牧与农耕文化交相辉映的朝代,唐帝国奠定之初,养马业的残破令人惊讶,国有马匹几乎所剩无几。唐政府通过大规模兴办牧场,奖励民间饲养马匹,建立牧监编制、养马制度等措施,使唐朝的养马业成为历代最盛。

隋代至宋朝初期,养马业呈现兴盛的景象。不仅表现在马匹数量的日益增加,马匹质量的不断提升,人人种植饲草饲料为马提供充足的食物来源,并且还开始建立系谱档案,记录马匹从繁育到饲养的各项事宜。北宋初期非常重视养马业经营,在中原一带建了很多养马场,但是一些士大夫认为厉兵秣马是糜耗国库的行为,政见的相异导致养马经营不善,自繁自育军马能力较差,大多买自边地各部族。由于过多地依赖边地市马,设场专营且禁止人民私市,导致当时的养马业并不繁荣。所以,王安石变法提出了保马法,责令人民繁殖饲养官马以备国防之用。

辽、金基本仿效唐宋养马制度,以养马于塞外为主,大量搜刮民马。

元朝的建立,马的功劳功不可没。《元史·兵志》中记载:元起朔方,俗善骑射,因此以弓马之力取天下,古或未之有。当时,蒙古人虽然养马很多,但并无马政可言,直到元世祖统一中国以后才参照唐宋马政将其组建起来。为了加强对各民族人民的统治,元朝严禁人民养马,防范建立民间军事力量。马是北方农民主要的生产资料,禁养马匹不仅对养马业,而且对当时农村经济的发展起到了阻碍作用。明朝建立初期,大力兴办养马场以助军用。明代着重在北方建设养马业,还创立了一套新的制度。这一制度可谓是封建社会马政中比较完善的,但同时也是对农民最严酷的一种制度。明廷需要的马匹一部分取之于官督民牧,一部分以茶市马取之于边地。当时牧马草场大多被皇族权贵侵并,百姓的草场有限,每年提供不了征马,便安交马金。还实施了计户养马,即:江南以 11 户养种马 1 匹,江北每户养 1 匹,养马民户缓其身役。计户养马的变相办法就是计丁养马,民众负担甚重。后来实施的计亩养马本当比计户、计丁养马合理些,但在执行过程中重担依然是加在农民身上,结果还是人逃马亡。让农民养马主要是为了征收马驹,本质上还是变相苛征。

清朝袭用元朝故技,抑制农民养马,因而对以农业为主的地区的养马业产生了极大的阻碍作用,同时对边境少数民族养马也不无猜忌。因此,清朝的养马业是在内部各族人民相互猜忌的矛盾中延续下来,当时主要的养马地位于察哈尔。清朝兵制有八旗、绿营及驻防营之别,各地重镇均配有强大的骑兵,军马也各有其管理规制。京师八旗之官马称"官圈马",为官吏所用的分散饲养的马叫"拴养马",供驿传备差的马称"传事拴养马",各有定额,其余马匹交由察哈尔放牧备用。各省驻防营及绿营的军马由车驾司厘定马额。鸦片战争后,中国走向半殖民地和半封建化,内忧外患数十年,养马业被认为是不急之务。清朝末期,由于政府腐败导致马政荒废,原有马场多毁于兵灾。辛亥革命后,在陆军部设立军马司。后来为重整军备,国民政府在全国各地办军马场和种马场,也曾引进国外优良品种的马进行改良试验,但因经费不足、缺乏人才,所以规模有限,对养马业也未能产生太大的影响。

新中国成立以后,养马业归农业部主管。党和政府对养马业的恢复和发展给予了极大关注,认为繁殖优良种马是振兴养马业的首要任务,先后在北方建立了多处国营马场,推行先进的养马技术,以优良种马改良民马。至1953年,全国已经设立马匹配种站700多处。但从1958年"大跃进"到"文革"期间,农业机械化的大力推广,给养马业造成很大冲击,国营马场改变了经营方向,养马科技人员不得不转岗,培养人才的农业院校甚至把养马课程改为非必修课。1982年,学术界成立了全国马匹育种委员会,刊行《养马杂志》,力图改变养马业的颓废之势,但并未取得理想效果。

改革开放以来,文体娱乐用马需求大增,但是我国马业的发展与时代要求还存在着很大的差距。马匹存栏数在减少,马品种在退化,现代马业缺乏合理的规划和管理运营模式。与国外发达的现代马业相比,我国依然处于传统马业阶段。随着我国综合国力和人民生活水平的提高,对娱乐竞技的要求也越来越高,马术运动和骑乘旅游逐渐成为人们新的选择,马术俱乐部也逐渐成为休闲健身和儿童教育的重要场所。目前,我国对竞技用马、速度赛马、娱乐用马等的需求大,质量要求也日益提高,现有马匹远不能满足市场需求。尽管近年来国家在马业的发展建设及人才培养方面做出了一定的努力和改变,但是尚未形成比较完整的产业链。

二、中国马文化内涵及其体现

马一直伴随着中华民族的发展,并且起着积极且巨大的推动作用。从猎马食肉到驯服饲养再到骑乘劳作、战争通信乃至当代的休闲赛事,马在人们的生产生活中立下了"汗马功劳"。在不同的发展和阶段、不同的民族地区,马扮演着不同的角色,逐渐形成了各地区、各民族丰富多彩的马文化,创造了以马为核心的马文化。

中国是世界上养马历史最悠久的国家之一,也是马文化比较发达的国家。文化是非常广泛的概念,它是人类在社会历史的发展过程中所创造的物质财富和精神财富的总和。马文化是以反映人马关系为主要内容的文化,是人类文化的重要组成部分,包括人类对马的认知、驯养、使役以及有关马的艺术及体育活动等内容。自从人类开始驯化马,与马相关的文化就在不断地推动着社会的进步和时代的发展。马文化并不是孤立存在的,它也跟其他文化一样需要一个可以呈现它特点的载体,也与其他文化有着密切的联系。

何为马文化?

目前,马文化早已被关注,但马文化的概念尚未有统一的界定。

从学科归属上,马文化应该属文化学,但所涉及的范畴又不局限于一门学科,还涉及体育、旅游、医学、军事等多个领域。如果按照"文化是人类在社会历史发展过程中所创造的精神财富和物质财富的总和"的界定,那么,"马文化就是指人类社会历史发展过程中所创造的与马有关的物质财富和精神财富的总和"。这个概念不仅包含对马的生物学功能的利用和开发,也包含与马相关的思想、行为、风俗习惯以及相关的制度政策,可以分为:马的行为文化、马的物质文化、马的精神文化、马的制度文化等。

马文化中内容最丰富的是驯马人和骑马人的民俗,即探讨与马有关的人类社会行为,在不同地区、不同民族中,以不同文化方式不同程度地影响了人类的生活习惯、宗教信仰、民族文化等。我国的马文化有着极其丰富的内涵,其内容包括相马学、驯马学、牧马学、赛马学、赏马习俗、马具与装饰品、交通和商业用途中的马、生肖学中的马、马崇拜、马政、文学艺术中的马、战马等。几千年来,马一直是人类忠实的朋友,历代历朝的帝王们爱马、骑马、好马的举动以及各朝代实行的"马政",对马文化的发展起到了积极引导和促进的作用;民间养马、马在各行各业中的运用、与马有关的民俗、与马有关的娱乐项目和马的艺术展现等,成了马文化的主体内容;历代文人的颂扬和赞叹对马文化的提炼和升华起到了推波助澜的作用。

之所以说马文化是中国传统文化的重要组成部分,是因为我们的生产生活、交通运输、军事通信、教育医疗、休闲、科研等各个方面都曾与马和因此而产生的马文化有关。所以,马文化被誉为游牧民族传统文化的基础,是中国传统文化中独具特色的支撑和架构。目前关于动物的记载中,无论是

文字图片,还是艺术、体育及民俗,马的记载最多、最丰富。历朝历代,上至帝王朝臣下至黎民百姓,爱马、养马者甚众,历代文人墨客咏马、画马、舞马,使得马文化的表现形式日益丰富,多姿多彩。马文化长期以来都是以"吉祥"为核心寓意的,包含祈祷祝福、激励成功、生命不息奋斗不止的精神,因此在传统文化中的地位极高。

马首先是吉祥的象征。"马到成功"已成为祝福的代名词。马是信誉的象征。唐高祖李渊起兵太原时,曾"与突厥相结,资其士马以益兵势",联合突厥共同平定长安。不久,突厥与唐朝冲突不断。唐太宗李世民亲自出马,双方杀白马盟誓议和,在一段时间内,突厥与唐朝十分友好。马也是友好的使者。2014年是中国传统的马年,习近平主席接受土库曼斯坦总统别尔德穆哈梅多夫代表土方赠予中方的一匹汗血马,在首都北京共同出席世界汗血马协会特别大会暨中国马文化节开幕式。汗血马是享誉世界的优良马种,是土库曼斯坦的骄傲和荣耀。我国将汗血马誉为"天马",早在2000多年前,它就穿越古老的丝绸之路,不远万里来到中国。中土建交以来,土方先后两次将汗血马作为国礼赠送中方,增进了两国人民感情,汗血马已经成为中土友谊的使者和两国人民世代友好的见证。马在当今时代逐渐成为和平外交的重要文化符号。

马是地位的象征。古代的中国,车马是身份和地位的重要标志。《周礼·冬官·考工记》:"殷人上梓,周人上舆。"周朝车马的多少显示其地位的高低。《后汉书》中说,马是军队之本,国家大用。若国家安宁,马是地位的象征;若有变故,马能随时出击解救危难。在古代的西方,马车主要为贵族所用。马文化成为西方骑士精神的表现形式,象征着名誉、礼仪、谦卑、坚毅、忠诚、骄傲、虔诚。

马也是精神的象征。《山海经·海内经》说,黄帝生络明,络明生白马,白马就是系。系是夏人的祖先,夏人以白马为图腾。《晋书·四夷传》记载,匈奴人居塞者,凡十九种,其中有"贺赖种"。学者何星亮解释"贺赖"为突厥语,是"野马、斑马"之意。贺赖种就是以野马或斑马为图腾的匈奴氏族。《后汉书·西羌传》记载,古羌人"或为白马种,广汉羌是也"。白马就是古羌人尊奉的图腾。氐人有一支称为白马氐,白马氐就是以白马为图腾的一支氐人。明代陈仁锡《浅确类书》卷十七引《舆地考》云:"木叶山,在广宁中屯卫城东。相传昔有神人乘白马,自玉山浮土河而东,有天女驾青牛车,由平地松林,泛黄河而上。至木叶山,二水合流,相位配偶,生八子。其后族属渐繁,分为八部,每行军及时祭,必用青牛白马。"青牛、白马成了"八部"契丹人的图腾。现在我国许多少数民族地区如彝族、傈僳族、佤族、藏族、白族和阿昌族等仍保留着有关马图腾的习俗。彝族有以马为图腾的氏族;澜沧江、怒江上游的傈僳族宗族以马命名;云南省沧源一带的佤族人过春节时,要向骡马、耕牛等表示敬意,给牛马喂一顿糯米饭。游牧民族对自然的崇拜是以"长生天"为最高神灵的。马是长生天派来的使者,肩负着人类与长生天之间沟通心灵的使命,是通天之神灵。东北亚地区游牧民族中普遍信奉的萨满教中有九十九个天神,马神是其中之一。在各种大型祭祀活动中马都是不可缺少的重要成员。和马有关的民俗也随之逐渐丰富起来,包括打马鬃、烙马印、赛马等,考古学者甚至发现早在匈奴时期即有用马殉葬之习俗。他们认为同马一起下葬,马能够将其带入天堂,继续接受马的保护和恩惠。可见,尚马之风历史悠久,不仅体现在各种民俗中,更是游牧民族颇具代表性的文化现象之一。从栩栩如生的秦兵马俑、汉铜马俑、唐三彩马等都可以看出古代的帝王将相对骏马的宠爱,死后也要用马做陪葬品,就此可以看出人类从远古就有对马的崇拜现象。

马还曾是性别的象征。古时,人们以马作为性象征,代表阳性,象征男性。《周礼》中有"春祭祖"的记载,"祖"即"且",为男性生殖器象征。马被人们赋予了生殖的意义,受到人们的崇拜。在新疆维吾尔自治区呼图壁县康家石门子峭壁上,有一处面积达120平方米的原始生殖崇拜岩画,人体形象近300个,他们身姿各异,或立或卧,或衣或裸,动物形象主要有马和虎等,岩画突出表现了祈求子孙兴旺的宗教生活。从上万年之久的岩画中可以看出当时马崇拜的情景。那些被刻意夸大生殖部位的野马,以马为主体同其他猛兽特征复合而成的怪兽,用透视法刻画的马形象乃至鄂尔多斯青铜器上经常出现的栩栩如生的飞马等纹饰,无不为我们传递着当时先民视马为

动物之首,并以其为图腾崇拜的文化信息。特别是从那些众多的蒙古族英雄史诗中通过江格尔及其坐骑阿仁扎拉哲格图为代表的马与人的整合形象,使我们更加清晰地认识到蒙古人与马之间在情感、思维和审美意识等方面长期以来所形成的难以割舍的文化渊源。

马是兴旺发达的象征。在西藏、青海、甘肃、云南等地的藏族聚居区到处都可以看到印有马形图案的五颜六色的"风马旗",也被称为"祭马""禄马""经幡"等。其形状有方形、角形、条形,旗的中心是一匹矫健的宝马背上驮着燃烧着火焰的宝器,旗的四角有金翅鸟、龙、虎和狮子等保护神,旗面印有经文。祭祀山水之神时,要在山间河边遍插风马旗。虔诚的朝圣者在艰难的旅途中也要肩扛风马旗。在蒙古族生活的地方,也可以看到对马的无上崇敬,草原上、蒙古包里,保留着悬挂、张贴或飞扬风马的习俗。在牧民的住地,还挂着任其飘扬的禄马风旗,上面印着马的形象。禄马风旗"就是成吉思伊金(君主成吉思汗)和全体蒙古人崇奉的白色神马与银合八骏马的马桩"。蒙古人把它视作兴旺发达的象征,每年正月初一都要举行祭祀活动。

千百年来中国人的精神寄托、生活、科技、社会、战争、娱乐休闲、艺术欣赏、健康医疗、经济政策、政治关系等都与马有重要的关系。随着中国马文化的进步和发展,马文化对人类方方面面的影响将会更深更远。

但是,马文化的研究和传播甚少,不论是过去还是现在,喜欢马的人多,从事与马相关工作的人多,骑马、养马、赌马、买卖马、创作马、表演马的人多,但把马当成一种文化来研究的人却非常少,且缺乏专门的研究机构和社会组织,投入少、报道少、媒体平台不完善……这是与源远流长、博大精深的中国马文化极不相称的现实。如今的马文化,一部分已经消失,比如响马、马神庙、马阶、部分马民俗等;一部分正在消失,像马帮、骑兵、马褂、部分民俗等;一部分正在兴起,包括马健身、马博弈、马医疗、马旅游等。几千年来,马一直是人类忠实的朋友,中国人创造了独特而灿烂的马文化,应该得到充分的重视,尤其是作为蒙古马的故乡,作为草原文化的一部分,马文化就更应该广泛传承和开发利用,造福世界。因此,研究马文化不仅必要而且必须,所以本研究将从马的源流说起……

第三节 国外马文化发展概况及其启示

文化是人类长期以来形成的具有民族文化特色的民俗、传统、宗教等习惯。受地理和历史环境的影响,各国家、各民族、各地区都会不同程度地保留着各自独特的民族习俗和地域文化。

西方马文化是骑士精神的表现形式,象征着名誉、礼仪、谦卑、坚毅、忠诚、骄傲、虔诚等,传承到现在,代表的是绅士风范和高雅。究其产生根源是古代欧洲游牧民族凯尔特人骑马狩猎传统的影响,加之基督教及其典籍《圣经》中有关马的意象描述和象征意义的影响。《圣经》对西方人生活的影响极为深刻,其中《福音书》描写了耶稣降生、受洗、传道、逃难等情况,书中多处提到马。耶稣是在马厩的一个马槽中出生的,马厩和马槽在西方文化里便被罩上了神秘的宗教色彩,所以,"圣诞马槽"在信徒的眼中非常神圣。《圣经》中将马描述得矫健而俊美,勇敢神速和富有力量,"捷于虎豹,猛于夜狼",使信徒对马产生了强烈的好感和极大的崇敬。马在凯尔特时期已经有很高的地位,马文化要素也随着凯尔特民族四处征战的铁蹄在征服、同化、被征服的过程中渗入以欧洲为中心的西方文化,使其后裔即今天以英语为母语的国家不同程度地保留着爱马的传统习俗。他们也有许多类似中国"马到成功"的习惯用语,如 work like a horse, as strong as a horse 等,反映着爱马的真实情感。马术、赛马、马车、骑兵、骑士精神等与马相关的活动为西方文化增添了丰富的内容。

西方现代马文化具有代表性的是拥有 300 多年历史的英国马文化。英国马文化、马产业受到全世界的关注,已发展成为英国最重要的文化产业之一。马文化在英国保留了绅士风范及高雅特征,是英国文化不可缺少的组成部分。英国是现代马术运动的发源地。马术运动是由人和马一起参加的户外运动,它要求人和马成为一个整体,考验的是骑手的驭马技术与马的能力,人马合一是骑乘的最高境界。马术运动拥有让全身健美的魔法。初次骑马后会浑身酸痛,但亦是让全身的肌肉都得到锻炼。骑马时,骑手全身的骨骼和肌肉以及内脏各器官都会跟随马一起处于运动状态,从而也能够起到消耗多余脂肪、强健肌肉的运动效果,促进人体健康。如今,英国马业已发展成为世界级产业。目前,英国有独特的英纯血马检测机构,而且拥有最先进的训练设施和驯马师、骑手及育马专家,因此培养出了世界上高品质的英纯血马。英国是纯血马的发源地,17世纪,为了比赛需要,英国马业育种专家通过引进东方种公马以提高赛马的速度和品质。1791年,威热比斯公司首次出版了种马全书,用于登记英纯血马的系谱。目前,英国有五十几个各具特色的赛马场,并都具有先进的全天候赛道,意味着任何时间都可以举行平地赛马和障碍赛马。英国的赛马每年有超过1100次,其中平地赛和障碍赛共计70460多场;英国赛马、爱马者不断增多,近几年每年到赛马场观看比赛的人数超过500万人次。英国的育马和驯马者向全世界提供了高质量的赛马,这些优秀马匹在世界各国的赛场上都有卓越的表现,而且享有盛誉。

美国也是世界马业发展中的超级大国,以休闲骑乘式马业为主。马业在美国与其他畜禽养殖业不同,是个独特的行业,所养之马43%用于休闲骑乘,仅有8%从事耕作、交通运输以及军、警用。马最大的意义是能够提高人们的生活质量,满足人们的精神需要,这使得马与其他家畜分离开来。美国马业结构主要分为以下几类:一般公民、竞赛设施、非经营性马主、一级商业马主、刺激商业马主(育马者)、内部供应者、外部的支持者。以上几类基本构成了美国马业的主体。美国马匹谱系记载详细、竞技能力测验及时,培育出来的马匹质量达到世界领先水平。

德国马术运动的成功与马术用马的成功繁育密不可分。马术运动很受女性欢迎,会员中70%以上是妇女,男性所占比例则不到30%。

说到女士骑马,在西方还有一种特殊的技法。在历史上的欧洲社会中,贵妇是穿着长裙侧着骑马的,可谓是很有西方特色。我们在一些欧美影视如电影《茜茜公主》、英剧《唐顿庄园》等影视作品中,都有女士侧骑的场景,

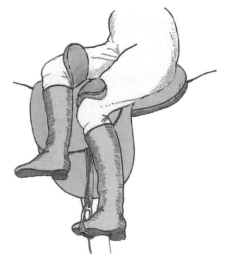

既优雅唯美又古典庄重。关于侧骑是有很多讲究和规范的。首先,侧骑马的专有术语是"侧鞍"或者"偏鞍",这种骑马方式源于欧洲社会对贵族女性骑马姿势的认识。欧洲传统上层社会认为着长裙且分腿骑马对女性来说实为不雅。为了表现贵族淑女的形象,就出现了女士侧骑和侧骑鞍,并成为贵族女性礼仪必须学习的内容之一。侧鞍骑乘,对骑乘者提出了更高的要求,因为两腿都在一侧,侧骑马鞍往左偏还是右偏是依据自己的习惯定的,大多数人习惯于偏为左边。因为西方的行路方向跟我国相反,是在左侧行驶的,侧骑的方向便于面向观众,而且下马即站在路边。骑手需要掌握更好的"马感"和平衡技术,才能控马自如。尽管当时有一些贵妇不喜欢或不适应侧骑,但那时侧骑是贵族妇女唯一被允许的骑马方式,也只能慢慢地去练习、去适应直至慢慢地习惯。另外衣服的左右衩也很讲究,不然跑起来进风。随着时间的推移,时代的变迁,女士骑姿也渐渐发生了变化,时至今日,女性早已和男性一样跨骑了。然而,这并不意味着侧骑的彻底消亡。侧骑在国外仍然受到很多女骑手的青睐,外国还有很多俱乐部保留着这个传统的骑乘方式,经常用于表演。

　　法国人对马的热爱以及由此诞生的丰富多彩的马文化,可谓是无处不在。马术在法国诞生的时间远早于奥林匹克马术运动的兴起时间。在骑术兴起的很长一段时间内,骑马都是上层社会王室贵族的专享,后来才进入民间成为法国人追求的一种高雅生活方式和健身体育运动。法国是世界上著名的养马大国,同时也是奥林匹克马术运动和世界平地赛马运动的发达国家,制定了一套复杂但科学的管理体系,在兼顾马匹的使用价值外,为各个饲养人协会改进遗传提供帮助,注意保存品种的多样性,因此,许多挽马品种得以保存至今。法国的马业也是世界一流的,首先表现在娱乐方面,马匹在法国电影中起到了非常重要的作用。他们专门培养一批表演用马,其中最有天赋的马供做最壮观的惊险表演,其余的马供演员骑用。目前,骑马活动已经平民化,很多人喜欢用在森林里骑马散步替代室内的训练。其次,充分发挥马对疾病的治疗及人的心理康复的作用。法国有50万身体残疾者或心理障碍患者之中,其中有10万人在接受骑马锻炼治疗,骑马疗法被认为确有疗效。与马建立良好关系可以使有交流障碍的人重建与外界的联系。马对患自闭症的儿童很有帮助,而且对于在学习上有困难的少年或因为各种原因需要重新融入社会的人也都有帮助。另外,法国还有一支独特的骑警队伍,担任仪仗任务的共和国卫队拥有528匹马。骑警也都是因爱马善骑而被招募的,他们爱马如子,巴黎地区的骑警中三分之一是女性。在巴黎40公里以外瓦兹省的尚蒂伊,有闻名于世的浪漫古堡,这里不仅收藏着古老的油画、独一无二的活马博物馆,还有欧洲最大的马球俱乐部,拥有世界上最大的赛马训练场,120里的马道,120公顷的草地和12公里的障碍赛场地。法国马术运动历史悠久,普及程度非常高,有8000多个马术俱乐部(中国现有1000多家马术俱乐部),法国平均每6人中就有1人会骑马。法国发达的赛马产业孕育了全球顶级的如凯旋门大奖赛、戴安娜大奖赛和美洲杯大奖赛等诸多的体育盛事,吸引着世界各地爱马人士和游客赴法观赛。赛马、马术比赛在法国有着很高的人气,爱马、骑马、踊跃参与各种赛马,已成为法国人的一种生活方式,成为一种备受追捧的体育运动,也是一个品味马文化的重要途径。每年10月第一个星期日在法国巴黎举行的国际一级赛凯旋门大赛是全球排名第一的赛事,总奖金高达500万欧元,是欧洲目前奖金最高的草地赛事,早已成为一个吸引全球目光,集时尚、经济、文化交流等于一体的马文化盛事。浪琴马术大师赛举办方比利时 EEM 公司总裁菲利普·马利努曾说:"马术界高贵典雅的精神和颇富感染力的执着与迷恋,包括该平台承载的文化含金量,是吸引顶级品牌踊跃参与的奥秘所在。"的确,在这场极具轰动性的赛事中,不管是骑术高超的骑手还是看台上数万痴迷的观众,所有集聚在这里的一切生命的动态都随着赛马而涌动,美丽与力量、进取与威严、高贵与典雅,人们沉醉其中,享受着心灵的陶冶和升华。同时,每年一届的马展堪称巴黎市民的一次马文化盛宴。在这个大规模的展会上,从运马车到马房,从马鞍、马鞭、骑手服装等骑马用具到骑警表演、西部牛仔马术大赛、儿童马术表演、马玩具及马文化读物等,林林总总,无一不包,无奇不有。马文化每年为法国创造的税收高达几十亿,同时,还提供了 10 多万个就业岗位。2011 年,法国已将马术传统申请成为联合国非物质文化遗产,法国马术运动也成为一项政府支持的文化产业,带动经济发展。

在西班牙,已有 400 年历史的围捕野马节是个传统而古老的"人马大战"节日,节日一般持续三日。前来参加活动的年轻人将通过围捕野马的活动展示自己的骑马技术。活动第一天清晨,参赛者上山把野马围住,并将其引到露天没有武器或者工具的围圈里。参赛者只能徒手驯服野马、但可以单人或者与其他人合作一起将野马驯服。节日中评选出来的最佳"骑师"将给一匹野马修剪马鬃,表示去掉野马的兽性,并给它烙上印记。马儿们或被作为种马送往当地的各个村庄,或再度放归山林。围捕野马节获胜者能通过这个活动显示自己的勇气、骑术,并为大家所爱戴。这是一项极富挑战性的活动,是考验骑手勇气和技巧的运动,其间稍不留神就可能会被马踢伤。这场"人马大战"现在已逐渐演变为一个西班牙大众节日,每年吸引大量的游客慕名而来欣赏这场历史悠久的地域性浓厚、惊险而刺激的人马较量。

俄罗斯的马文化与蒙古族的马文化有相似的地方,即都认为马是与超自然世界相联系的使者,是一种能够给人们带来祥瑞的圣灵,是幸福安宁的守护神。所以当俄罗斯人捡到一块马掌时,会把它带回家并且钉在大门或墙上,认为这样可以驱邪避灾,给家庭带来好的运气。许多家庭会把不同材质的马头像挂在家门上,后来改成制作马蹄铁状的饰物挂在门或墙上以求带来幸福和安宁,也有人制成饰品挂件系在腰上或佩戴胸前做护身符。古斯拉夫民族信奉多种神教,动物也被赋予了灵魂,他们认为马拥有特殊的威力,能够预知未来。民间曾流传着以马占卜婚事的习俗:要出嫁的女孩从马厩里牵出一匹马,越过一些障碍物,如果马被绊即说明女孩要嫁的人不会是温顺而可能是一个凶狠的人。在一些地方的民俗中,俄罗斯人迎亲时夏天乘坐3套马车,冬天乘3匹马拉的雪橇,用彩带、鲜花、铃铛等进行装饰。另外,军队出兵打仗前也用马来预测成败。他们会将九枚硬币散落在地上,马从中走过时若绊到硬币则预示此战会败。俄罗斯的文学艺术作品中也有诸多的马元素,诗歌、故事、绘画、雕塑、影视作品中都少不了马,俄罗斯人心目中的英雄纪念碑像旁也都会有其威风凛凛的坐骑。俄罗斯的现代养马业与其他欧洲国家不同,注重与马相关的产品开发是其一大特色。酸马奶作为一种有营养的食品和有良好解渴作用的饮料在俄罗斯许多地区大受欢迎。俄罗斯有100多个酸马奶治疗所。酸马奶厂专门挑选产奶量高的母马,其中主要有巴什基里亚马、哈萨克马、新吉尔吉斯马及其杂种马、顿河马和重挽马。根据情况挤出35%~75%的奶量,其余的留作马驹饮用。母马只在带驹时泌乳,泌乳期一般是6~8个月。在挤奶期间,白天挤奶,夜晚让母马与马驹待在一起。母马的乳房容积只有1.5~3.0升,但是乳汁可以很快充满乳房,所以每过2~3小时就要挤奶一次。苏联曾培育了很多重挽马,随着农业机械化的普及,这些挽马已转向肉用,俄罗斯也因此成为马肉的主要出口国。

西方国家与东方国家的马文化各有特色,与中国毗邻的日本,其马业也有非常独特的发展。日本马业的发展历史基本上可以说是一部赛马史,体育运动和娱乐成为马业的主流。从1861年在横滨举行第一次赛马以来,日本赛马运动已开展了近150年。日本马业赛事场次仅次于美国,与澳大利亚并驾齐驱。日本拥有年繁育纯血马约8000匹的能力,仅次于美国、澳大利亚、爱尔兰,居世界第四位。日本的赛马分为中央和地方两大类型。由政府全额出资的特殊法人"日本中央赛马会"管辖着包括京都赛马场、中山赛马场等 10 个全国国营马场。此外,各地方赛马会独立制定赛马条例,建立地方赛马场,与中央赛马形成一体化的格局。日本赛马的顺利开展得益于《赛马法》和《日本中央赛马会法》。日本中央赛马会不仅举办赛马,同时也努力通过骑马、马术活动等普及马文化。为了让更多人理解马,中央赛马会利用各事业所的设施举办"亲马日""爱马日"等活动;建立马文化博物馆,让参观者了解赛马的历史、规则等。

各国的马文化都有各自的特色,其中不乏值得我们学习和借鉴的地方,同时也为我们继承和发扬中国的马文化带来了很多启示。如,美国赛马业运行机制的立法先行、严谨的赛马规则、健全的体制、政府的扶持等,是马业蓬勃发展的保障。日本"亲马日""爱马日"等活动、马文化博物馆的建立,使马文化得到宣传推广和普及。各国倡导马文化的举措、现代赛马的发展也都给我们提供了很多值得借鉴之处。

第二章

人马奇缘及其历史嬗变

在漫长的生物进化过程中,由于生存条件和地理环境的变化,致使许多生灵经历了从起源、发展到灭绝、再生的过程,而动物中的马却以它顽强的生命力应对大自然的冷暖和其他动物的攻击,得以生存繁衍和发展,并且以其无与伦比的优势进入人类的视野,成为人类生活中的特殊成员。上万年来,人类与马相依相伴,谱写出一部悠长而感人的马文化史。

第一节　生产中的工具马

一、从野生到饲养

早在旧石器时代,我国北方草原就有了人类生存繁衍的足迹。随着游牧民族与这片草原和谐共处创造出了辉煌的史前文明,马文化便自然而然地融入其中,成为最主要的内容之一。人与马同生共死,创造了令世人震惊的丰功伟业。马,从野生动物转变为饲养动物的历史早在一万多年前就开始了。史料记载,猿人时代起,人类就猎获了野马,将其作为生活资料之一。后来逐渐对野马进行驯化,慢慢将其驯养成半驯半野的状态,最后将马变成了有用的家畜,且是六畜之首。在驯化马之前,人类是靠双脚丈量大地的,不知道是什么人、什么时间跨上了马背,也不知作为食草动物的马什么时候起能容忍人类骑在它的背上。最初跨上马背的人应该不是为了娱乐,而是为捕猎马、征服马。什么人、什么时候驯化了马虽然无从考证,但从游牧民族有记忆的时候起,在那些创世纪的传说中,他们就已经在马背上了。经过历史无数次的变迁,蒙古民族在辽阔神奇的草原上顽强地生存壮大到今天,马始终承载着民族繁衍发展的重任。因此,人与骏马被岁月牢牢地拴在了一起,彼此难以割舍分离。马与人的生活紧密相随,曾在人类的进程中扮演了重要的角色。可以说,马的驯养及应用在很大程度上推动了人类的文明进程。

二、从家畜到工具

马善奔跑又能负重,无论在游牧时期还是在农耕时代,马都是人类不可缺少的重要助力。直到农业机械化之前,马一直是生产力的标志,几乎包办了游牧民族和农耕为主的人类生活中的所有繁重工作,成为人类生活中不可或缺的重要成员,也可以说是有生命的生产工具。自从人类在社会生产、社会劳动的过程中把野生的马属动物驯化成人类生活中的家畜以来,马始终是人类创造物质文明的忠实伙伴,充当着生产工具、交通工具等重要角色,在人类的社会生活中占有重要地位。随着人类的生产经验和生活经验的积累,生产工具的变化和改造,劳动有了剩余,产生了阶级关系,进入奴隶社会,养马和管理马的工作由奴隶承担。那时候,马的地位是相当于或者说高于奴隶的,用马可以换取奴隶。奴隶改善对马的饲养管理方法,将一些劳动转移到马的身上去,以减轻自身的劳动负担,因此,也大大提高了养马的技术和水平。毋庸置疑,那个时代养马已经成为社会生产的重要组成部分之一,并且随着社会生产力的发展而发展。因此,马的利用范围从取其乳肉、借之畜力、用之交通、农业畜牧业发展到后来的军事、体育竞技、娱乐等诸多方面。

《圣经》对马的描述出现过两百多次(《圣经索引》,瑞士 Zuerich,1971)。人们对马进行细致的观察,直至 19 世纪火车出现之前马一直是人类最快的交通工具,"一骑红尘妃子笑,无人知是荔枝来""人生如白驹过隙"等佳句都传神地展现了骏马疾驰的情形,时至今日人们仍为赛场上的赛马速度而喝彩。《圣经》中同时认为马的力量也是巨大的,西方人比喻一匹带着武装的战马就像现代的坦克车,是一种不可抗拒的力量,为马赋予了神学的意义。

在现代化的今天,马的役用功能基本丧失,但作为一个重要的畜种,从物种多样性及遗传资源保护的角度看,必须重视各地方品种马的保护和利用,这是爱马人士尤为关注的事情。马在人类的生产生活中充当了多面角色,生产工具、交通工具、伙伴甚至是人类离不开的朋友,它的作用已经渗透

到人类生活的方方面面。我国很多文人墨客也总喜欢将宝马和英雄、美女放在同等地位，这也显示出人对马的感情要远远超过其他物种。马踏飞燕、唐彩陶马、八骏图等都是家喻户晓的艺术品，古代赞美马的诗句也不计其数。此外，素与马交好的蒙古族，在漫长的历史过程中创造出独特的马文化，同样吸引了世人的目光。

第二节　生活中的伙伴马

大约 6000 年以前，当第一个人突发奇想骑到马背上那一刻起，人类的文明史就开始发生了质的变化。毋庸置疑，骑在马背上的感觉一定是视野宽广，活动范围更广阔，行走距离也更遥远了。自此，人与马也就建立起了更加密切的关系。无论是骑马围捕，还是驾马车追猎，获取猎物都较先前迅速得多、容易得多了。我国自从发掘殷墟以来到1984年，共发掘出殷到春秋之间的车马坑16座，这些大都是死者生前用过的车马，其后人便将这些马与车作为随葬之物与主人埋了一起。

马对人类社会的进步和文明所做出的巨大贡献是不言而喻的，以至于现在我们生活中使用的许多东西依然离不开"马"的概念，如马枪、马刀，甚至马路上的汽车功率都是以马力来衡量的。在我国传统的十二生肖中马排名第七位。马姓也是中国人常见的姓氏之一。

从甲骨文上的"马"字就可以看出其形状与我们现在看到的野马非常相像：脖子上的鬃毛竖立着，腿很短。先人将日积月累的各种驯养技巧与野马的生活特性巧妙结合，培育了更适用于人类的品种。从驯养家畜的角度来看，马既不用自己寻找食物，又有安身居住场所，这些都注定了它被人类关注、需要、重视以及使役的命运。马为了生存必须得到最低限度的食物保障，以此为前提，人类可以根据自己的需求来控制饲草的供给。同样，人类为了生存，也离不开家畜，从而奠定了互相依存的伙伴基础。

虽然马已经日趋远离了我们的日常生活,但我们无法忘记马对我们的生活曾经产生过的影响。因为当马彻底被机器取代时,人类失去的不单是一种工具,还是一个有情感的朋友。

一、人马溯源及其关系

一直以来,世界公认马起源于美洲,而且有不同地质时代的诸多化石或绘成的进化系谱作为论据。中国马种的起源并不晚于欧美,只是发掘得不够及时,未能构成一个系统的谱系。谢成侠先生在其《中国养马史》中有论述:在山东省境内始新世的地层中发掘到的中华原古马和在湖南省境内发现的衡阳原古马,与欧美发掘的始新马属于同科。在中国最早发现的马化石是内蒙古锡林郭勒大草原上的苏尼特左旗出土的距今 1000 多万年前的戈壁安琪马化石,这说明浩瀚的蒙古高原在远古时代就栖息和繁衍着马这种动物,因而被生物学界命名为蒙古马。在南京方山发现的奥尔良安琪马化石与法国巴黎奥尔良发掘的马化石均属于中新世的一类。以上均可证明中国是东方马种的一个重要起源地。史书记载,在中国猿人即北京人出现以前,中国境内已经有三趾马化石的存在,且河南、山西、陕西、甘肃等省的三趾马很繁盛。

别外,在内蒙古乌兰察布市集宁区西北、赤峰市林西县、鄂尔多斯市乌审旗等地先后出土上新世三趾马和更新世蒙古野马(普氏野马)的骨骼和牙齿化石,说明内蒙古地区很早以前就存在马的祖先——三趾马和蒙古野马。据《汉书》记载,新石器时代匈奴部落已经在蒙古高原随水草而居,放牧马和牛羊,匈奴马曾显赫一时。元朝建立后,蒙古马的分布地域无论在国内还是国外都更加广泛。内蒙古草原东西跨度大,东、西生态环境和自然条件有着较大的差异,导致蒙古马划分为不同的类群。由于蒙古马数量多而且又分散,各地生态条件不同,不同类群的蒙古马的体型、外貌及性能也有着较大的差异。在内蒙古境内,逐渐形成了一些适应草原、山地、沙漠等条件的优良类群,比较著名的有锡林郭勒马、锡尼河马、巴尔虎马、乌审马、阿巴嘎黑

马、百岔铁蹄马等。其中锡林郭勒马、百岔铁蹄马、乌审马和阿巴嘎黑马已被农业部正式写入《中国马驴品种志》，成为国家公认的蒙古马类群。蒙古马适应性较强，不怕寒冷，不择食，极耐劳苦，能适应极粗放的饲养管理，生命力极强，能够在艰苦条件下生存，这是其他国家纯血马无法比拟的，在遗传资源上是一个极为宝贵的基因库。蒙古马的工作能力可坚持到 18 岁，现代蒙古马从它祖先蒙古野马进化为家畜，经历了自然环境的巨大变化和社会的多次变革。在这漫长的历史岁月中，蒙古马不断进化与发展，与其祖先的原型有了较大的差异。

以马为核心的创造性活动推动了人类文明的发展进程。以马具的产生和发展为例，考古资料显示：马嚼子最初是骨质或木质，到青铜和铁器时代，便出现了坚固的铜或铁嚼子，意味着游牧先民马背生涯的开始，加速了游牧民族进入文明社会的步履，具有划时代意义；马镫先为绳索或木质，被青铜或铁取而代之后传入中原和欧洲，不论对游牧民族自身还是对整个世界都是一个飞跃性的进步，有了马镫才可以解放骑士的双手依靠腿部进行迁徙与征战；马称谓和马烙印符号中蕴含着极其丰富的文化内涵，体现了先民的思维特性、性格特征、审美取向，反映了游牧民族传统文化的博大与深邃的精神内涵。马文化的形成发展和传承是与游牧民族的历史同步的，我们研究它并非是继承原始的马崇拜思维模式，而是通过揭示民族文化现象来继承和发扬传统的优秀文化遗产。古老而陈旧的习俗已随着社会的进步逐渐被后人们遗弃或取代，随着社会观念的变迁许多具象的传统文化已被象征的文化形态所代替。今天的马已从古老的图腾崇拜变为一种文化符号驻留在人们的心中。

二、人马情深相依相伴

在与马长期共同的生活中，人已经能够通过马的肢体语言了解马的各种情绪。马与人一样，是一种感情丰富的动物，也有喜怒哀乐、紧张、恐惧、舒适、信任、怀念、好奇等各种感觉与情绪，通过表情、肢体语言、声音等展现出来。鼻孔张开表示兴奋或恐慌，打响鼻则表示不耐烦、不安或不满；上嘴唇向上翻起表示极度兴奋，口齿空嚼表示谦卑臣服；眼睛睁大或瞪圆表示愤怒，露出眼白表示紧张恐惧，眼微闭表示倦怠；头颈向内弓起肌肉紧张表示展现力量或示威，颈上下左右来回摇摆表示无可奈何；前肢高举扒踏物品或前肢轮换撞地表示着急，后肢抬起踢碰自己的肚皮，若不是驱赶蚊虫就表示腹痛；尾巴高举表示精神振奋，精力充沛，尾夹紧表示畏缩害怕或软弱，无蚊虫叮咬却频频甩动尾巴表示不满情绪。此外，打滚一两次是放松身体，反复多次打滚必有腹痛；跳起空踢或直立表示意气风发。马通常很安静，不会经常鸣叫，当马发出声音时一定伴随着某种情绪，马的嘶鸣声有长短、急缓之分，受惊骇或受伤的马会长鸣，公马与母马调情时也会长鸣，痛苦的时候会嘶吼，喷气是因为不安或兴奋，低鸣是友善呼唤朋友，咕噜声、叹气声、吹气声等可能是与人或伙伴沟通的声音。马对反感的事物会做出自己的反应：耳朵向后背，目光炯炯，高举颈头，点头吹气，此乃示威之举；愤怒时后踢，甚至出现撕咬对方的行为；有欲望或急躁的表现是站立不安，前肢刨地，有时甚至是两前肢交替刨地。

有经验的人以通过马的肢体语言了解马的情绪状态，对马作出相应的安抚。而马也是通人性的，它会以相同的默契回报主人的关爱。草原上流传着许多人与马的动人故事。相传，蒙古民族英雄嘎达梅林义军与军阀和王爷军队的一次激战中，嘎达梅林被流弹击中不幸落马。就在敌军即将追上的千钧一发之际，他的乘马用力咬住他的衣角将他拖到河畔密林中躲过了追兵，嘎达梅林死里逃生。还有一个感人的故事。19世纪的蒙古族作家尹湛纳希一次从外地返回家时不慎落马昏迷。这时，有两只狼扑过来，尹湛纳希的乘马冲过来高昂着四蹄和鬃尾与狼展开了殊死搏斗。尽管狡猾的狼轮番进攻，但乘马始终寸步不离主人，挡住了狼的攻击，迎来了主人的家人。像这样忠马护主的事例有很多。当然也有主人报答马的许多动人故事。善良的马主人不仅不食马肉，还会给马养老送终。众所周知，草原上的人会定期举办各种名义的那达慕，马是那达慕上必不可少的重要角色。但是你可能不知道的是其中也会有专门为一匹马而举办的那达慕。当然不是所有的

马都会有这样的荣耀和待遇,一般是为多次拿过冠军的老马、有功劳的马和骑了很久跟人有感情的马,或者繁殖过众多好马的母马,还有用了很久的种公马等。举行专门的那达慕,通过正规的仪式给马以神圣的待遇——从此完全自由,谁都不可以再碰它!草原牧民对自己驯养的马就像是对待自己的家人一样,给予极大的关心与爱护。他们非常忌讳把马用几年后卖掉,认为这样不仅会毁掉马的灵气,而且把五畜的灵气都给毁了。

总之,草原上人马之间的感情是非游牧民族无法体会到的,甚至是无法理解的。蒙古族的爱马情怀是最著名和典型的。13 世纪是蒙古民族从分裂走向统一的时期,史称"蒙古马的时代"。这个时代的马三五百为一群,每隔三四年分一次群,强健的公马带领众多母马繁衍生息。蒙古马与蒙古人一样,生活在冬季高寒夏季高温地带,具有强大的环境适应性。蒙古马是世界上最古老的马品种之一,具有独立的起源。蒙古马不仅是我国数量最多、分布最广的马,也是亚洲数量最多、分布最广的马种,蒙古马约占中国马匹的1/2 以上,主要产地为蒙古高原,是典型的草原马种。大群放牧的蒙古马群具有很好的合群性,一般不易失散,母马母性强,公马具有圈群配种能力,护群性强,能控制马群,防止兽害。常年放牧的蒙古马性情暴烈、好斗,听觉和嗅觉都非常灵敏;春季对牧场上的毒草有鉴别能力,很少中毒;抗病力强,除寄生虫病和外伤,很少有内科疾病发生。因此,蒙古马的基因组中蕴藏着大量的具有重要利用价值的基因,如蒙古马的耐力基因、抗病基因、抗寒基因等,尤其耐力基因在全世界的马种中屈指可数。

在漫长的一段历史时期,牧人与马相伴一生,无论童叟均以马代步。马不仅是牧人的交通工具,同时也是游牧民族文化的重要组成部分。草原上的牧人熟识马性,通常采取粗放式牧马,将马群放归大自然,让它们自由自在地觅食、繁殖。马的寿命约 30 岁,智力高者可相当于一个 7~8 岁的孩子,从出生到死亡,无论是取食或睡觉,马都一直站立着。成年马匹平均一昼夜睡眠 6 小时,深睡只有 2 小时,多在破晓之前。马有很独特的生理特征,有很强的奔跑和跳跃能力,却没有很好的视力,看东西立体感差,所以对人和物体容易产生错觉——或者就是因为马的这一生理缺陷才成为人类驯养的对象吧。马的听觉非常发达，这也是对视觉不良的一种补偿；马的嗅觉神经异常敏锐，既能辨别空气中的水汽找到几里外的水源，又能根据嗅觉信息识别主人、性别及自己的儿女，因而，只要嗅到危险信号马就会发出"响鼻"。

草原上的蒙古马处于半野生生存状态，既没有舒适的马厩，也没有精美的饲料，在狐狼出没的草原上风餐露宿，夏日忍受酷暑蚊虫，冬季耐得住零下40度的严寒。蒙古马既没英国纯种马的高贵气质，又无俄罗斯卡巴金马修长俊美的身条。然而，蒙古马在风霜雪雨的大草原上，没有失去雄悍的马性，它们头大颈短，体魄强健，胸宽鬃长，皮厚毛粗，能抵御西伯利亚暴雪，能扬蹄踢碎狐狼的脑袋。作为坐骑的蒙古马并不是整天拴在家里的，也不是每天骑，尤其是母马，因为要生小马驹，有几个月的时间是不能骑的。马在草原上的生活方式和野生的食草动物没有什么区别，不同的是，牧民会把不做种马的公马骟了，以方便管理马群。春天是马最虚弱的时候，这时候马会顺风走，一般情况下马是逆着风走的，即使冬天刮白毛风，也不会丢。知道哪里安全，就在安全的地方不动，如果牧马的人睡着了，马群动了，牧马人骑的那匹马就会拉醒主人。牧马人只要顺着骑的那匹马的感觉走，那匹马就能找到马群。蒙古马亲情观念也很浓重。它多年乃至到死都能够认出父马、母马与兄弟姊妹马并保持亲密的家族关系。有的马离开马群多日回到家族中，会以互咬鬃毛表示亲热。蒙古马从不与生身母马交配，因而蒙古人称马为义畜。同时蒙古马在动物中也是最洁净的，它喝的是河水、湖水、井水，吃的草也多是新鲜的，有时宁肯挨饿也不吃腐烂变质的草。马死后主人都会将其埋葬以示报答马对主人的一片深情。马是聪明、重感情的动物，这种感情不仅维系着马的家庭，也深深地影响着牧马人，牧马人也同样深爱着马，并得到马的回报。游牧民族的爱马、尚马习俗就是这样一代一代传承着，形成了不同民族不同特征的特有的马文化，共同构成中国马文化的多元与丰富。对于游牧民族来说，草原上若没有了马就没有了灵魂，没有了马就没有了寄托，甚至是没有了重要的家人和朋友。

第三节　战争中的功臣马

《周易·系辞下》记载，黄帝、尧、舜时人们过着迁徙不定的游牧生活，"服牛乘马，引重致远"，说明当时马已被驯化和用于使役。

一、王亥驯马及骑兵诞生

传说有一次，黄帝的部下捕获了一匹野马，当时人们还不认识这种动物。每当人们靠近，马就前蹄腾空，昂头嘶鸣，或把后腿绷起，但并不伤害人和其他动物，只以草为食。黄帝观察了很长时间，并派驯养动物的能手王亥用木栏先把它圈起来，不许杀它。过了几天，王亥发现又来了几匹马的同伴，它们对着栏杆内的那匹马叫个不停，不肯离去。王亥把木栏门打开，外边的几匹马便一下子都冲进木栏，和圈在栏内的野马互相嘶叫一阵，然后都安静下来。王亥把栏杆门关住，割草喂养它们。过了不长时间，其中一匹马生下了一只小马驹。听到这个消息的人们纷纷前来观看。野马和人接触的时间长了，就放松下来不再惊慌，变得十分温顺，特别是小马驹，很喜欢和人在一起玩耍。一天，王亥喂完马，牵出一匹性格温顺的纵身跳上了它的背，这匹马受到惊吓四蹄腾空，把毫无精神准备的王亥一下子抛下来，飞奔而去，等王亥从地上爬起来马已经跑远了。王亥望着越跑越远的马十分沮丧，怕这匹马再也不会回来。正要往回走，发现马又反身跑回来。王亥高兴地忙把马引进栏杆内圈好并想了一个办法，用桑树皮拧成一条绳子套在马头上，然后又跳上马背。马再次四蹄腾空，王亥紧紧抓住绑在马头上的绳子，任凭马怎么飞跑，王亥也不松手。跑了一会，马的速度慢下来，直到马不再跑时，王亥勒过马头，缓缓地骑回来。王亥骑马成功后轰动了许多人，黄帝也知道了。黄帝的大将应龙对骑马非常感兴趣。他一边协助王亥驯马，一边练习骑马。一天清早,他们起来练马时忘记关栏杆门,一只老虎闯进圈里,把小马驹咬死了。正张口要吃的时候,被王亥和应龙发现,老虎跳出栏杆逃跑。他们见小马驹已死,带上弓箭,骑上马背向老虎逃去的方向追。他们跑过一山又一山,终于找到了那只老虎,连发几箭,把老虎射死在山谷中。王亥、应龙骑在马上返回途中,顺便射死了几只鹿。他们的行为引起了黄帝另一位大将风后的注意。风后智多谋广,对黄帝说:既然骑在马上能追老虎,能射杀野兽,那么,打仗时能不能也骑在马上,追杀敌人?风后建议黄帝下令各部落所有打猎的人都要保护野马,出外打猎,一律不许射杀野马。凡能捉回野马者,给予奖励。黄帝非常赞同并接纳这个建议,自己也开始练习骑马,并命令应龙、王亥精心饲养、训练捉回来的 200 多匹野马。应龙挑选了 200 多名精干的小伙子,既驯马,又练人。中华民族历史上最早的一支骑兵就这样诞生了。这支骑兵在后来的涿鹿大战中起了重大作用。

利用马作为武器装备是人类战争史上的一个重要节点,虽然马只是一个被人类驯化的动物,但毕竟马是有生命的,让更多的生命进入战争这种行为让战争的残酷又上升了一个等级且持续了几千年。马是人类最早驯化并应用到战争中的动物之一,在人类战争史上扮演过多重重要的角色,书写过令人钦佩的传奇故事及命运多舛的经历。

二、马在战争中的角色

对于人类而言,马的作用远远大于其他动物。首先,马所扮演的第一个角色是作为拉车的畜力。人类最初在战争中所使用的武器主要是狩猎和生产工具,随着生产力的发展,出现了一些专门用于战场的兵器,生产工具和作战兵器逐渐分化,金属兵器和战车出现了。在我国,相传 5000 年前的黄帝时期就发明了战车,黄帝大胜蚩尤的原因就是将车和马结合起来,创造出人类历史上最早的战车。也有其他资料显示,战场上的马最早不是用来骑驭的,而是用来挽车载重的。据《吕氏春秋》记载,商汤灭夏时军中有战车七十

乘;《竹书纪年·夏侯纪》中有"商侯相士作乘马。遂迁都于商丘"[1]的记载,即是说商朝迁都的时候马车是主要的运输工具,这也说明商代驭马驾车是比较普及的事情。后来发掘的殷商时代遗址中的双马驾车、四马并排驾车等实物也可以证明,而且通过这些实物可以看出商朝的驾车已经达到了较高的水平。依靠战车的威力,周武王讨伐殷纣于牧野,一举击溃商军。周朝将马分为六类:种马、戎马、齐马、道马、田马、驽马,其中戎马即军马。周朝的贵族教育体系"礼、乐、射、御、书、数"六艺教育中,"御"即为"驾驭马车的技术",说明驾驭之技是当时的一个重要教学内容,且有专门的教师教授,成了人们必须掌握的本领。

马车作为战车加入战争始于商,盛于西周春秋,衰落于战国至汉。在这长达千年的古战场,马车是战争的主力,也是国与国之间的威慑力。马车在战争中的作用之大和地位之高无与伦比,尽管古时的战车既大且笨重,并不灵活,但其锐不可当之势是那个时代战争取得胜利的决定性因素。自从马被加入到战争的队伍,马就成了战争的装备之一,并逐渐从战车向战马过渡。周朝后期频繁的战争促使作战技术发生了很大的变化,士兵开始抛掉战车而直接骑到马背上去作战,进入人马结合的骑兵时代。

马的第二个角色是作为骑兵的坐骑从而成为骑兵的伙伴。骑兵这一兵种最早是在游牧民族中出现的,是同游牧民族的生产生活方式以及生存环境相适应的。他们逐水草而居,在迁徙的过程中练就了跃马弯弓的高超本领。素以农业为主的中原地区对游牧骑兵的进攻束手无策,直至战国时期赵武灵王决心改革军事,组建骑兵,实行"胡服骑射"以增强军事力量,从此骑兵在中原逐渐建立并发展起来,成为古代战争中的重要兵种。骑兵凭借人马一体高度配合的特点发挥速度快、攻击力强的特点,展示了令人敬畏的力量和极强的威慑力。骑兵的兴起自然就需要优良的牧场来饲养军用马匹,广阔的牧场就成为战争争夺的目的和必需。今河西走廊一带的广大地区土质肥沃、水草丰美,成为各民族理想的乐园,也成为频繁征战之地。尤

---

[1] 张彩珍:《中国马术运动史》,武汉出版社,1994。

其是勇猛善骑好掠夺的匈奴民族，为了夺取河西沃土不惜一切代价，迫使汉王朝不得不迁民北地，发展畜牧业，驯养战马。在那个时代，精锐的骑兵是战争取胜的必备筹码。由此可见，在特定的历史时期和特殊的条件下，骑兵作战具有无比的优越性，马则是建功立业的功臣。

两汉时期，重装甲骑兵已经具备一定的规模，骑兵成为重要的作战力量，在与匈奴的长期作战中发挥着重要的作用，给匈奴以前所未有的打击。汉武帝曾经调集十万骑兵、步兵若干，远征漠北，歼灭匈奴骑兵近九万人，解决了百余年的边境隐患。唐太宗连年征战，六骏战功显赫。成吉思汗横扫欧亚大陆，如果没有马或许不会有蒙古帝国偌大的版图。没有任何一种动物能够像马这样在战争中发挥着如此巨大的助力，推动着历史的车轮，影响着人类历史的发展方向。马与人所组成的骑兵在几千年的刀光剑影中是最具威慑力的军事力量，从这个角度上说，马和人一起创造了历史。

最后，马是战争中重要的食材。战争中的军需供给是非常重要的，必须放在优先考虑的位置，这就是我们经常所说的"兵马未动，粮草先行"。然而，在战争中，受交通运输及安全因素的影响，时刻保证军粮供应是一件极其困难的事情，有时甚至是影响战争进程或胜负的决定性因素。军中的骑兵多来自游牧民族，平日里以马为伴的游牧民族是不会杀马食肉的。但是战争艰苦的时期，为了生存，杀马充饥的事情在所难免，马的乳肉血是将士维持生命的最后的食物。马奶、马血可充饥。《马可·波罗游记》里对蒙古军队的描写中提到：必要时，只用马奶就可维持一个月的生活。成吉思汗在西征时曾率军穿越被称为死亡地带的帕米尔和天山之间的峡谷地区，"在一丈多深的积雪中行军，他们攀登四千多米被雪覆盖的吉西列阿尔多和铁列古达巴干两个高峰的道口。在大风雪中，用被子包住马腿，人穿双层的皮毛大衣，在七千多米的高山之间，在冰天雪地中前进。为了暖和身体，用小刀切开马的血管，吸喝马的温暖的血液，又把血管封闭起来"[1]。蒙古骑兵一兵多马，马不仅保证了军队的速度，也储备了必要的军需供给，创造了人类

---

[1] 布鲁丁、伊万宁：《大统帅成吉思汗兵略》，内蒙古人民出版社，1991。

军事史上的奇迹。马作为军需供给的一个特殊的有利条件就是不需要特别的装备来运送，"羊马随征"即可完成。一方面节约了大量的人力物力及巨大的军费开支，另一方面减轻了军队的负重，这种特殊的供给保障使蒙古骑兵横扫千里，所向披靡，拥有欧亚大块版图，建立庞大帝国。

【"世界第八大奇迹"——秦始皇兵马俑】

中国第一批世界遗产秦始皇兵马俑墓葬坑，被建成为世界最大的地下军事博物馆，位于陕西省西安市临潼区秦始皇陵以东 1.5 公里处。1974 年 3 月，这里的村民打井时发现几个真人大小的陶俑。考古队勘探和试掘后认为这是秦始皇陵的陪葬坑，这几个陶俑是用陶土制成兵马（战车、战马、士兵）形状的殉葬品。最早被发现的是规模最大的一号俑坑，这个长方形坑里有身着战袍的战士俑，前后左右成行，组成前锋、后卫，中间是战车和步兵相间的三十八路纵队，构成一个大军阵。军容整齐、气势雄伟的军阵，再现了秦始皇当年为完成统一中国的大业而展现出的军功和军威。考古队在一号坑的东段北侧又发现了二号坑，它与一号坑相似，但布阵更为复杂，兵种也更为齐全，有骑兵、战车和步兵（包括弩兵）组成的多兵种特殊部队。军俑、鞍马俑、跪姿射俑，揭开了古代军阵之谜，是秦俑坑中的精华。立式弩兵俑采取阵中张阵的编列；战车方阵每列八乘共八列，车前驾有真马大小的陶马和列兵，中间是手拉马缰的驾车者，左右各有手持长柄兵器的士兵。中部还有由 19 辆战车、200 多个步兵俑和 8 个骑士俑组成长方形阵 3 列，骑士俑一手牵马缰一手拉弓立于马前。每辆战车后均有车士步兵俑。最左边是 108 个骑士俑和 180 匹陶鞍马俑排成 11 列横队，右手牵马，左手拉弓的长方形骑兵阵，还有战车 6 辆。骑兵俑是中国考古史上首次发现的数量众多的古代骑兵的形象资料，对研究古代军事史有着极为重要的意义。

三号坑是唯一没有被大火焚烧过的，所以出土时陶俑身上的彩绘残存较多，颜色比较鲜艳。春秋战国之前的战争，指挥将领往往要身先士卒，冲锋陷阵，所以他们常常位于卒伍之前。随着战争规模的增大，作战方式的改变，指挥者的位置开始移至中军。秦时，将指挥部从中军中独立出来，研究制订严密的作战方案,还进一步保障了指挥将领的人身安全,是军事战术发展的一大进步。也是古代军事战术发展成熟的重要标志。三号坑是世界考古史上发现时代最早的军事指挥部的形象资料,其建筑结构、陶俑排列、兵器配备、出土文物都有一定的特色。它为研究古代指挥部形制、卜占及出战仪式、命将制度及仪仗服的服饰、装备等问题提供了珍贵资料。兵马俑的塑造,基本上以现实生活为基础,手法细腻、明快。每个陶俑的装束、神态都不一样,从他们的装束、神情和手势就可以判断是官还是兵,是步兵还是骑兵。总体而言,所有的秦俑面容中都流露出秦人独有的威严与从容,具有鲜明的个性和强烈的时代特征。数以千计的陶俑、陶马都经过精心彩绘。陶俑的颜面及手、脚面颜色均为粉红色,表现出肌肉的质感,特别是面部的彩绘尤为精彩:白眼角,黑眼珠,甚至连眼睛的瞳孔也彩绘得活灵活现,发髻、胡须和眉毛均为黑色,整体色彩显得绚丽而和谐。同时陶俑的彩绘还注重色调的对比,个体、整体间均有差异,不同色彩的服饰形成了鲜明的对比,增强了艺术感染力。陶马也同样有鲜艳而和谐的彩绘,使静态中的陶马形象更为生动。

　　数以千计栩栩如生、威武雄壮的如同真人真马一样大小的陶人陶马是怎样制造出来的呢? 秦始皇统一中国后,着手准备百年之后的事情,派人挑选陵墓地址,大规模地修建陵墓。他把墓地选在骊山北麓,从全国调来七十多万刑徒,征来大量民夫,声势浩大地开始建陵。秦始皇下诏命李斯提前征集童男童女数千准备为他殉葬。李斯怕此举会遭到百姓的强烈反对,冒死直言,建议改用陶殉,以保大秦江山平安稳固。秦始皇认为有理,就采纳李斯的建议,下旨令李斯征集全国能工巧匠,烧制和真人真马一样大小的陶人陶马作为规模宏大的出巡仪仗队。但是工匠们平时只会烧砖烧瓦,没人烧制过陶人陶马,尝试多次都没有成功。后来一个老工匠临死之前想出一个办法或许可行,就告诉了他的儿子。儿子将父亲埋葬后,便按照父亲生前的嘱咐,单窑单俑分段烧制以后再组合,获得成功。工匠们按这种方法,夜以继日,把几千件陶人、陶马按期烧制出来并将其排列成整齐的队形。秦始皇驾崩后,继位的秦二世怕工匠们泄露墓中的秘密,以发放赏金之名将所有参

加陵墓修建的人骗到墓中封闭起来,成了活人殉葬品。

第四节　休闲中的竞技马

　　自从周朝"六艺"中的"御"把驯马驾车作为学习内容开始,驭马技术因得到了正规的传授而迅速发展,随之而来的赛马、赛车等与马相关的活动开始出现。虽然这些竞技活动带有很大的游戏和娱乐成分,但它毕竟是后来马类竞技赛事活动的萌芽。古代流行比较早的赛事活动是赛车、人车赛活动,后来增加了马舞、赛马等,构成古代马术运动的主要内容。《韩非子》一书中曾经讲述了赵襄王学习赛车的故事。赵襄王向王子期学完了驾驭之术后,相约与王子期进行赛车比赛,结果赵襄王输给了王子期。襄王不悦,认为输是因为马的缘故。于是二人换马,进行第二次比赛,结果还是襄王输,襄王不服,进行第三次换马但仍然未能获胜。襄王生气地指责王子期没有把全部的驾驭之术传授给他。王子期惶恐解释:技术是全部传授了,是因为襄王还不会应用的缘故。赛车重要的步骤不仅是车马相配,人与马也要心意相合,驾车的人要均马力、齐马心方能驾驭自如。

　　古代马技的起源虽无确切记载,但在秦汉之际的百戏表演中已经是常规节目,按此推算已有2000多年的历史。作为马术运动中一个特殊的内容,马技在汉代杂技百戏中被称为马戏,这种马上技术需要人马结合,最初只是一种表演,并无现代马术的竞技性质,但不能因此而否认它是现代竞技性马技的鼻祖。经历2000年沧桑变化,马技是人类世界史上历代相传被保留至今最完好的文体活动项目之一,时至今日,依然在我国各个民族中不同程度地存在与呈现着。

一、北方游牧民族赛马

　　蒙古族赛马。蒙古族是世界公认的能骑善射的马背民族,其传统赛马活动多种多样,有奔马赛、走马赛和颠马赛等。奔马赛主要是比马的速度;走马赛主要是比马步伐的稳健与轻快;颠马赛是蒙古族特有的马上竞技表演项目,具有浓郁的草原民族特色。据文献记载,蒙古族赛马已有近2000年的历史了,几乎所有的大型集会都会将赛马作为活动内容之一。以"游戏与娱乐"之意命名的"那达慕"的历史可以追溯到13世纪初首领们聚会时的活动。据《成吉思汗石文》记载,早在1206年,成吉思汗被推举为蒙古大汗的时候,他为了检阅部队、维护和分配草场,每年7~8月间将各部落的首领召集在一起,期间会举行那达慕,一方面表示团结和友谊,一方面为了祈庆丰收。最初只是射箭、赛马或摔跤的某项比赛,到元朝时已经将其结合在一起构成"男儿三艺"竞技运动,到清代已经发展成官方定期组织的有目的的特色活动,规模、形式和内容均有较大发展。今天的那达慕大会还增加了马球、马术、田径、球类比赛、乌兰牧骑演出等新的内容,同时举行物资交流会和表彰先进的会议。2006年5月20日,那达慕这一在草原上流传已久的民俗活动经国务院批准列入第一批国家级非物质文化遗产名录。蒙古人爱马,赛马时为了减轻马的负担大都不备马鞍,只着色彩鲜艳的蒙古袍,配上长长的彩带,蓝天白云绿草间尽显威武。比赛一般以红旗或口哨为令,先到达终点者为胜。授奖仪式上,获奖的骑手和马匹立于主席台前,听专人唱颂赞马词,然后还会往获奖的骏马头和身上洒奶酒或鲜牛奶以示庆贺。历史上成吉思汗的十三个军事组织里,能骑善射者多达三万之众。奔驰的马背是蒙古人特殊的舞台,上演过无数激动人心的剧目。关于蒙古族丰富多彩的马文化后面将有一章专门论述,在此不多赘述。

满族赛马。满族是中国北方的一个少数民族,其族源可追溯到史籍中所记载的肃慎人,历史久远。满族的马文化比较丰富,与他们普遍信奉的萨满教中有马神有关。马神即马王爷,又称"水草马明王",在古代是颇具影响力的神明。相传,玉皇大帝曾派四位星君下凡监察人间,其中三位报奏的都是人间一派歌舞升平,只有星日马将好坏善恶如实禀报。玉皇大帝很是疑惑,便又派太白金星去重新查探,发现那三位因收受贿赂而隐瞒了实情,只有星日马所奏属实。于是玉皇大帝便赏赐给星日马一只竖着长的眼睛。从

此,天上人间都知道马王爷有三只眼,不好惹。在古代,马匹关乎军国大事,一年四季都会有祭祀马神的活动,祈求保佑人畜平安。随着历史的发展,马神承载的功能越来越多,俨然成为相关职业和行业如马匹行业、军队骑兵、县衙公署的警察警队、马车行、磨坊(因使用骡马等畜力)等的保护神,使得马王爷在古代社会建立了深厚的信仰根基。如今经过岁月的洗礼,许多祭祀马神的庙宇已无迹可寻,但一些地方依然保留了"马王庙"的地名,甚至还可以见到马王庙的历史遗存。在几千年的历史长河中,马王爷成为跨宗教、跨民族、跨文化、跨行业百姓共同尊奉的神明。

满族驯化马和大量使用马始于隋唐时期。满族有谚语"不会骑马不要去打猎,不会拉弓不要去打仗",并且有"凡乡会试,必须先试弓马合格,然后许入场屋"之说,可见满族对马的重视。明永乐年间,满族各部落和明朝的马市贸易很活跃。清时,专门成立御马院,设医官治疗马病,养马技艺非常独特。据说努尔哈赤非常爱马,经常察看战马养育情况,对养马的人视马的长势予以奖惩,马壮者赐酒,马弱者鞭责。皇太极受父影响,常把马作为激励将士杀敌的赏赐。据说他的陵前栩栩如生的两匹石马,就是按生前两匹坐骑设计制作的。历史上满族军事活动颇多,所以经常组织开展军事体育训练以提高骑士的身体素质和作战技巧。满人多有勇猛的骑射技术和娴熟的武艺。后来,许多军事训练演变成民间大众中流传的体育活动,如跳马。这项活动要求骑手在马飞跑的时候,纵身跳上马背,有一定的技术要求。辽金时期满族的赛马竞技中有还有一项特殊的活动,名叫"跑马射柳",参赛者骑马射中柳枝者为胜。清八旗士兵的马术"或一足立鞍镫而驰者,或两足立马背而驰者,或扳马鞍步行而并马驰者,或两人对面驰来,曲尽马上之奇"[1],非常精彩。

另外,满族的服饰中也有很多关于马的元素,比如上衣的马蹄袖,就是在袖口处接一个似马蹄的半圆形袖头而得名。平日可绾起,外出、打猎或作战时则放下,冬季覆盖手背还可御寒。再如,套在衣服外面便于骑马的褂子

---

[1] 张彩珍:《中国马术运动史》,武汉出版社,1994。

被称为"马褂"，马褂有对襟马褂、大襟马褂、琵琶襟马褂、得胜褂等多种，还有马甲等。清朝皇帝及很多宫廷里的人都喜欢穿马褂，皇帝的马褂多用明黄色，黄马褂有时还是皇帝赐给勋臣的重要赐赏。

鄂伦春族赛马。鄂伦春族素以勇敢强悍著称，鄂伦春先民依靠马、猎枪和猎犬常年游猎于辽阔的东北部林海，追捕着獐狍、野猪、野鹿到处迁徙，一直过着漂泊不定的游牧生活，直到新中国成立后才定居下来。享有"山林之舟"声誉的鄂伦春马虽然长得矮小但健壮有力。鄂伦春人的赛马以村落为单位派代表参加，而且规定所有参赛选手不得借他人马匹，必须用自己的马参赛，不许带马鞭抽打马匹，只可以用缰绳促马快跑。比赛分年轻人20里赛和老年人参加的5公里负重颠马赛，老少齐上阵共欢乐。鄂伦春人死后陪葬物品中最常见的就是马，如果没有马匹可以陪葬的话，就将马具等驮在马上，绕墓地转几圈，说一些陪葬马的话以慰死者在天之灵。

哈萨克族赛马。除蒙古族外另一个以爱马著称的民族是哈萨克族。哈萨克人有一句谚语"马是哈萨克的翅膀"，足以说明马在哈萨克人心中的重要性。哈萨克人爱马有着独特的历史渊源，早在西汉时期就以"天马"闻名于世的乌孙人就是哈萨克人的先人。马背民族都有共同的好客之道，哈萨克人尤甚。一般的亲朋到来，杀羊款待，重要的客人，包括特别尊敬的人或多年不见的亲人来家中做客，除了杀羊还要宰杀一匹马以表达他们最高的敬仰与诚挚的心意，这是极为珍贵的宴席。哈萨克人懂马，了解马的习性，对马的感情非常深厚，马在他们的生活中占有非常重要的位置，他们视马为人生的财富并去努力经营。所以，哈萨克人的赛马也就变成了挑选良马的盛会。哈萨克人的赛马会是很正规的，比赛时间、地点、参赛的马在两三个月前就已选好。参赛的马会得到最好的呵护并加以正规的训练。他们认为一匹赛马能否取得好的成绩与驯马是否得当关系极为密切，为此哈萨克人中有专职的相马人和驯马师。赛马是哈萨克人文化生活中一项重要内容，但哈萨克人并不是为了赛马而赛马，大多是在婚礼和重要的节日期间才举行，而且通常作为压轴节目。哈萨克人赛马，不仅要奖励获得优异成绩的骑手，对夺得冠军的马匹也会给予"拜盖阿特"（意思是"最快的马"）的荣誉及一些特殊的优待,同时不忘奖励每天照顾获奖马匹的饲养员,奖品也是一匹马,作为对其工作成绩的最高奖赏。为锻炼年轻人的骑马本领,哈萨克族有一项骑马抢布的娱乐活动。活动开始时,由一个小伙子拿着一块一米左右红色或绿色的布起跑,其他人骑马去追。谁追上了就会接过布继续跑,其余人也继续追,这样连续不断,就像我们现在运动会上的接力赛一样。参加这种活动的多是20岁左右的小伙子,直玩到大家尽兴方才罢休。

另外,哈萨克人的马上摔跤也是非常有特色的。一般的摔跤比赛都是在地面上进行,摔跤手会不会骑马并不重要。哈萨克人的马上摔跤不仅要求参赛者具备一般的摔跤技巧,还要将这些技巧运用到马上去进行,也就是需要摔跤手同时具备相当熟练的马上技巧,要把对方拉离马鞍摔到地上才算获胜。摔跤手不仅要有足够的力量,还要与自己的坐骑配合默契才能完成比赛规定的内容。关于如何练习马上摔跤,哈萨克人中流传着一个有趣的故事。相传,有一个哈萨克小伙子一心想成为马上摔跤的能手,于是就到深山里拜师学艺。在山上遇见了一位长者,小伙子便上前求教,长者听罢告诉他不必留在山上,只要回家找一头小牛犊,每天坚持抱起来三次,坚持两年即可。小伙子高兴地回了家,每天早中晚都坚持抱一抱小牛犊。随着时间的流逝,小牛犊也在一天一天地长大,体重也在一点一点地增加,小伙子每天都在抱牛,竟也不觉得牛有多重,因为他的体力也随着牛的增长而增加。一年过去了,小牛犊已经长到了二百斤重,小伙子也不觉得吃力。到两年的时候,小牛犊已长成大牛,体重达四五百斤,小伙子照样能把它抱起来,不知不觉中小伙子已经练成了大力士,终于实现了自己最初的夙愿。

哈萨克族还有一项特别受欢迎的民间体育活动——马上叼羊,这项被称为"勇敢者的运动"既是个人力量的较量,又是需要团队协作的竞赛。活动中一般使用两岁左右的山羊,割去头蹄,紧扎食道,放在场地中央,参加者事先结成团组或直接分成两队,每组或每队的成员都有分工,有负责冲群叼羊运抵终点的,有掩护叼羊者对付他组或他队抢夺的。获胜者多是常年在草原上放牧的能手,因为他们日常中为了保护畜群,经常要与凶猛的禽兽及恶劣的暴风雪天气搏斗,常常会俯下身去把百十斤重的羊提到马背上驮回畜群,因此练就了过硬的本领。优秀的叼羊手是非常受人尊敬的,被族人誉为"草原上的雄鹰"。

哈萨克人在节假日期间还会借助表演马术为年轻人举办一种传递爱情的有趣活动,被当地人叫作"姑娘追"。这项活动开始时由小伙子追姑娘,可以说俏皮话拦着姑娘在草地上兜圈子,倾吐爱情,姑娘则施展各种马上技巧设法摆脱驰向终点。到达终点后返程改由姑娘追赶小伙子,并有权用鞭子抽打他,小伙子不得还手。说话时惹姑娘生气的自然会挨上几鞭,若姑娘喜欢上这个小伙子便舍不得真打,有些人因此结成美好姻缘。

柯尔克孜族赛马。聚居于新疆西南部的柯尔克孜族的"姑娘追"比赛不仅名字换过来叫"追姑娘",比赛规则也不尽相同。比赛场地是千米跑马场,姑娘在前于小伙子二十多米的地方开始比赛,到达终点之前,小伙子若追上姑娘便可以向她求爱求吻,姑娘不得拒绝;若小伙子追不上姑娘,领先的姑娘即获胜,并且在返程途中可以用马鞭抽打小伙子,小伙子不得还手。

关于柯尔克孜族名称由来也与马有关。相传,在很久以前的丝绸古道上行走着四十位姑娘,当她们走至帕米尔高原时遭遇洪水,处境非常危险。当时有四十名骑士前来相救,但国王却不许骑士们与姑娘们会面。危急之下,一位女仆急中生智,建议国王让姑娘与骑士赛马,如果姑娘们赢了就救她们脱离险境,如果姑娘们输了就得改做女仆。国王忽略了姑娘们只有先过河离开险境才能与骑士进行比赛,欣然应允。于是,四十名骑士在泥石流来临之前迅速救出四十名姑娘。国王给姑娘们每人一匹瘦马让她们与训练有素的骑士比赛。比赛途中,骑士们为了避免姑娘们沦为奴仆,就与姑娘们调换了马匹,最终姑娘们获胜。国王为此大怒,下令将四十名姑娘全部处死。在众人的帮助下,四十名骑士与四十位姑娘逃入山林,脱离虎口后,他们结为夫妇,生儿育女,并且自称"柯尔克孜"族。因为在他们当时的民族语言中,"柯尔"的意思是"四十","克孜"的意思是"姑娘","柯尔克孜"就是"四十个姑娘"之意,以此怀念他们的祖先。

柯尔克孜人常年生活在牧区,马奶是他们最喜欢的饮品。他们还有专门的饮马奶的节日——"克木孜穆伦多克",即马奶节,每年在柯尔克孜阳历三月初一,入夏双子星在天空第一次出现的第二天(公历 5 月 22 日)举行。节日清晨,男女老少都穿上节日的盛装到拴马的地方举行马奶节。首先,由推选出来的长者抓住马鬃祈祷风调雨顺、人丁兴旺、丰衣足食等内容。然后,女性中的长辈开始挤马奶,第一碗马奶一般都是喂给家中最小的孩子,希望他像马儿一样健壮。接着,人们宰羊煮肉,把发酵好的马奶和各种乳制品摆出来招待客人。午后,人们骑上马成群结队相互祝贺,品尝入夏以来的第一碗马奶。人们还会弹琴唱歌,祈祷人畜两旺,企盼老天再给一个丰收年。柯尔克孜族有着自己独特而丰富的马文化,传统的活动除了赛马、走马、追姑娘、叼羊外,还有专门的姑娘赛马、马上角力、跑马拾银、马上击球、马上射击等,丰富多彩。

塔吉克族赛马。素称"帕米尔之鹰"、主要聚居于新疆塔什库尔干塔吉克自治县的塔吉克族也有赛马与叼羊的习俗,而且叼羊活动也是深受本族人喜爱的一项传统的群众性运动。与哈萨克族不同的是,塔吉克族的叼羊活动多在婚礼、割礼、古尔邦节等喜庆节日举行。活动中以手鼓、鹰笛伴奏,更增加了节日欢乐而紧张的气氛,使叼羊活动场面十分壮观。尤以婚礼中举行的叼羊最为别致。首先,邀请村里发生不幸事故如家里刚办完丧事的人,热情款待后请他们到手鼓面前,为即将到来的喜庆日子放下悲伤为新人祝福。他们敲响手鼓,娱乐活动方可进行。新郎新娘家的人跨上骏马在草原上飞驰,给亲朋好友传递喜讯,邀请他们参加婚礼。婚礼的当天,手鼓和鹰笛声会飘扬在婚礼现场的上空,年轻人载歌载舞,叼羊比赛也同时预热进行着。当几十个小伙子骑着骏马簇拥着新郎新娘回来时,会有人抬着一只山羊恭候骑手,由事先安排好的骑手出来接羊,围观者则蜂拥而上与骑手一起抢羊,这代表叼羊活动正式开始。参加婚礼的人会故意为骑手们设置障碍,就像我们现在的婚礼拦截新郎索要红包不让他顺利进门迎娶新娘一样,场面红火热闹,最终夺得山羊的骑手会被新郎的家长披上象征着荣誉的长袍,这就是塔吉克族婚礼中著名的长袍嘉奖仪式。

与维吾尔族同源于回鹘的裕固族,生活在今天的甘肃省河西走廊中部,风俗习惯与藏族相同,跑马活动在婚礼中进行。

藏族赛马。藏族的传统体育活动内容更是丰富多样,不仅有比较普遍的摔跤、射箭等,还有很多自己的特色项目,如赛牦牛、奔牛、大象拔河、登山、抱石头、踢毽跳绳等,这与民族习俗和所处的地理位置有关。藏语将赛马称为"达久",早在一千四五百年以前藏民的"望果节"中就加入了赛马、射箭、唱藏戏的活动。史料记载,首次赛马会是在桑耶寺落成庆典时举办的,时间约为729年。比赛方式有两种,一种为长距离赛马,以快慢决胜负;而另一种赛事比较独特,在规定的赛道上中心点位置一骑士驻马而立,赛手从等距离两端向中心飞驰,先至者为胜[1]。另外,藏族一年一度的"莫朗大会"虽为宗教活动,其中举办的体育比赛项目中也有赛马、马术等与马相关的竞技活动。除了赛马还有一项比赛叫"空赛马",在马的身上只备一个小马鞍,加上五光十色的装饰品和马主的标志。当时官方有诸多规定,如:贵族的马若在比赛中获得第一名将被政府没收,理由是个人不得超越政府;官派的马若在比赛中失利,驯养者将会受到处分等,这些规定在一定程度上限制了藏族地区赛马者的积极性。尽管如此,赛马仍然是藏族人最喜爱也是流传最广的一项活动。跑马捡哈达、飞马跳鞍、跑马拔旗、飞马采格桑花等技艺极为高超。藏民的骑术缘于吐蕃时期的一种通讯骑兵的日常训练,他们的工作任务是携七寸金剑往返于各驿站之间传达信令,因此练就了精湛的骑术。赛马活动不仅是藏族农牧民闲暇之余的集会,也是彼此交流农牧业生产经验的场合,是藏民族精神的展示。在民间所有的藏族节日中,几乎都少不了赛马活动,更为重要的是,藏族人创造了独具民族特色的赛马文化。每年藏历四月十至二十八日,是后藏江孜人的传统节日"达玛节",藏语意为"跑马射箭"。达玛节历史悠久,节日内容主要是展佛轴画、跳神、角力、跑马射箭、抱石头等,后来主要进行大规模的跑马射箭比赛。今天,江孜达玛节又增添了许多新内容,成了为当地经济建设服务的重要方式。藏北号称"草原盛会"的赛马节是藏北草原规模盛大的传统节日,每年六月举行,节日前几天,牧民就会穿上节日盛装,带上青稞酒和一些食品,骑上马从四面八方涌向赛

---

[1] 张彩珍:《中国马术运动史》,武汉出版社,1994。

场。青藏高原是我国著名的牧场,骑马竞赛是牧民的日常生活,"当吉仁木""达芒节"及阿坝草原赛马会等都是世代流传的赛马大会。

二、南方少数民族赛马

赛马竞技并不是西北和北方草原的专有活动,在西南和南方的一些少数民族中也有很多形式的马的竞技活动,与北方草原有着完全不同的风格,下面介绍几个南方有特色的少数民族赛马活动。

纳西族赛马。纳西族有着自己灿烂的民族文化,早在1000多年前纳西人就创造了"巴东文"——一种世界上少有的仍在使用的象形文字。地处云南丽江的纳西族与赛马有何渊源,或者说他们的先人举行赛马活动的最初动因是什么,得从纳西人的古老习俗进行分析。自古以来,纳西人的赛马意识一方面缘于他们的祖先曾经历过长期的民族迁徙,另一方面与先民火葬中献冥马、飞马取火葬遗骨制灵魂水、洗马等与马文化有关的宗教仪式有关。祖先的原始崇拜以及送魂习俗道出了纳西族的先民与马的历史渊源。纳西族先民对马的认知是比较独特的,他们在给亡灵献冥马时会念诵巴东文的《献冥马》,[1]《献冥马》中有关于马的来历的经文,经文中有"马起源于蛋"的说法:"飞鸟休母"结巢下蛋后,分别由风、云、蛇等抱孵,但都无法孵出,"蛋飞撞岩上碰岩落入海,抱蛋孵出马",因此得出"马生于海"的结论,马成了纳西人鲜明的图腾物。"鱼给了马肋骨,山驴给了马鬃毛,青蛙给了马屁股,老鹰给了马叫声,风给了马速度……"无论哪个民族的远古先民都有一个共同的特征,就是把现实生活中的一些现象幻化为一种超自然的神秘力量,然后加以信仰和崇拜,纳西人亦是如此。但从另一个角度看,这也可以说明马在纳西人生产生活中的地位越来越重要。所以,在他们的送葬仪式上出现了马。纳西族的火葬是要举行两次仪式的,而且间隔三年,第一次仪式是人死后火葬,第二次是在火葬后三年举行送死者灵魂回归祖地的仪

---

[1] 和春云、向有明:《从火葬习俗看纳西族赛马的起源》,《体育学刊》,2010(5)。

式。其中献冥马的目的就是给死者的灵魂提供交通工具,让他们骑上所献的冥马回到祖地。可见,马已经升华为死者灵魂赖以回归的唯一保护神,成为一种精神力量的象征。

"洗马"的仪式是在家族内选几名青年扮成出征武士的模样去河边用碗取河水按照头—身—尾的顺序洗完马,把碗摔碎,上马飞奔回家,进家门前做厮杀状,意为进攻巴人寨杀退所有企图阻挡的巴人。洗马、骑马拾取死者遗骨、骑马飞奔都是借助马的特殊力量避开各种邪恶精灵,保证死者的灵魂顺利回归祖地成为祖先灵。这说明纳西先民已把马作为原始竞争活动中的重要载体并赋予其特殊的文化内涵。随着时间的推移,纳西人英雄崇拜思想的产生、传统的火葬仪式渐渐演变成了缅怀先辈、教育全民的特殊仪式,洗马也随之演变为尚武教育的赛马活动,并逐渐成为纳西族"二月八"传统节日活动的重要内容。另外,纳西族的聚集地丽江一带因自古盛产龟背马而被称为花马国。花马国以骒马为工具,以茶叶作为交换物与巴蜀客商换取盐铁,一年一度的三月龙王庙会和七月骒马大会都要举办赛马活动。农历十一月十二日为纳西族农历小年,有的村寨会搞赛马联欢,当地人称之为"跑罐子"。因为参与者多为青少年,获得冠军者开启头罐酒先喝,然后依次传递,所有参加赛马的年轻人都会获得一份节日礼物。

水族赛马。水族在传统的"端节"期间都会在"端坡"举行隆重的赛马活动。水族端节相当于汉族的春节,已被列入国家非物质文化遗产名录。在水历的十二月底和正月初,相当于农历的八月底和九月初,这一时期正值水稻收割季节,端节就是用来庆丰收并通过祭祀活动祈求来年风调雨顺、人丁兴旺、幸福安康的节日。水族的生活区域属于高原,而且喀斯特地貌较为典型,为什么要进行赛马呢?相传,在远古的时候,水族的祖先兄弟三人为谋生计,决定溯江而上,由南向北迁徙。大哥逆红水而上,二哥渡过红水至广西,三弟顺清水而下。从此三兄弟相距甚远,难得相见。于是把每年的端节约定为相聚的日子,一方面祭祀祖先,一方面大家用马驮着这一年劳作丰收的硕果向家族的兄弟姐妹汇报各自情况。酒足饭饱之余,年轻人便来骑马比赛,自娱自乐,看谁的马跑得快、谁的骑术高,逐渐形成了水族端节传统的一项运动。水族端坡上的马道具有自己的特点：弯道多、直道少，不像其他民族赛马场那样宽敞平坦，所以赛马活动非常讲究传统程序。首先，过节之前都要清理马道，以防赛马时发生危险。赛马前要以传统的美酒佳肴祭祀马道，祈愿赛马能够顺利进行，并由族长、寨老们通过古歌方式说一些祝语。赛马之前，各村寨都要推选出德高望重的族长或寨老"开道"，开道仪式庄严而肃穆，老人们穿上崭新的长衫、戴上新的毡帽，所骑的马匹也要披红挂彩，待开道长者们行至赛道尽头，骑手们才试跑，熟悉马道，然后正式开始比赛，一决高下。水族传统的赛马与其他民族不同，骑手们在赛道上面上上下下循环往复中陆续淘汰掉体力不支、骑术欠佳的，由此可见，水族的赛马比的不是速度而是耐力。

白族赛马。生活在云南大理白族自治州的白族，赛马历史已逾千年。大理乃南诏国的国都，也是印度密宗佛教、中原禅宗佛教和吐蕃藏传佛教三种佛教流派的汇合地，因而佛事昌盛，创造了带有宗教色彩的南诏大理文化，其中包括三月街赛马。三月街旧称观音市，是滇西古老而繁荣的贸易集市。每年农历三月十八都会在这里举行佛家观音庙会，逐渐形成一年一度的三月街盛会，同时还会伴以药材、牲畜交易为主的集市贸易。古时候的大理因盛产好马而闻名，每年都会有成千上万的马出售，既有运往内地的，也有运往印度等国的。在马匹交易过程中，马主展示马的速度及步伐，于是便搞起了赛马和马术，显示自己的马匹健壮、速度飞快。于是，赛马就成为三月街盛会的一项特殊活动内容。前来参赛的除了四面八方的白族人，也有附近的藏族、纳西族人。明朝旅行家徐霞客在游记中曾对赛马盛况进行过描绘："入演武场，俱结棚为市，环错纷纭。其北为马场，千骑交集，数骑驰于中，更队以觇高下焉。时男女杂沓，交臂不辩，仍遍行场市。"三月街赛马是大理民族传统文化中的精华，是大理人民的一种精神象征和体育精神的展现，在大理的历史发展中无论过去还是现在都起了非常重大的作用。如今，大理三月街盛会已被列为国家级非物质文化遗产名录，成为闻名全国的节庆盛会。赛马在白族地区十分盛行，后来，不仅是在三月举办赛马，6月25日的火把节，7月的剑川骡马会，8月的洱源、邓川鱼潭会也都进行赛马，而且这一民族民间体育赛事和赛马文化深入各个村寨。

　　苗族赛马。苗族赛马的起源假说很多，主要是源于神话或者苗族祖先对英雄的崇拜意识。相传在远古时候，天上有九个太阳，照得大地干裂、河流干枯，最重要的是庄稼无法生长，人们无法生活。于是，正直而刚烈的地公之子为了拯救苗民，勇敢地射掉了八个太阳，只留一个照耀人间。此举触怒了天公，天公将地公的儿子变成了一只蛤蟆，且千年之后方允许其恢复原形。时间一年一年地流逝，还有最后一年地公的儿子就可以熬过千年之责，变回人形。有一天，一对已过花甲之年无儿无女的恩爱夫妻在山上干活的时候，听见地公儿子的呼唤声，循着声音找过去，只看见一只蛤蟆在叫，并没有看见其他人。善良的老夫妻就把那只可怜的蛤蟆带回家悉心照料，慢慢产生了感情。突然有一天蛤蟆对老人说他要娶个媳妇，见老人为难，蛤蟆就告诉二老山下村庄有个七姐妹人家，他家姐妹中心地最善良的一位姑娘会嫁给他。第二天老夫妻就找了媒人去山下提亲，其他姐妹听了都不屑地转身离开，只有最小的妹妹留下来答应了婚事，因为她昨天晚上梦见自己遇到了一位风度翩翩的少年郎。很快到了苗族的春节，百姓们按照习俗聚集起来跳芦笙舞欢庆节日，两位老人带着新娘子七妹出来看热闹，忽然见一位骑马而来的翩翩少年，围着芦笙堂跑了三圈便不见了，第二天依然如此。第三天晚上，一家人又出去，七妹发现自己忘记戴耳环而返回家中，从门缝里看见蛤蟆正在脱掉外皮变成那个美少年骑马飞驰而去，七妹捡起那张蛤蟆皮扔进外面的火塘里。谁知骑马少年因此而像火烧般难受，不顾一切地奔回家中找寻他的外衣，可惜只看到一堆灰烬。当七妹听奄奄一息的美少年——自己的丈夫说熬过今晚就可以重回人形之事，痛不欲生。乡亲们得知此事也潸然泪下，为了感谢这位为了百姓而牺牲自己千年人身的地公之子，每年都会在过年的时候策马扬鞭在芦笙堂前飞驰以纪念恩人的功德。千百年来，关于苗族赛马的起源没有准确或科学的论断，但作为地方本土文化在漫长的岁月中继承发展，被人们所接受，形成了一整套具有民族特色的习俗，传承至今。长久以来，赛马存于苗族节日之中，苗民对本族文化的认同感渐渐加强，常常以此唤起失去的民族记忆。苗族每年六月的"新禾节"

期间,各村寨的人都会从四面八方赶来参加赛马、斗马活动。他们先让参赛的马在预定的比赛线路上飞奔起来,骑手则在规定的地点等候,见马跑过来便飞身上马。赛场多选择在崎岖的山路上。斗马看似是马与马之间力与勇的较量,实则是斗马能手的较量。因此,在苗族,只有斗马能手才能赢得姑娘的爱情。

第三章

中国传统马文化

第一节　图腾崇拜与马的精神文化

　　远古时期,生存和繁衍是先民最基本的生命意识和群体意识,或许是出于对大自然中千变万化的自然现象的无力,希望、坚信甚至迷信用某种自然或者神灵来做本氏族的族徽或象征,以此得到庇佑和保护。于是出现了承载神的灵魂的载体——图腾,可以说图腾是被远古先民人格化了的崇拜对象。用图腾来解释神话,并且形成一定的民俗民风,这可以说是人类早期历史上最古老的文化现象,我们将其称为图腾崇拜。图腾崇拜起源于远古先民对生活的一种理解和诠释,这种解读中包含着他们独特的生活方式、思想方式以及行为习惯。

　　图腾是个外来语,指的是有血缘关系的亲族和祖先。在远古先民的最初信仰中,他们坚信本氏族最早的祖先一定缘于某个特定的物种,而这个特定的物种大多被锁定在某些动物身上。图腾文化的研究者们曾经把图腾文化的实质归纳为四个方面:图腾文化是一种宗教信仰,代表人物是弗洛伊德,其代表作为《图腾与禁忌》;图腾文化是半社会半宗教的文化现象,以 J.G·弗雷泽及其《家庭和氏族的起源》为代表,我国林惠祥《文化人类学》、杨堃《原始社会发展史》中也都持这种观点;图腾文化是一种社会组织制度或文化制度;图腾文化是一种社会意识形态,在何兴亮《图腾与中国文化》中有论述。图腾文化体系的形成为人类早期有序社会的形成奠定了基础,图腾情结是一种精神也是一种凝聚力量的方式,在人类文明进程中起到过十分重要的作用。许多国家和民族都曾存在过图腾文化。像中国先民崇尚龙一样,古罗马人以母狼为象征,美国则将美洲所产的一种类似于鹰的猛禽"鹜"作为其象征,俄罗斯的北极熊、德国的灰熊、芬兰的海狮、瑞典的海象、英国的狮子、西班牙的公牛、印度的大象、日本的猫头鹰、意大利的狐狸等都曾是他们先民认定的图腾象征。先民图腾崇拜的思想,是对所向往的永恒博大的生命本质力量的幻化。尽管图腾所具有的神性力量是先民赋予某些被作为图腾物的生灵们的，但是他们信奉并依赖着这种自己演绎出来的超自然的巨大力量，希望在对它们的膜拜中能够求得这种力量，如长生不老、羽化登仙等。

一、马图腾

对于生活在中国北方草原上的历代各族人民来说，最重要的牲畜就是马了，鲜卑、柔然、东胡等游牧民族都是以马尤其是白色的马作为自己部落或氏族的原生态图腾。[1] 他们认为人借助马的力量可以到达祖先及神仙的境界。所以，诸如满族一年四季对马王神的祭祀祈求一样，很多民族的人对马给予了超乎于人的美好愿景，所以生前与马为友、死后与马为伴的事情随处可见。一些帝王重臣的墓前不仅有石马，有的还会为马塑上翅膀，期望马能够引领他们的灵魂升天。据考证草原蒙古部落崇拜的图腾除了狼之外还有马和鹰，其实，狼只是蒙古民族乞颜部落的图腾。马所拥有的速度和力量等特殊品质使原始的蒙古先民产生了崇拜心理，并成为北方游牧民族崇拜的图腾象征。蒙古民族的马崇拜是与他们的灵魂崇拜、天神信仰以及英雄崇拜联系在一起的。我们对于蒙古马文化的研究正是基于自然层面即原始氏族时的自然崇拜，到社会层面即部落联盟时的人马形象整合期，再到文化层面的过渡与发展，即从蒙古先民的马崇拜开始对人马之间自然形成的生产生活、民风习俗、思维审美、人马情怀等方面的综合研究揭示蒙古民族古老而神奇的文化底蕴和丰富内涵以及多姿多彩的民族习俗。

资料显示，在人类漫长的历史发展过程中，我国许多少数民族地区如彝族、傈僳族、佤族、藏族、白族和阿昌族等都经历或者保留着有关马图腾的传统。彝族有以马为图腾的氏族；澜沧江、怒江上游的傈僳族宗族以马命名；云南省沧源一带的佤族人过春节时，要给牛马喂一顿糯米饭以示敬意，等

---

[1] 阿尔丁夫：《论骏马特殊魔力的由来》，《西北民族大学学报》，1993(1)。

等。在龙马图腾的祭祀中，我们不难看出，每个民族遥拜着自己创造的神灵彼岸，关注的却是自身生存的现实此岸，在他们的内心深处重要的不是高高在上的神而是自己。龙马图腾孕育的磅礴力量尽管神奇而伟大，给予人的却是庄严肃穆、强健有力、奔腾不息、勇往直前甚至令人起敬的感觉，充满昂扬振奋、乐观向上的正能量。

也有一些国家将马视为图腾而崇拜，代表性的是哈萨克斯坦。16 世纪之前，哈萨克斯坦境内生活的是游牧民族突厥，他们对马有着深厚的感情。"哈萨克"在突厥语中是"游牧战神"的意思。古代哈萨克人泛指今中亚一代的古代游牧部落诸如塞人、乌孙、月氏等。后来，突厥文化受到外来文化的影响，导致今哈萨克斯坦的民族和文化都不是单一的形式，而是包含突厥文化、伊斯兰文化和斯拉夫文化多种文化。尽管如此，还有相当多的哈萨克人保留着马文化习俗，比如饮马奶酒。哈萨克斯坦的传统饮料马奶酒由发酵的马乳制成，也被称为"牛奶香槟"，被他们认为是治疗普通感冒、肺结核病的药物。哈萨克斯坦国徽上有凌空飞扬的两匹左右对称的金色骏马，彰显了对马的热爱，有象征游牧生活的金色毛毡圆顶帐篷，底部两匹马中间的饰带上是哈萨克文国名"哈萨克斯坦"。这一图案也被用在哈萨克斯坦的钱币上。

哈萨克斯坦国徽

哈萨克斯坦钱币

在哈萨克斯坦国家博物馆里随处都可以看到马，许多展品都和马有关。如头部有长角的战马，昭示着不畏风险、勇敢向前的精神；战马身边的古代将军着黄金质感的盔甲,与金色沙漠的颜色相辉映,成为哈萨克人古代骑兵的写照。展品所传递的信息是:哈萨克人在历史上与马、弓箭、游牧生活密不可分。

土库曼斯坦是以阿哈尔捷金马(汗血马)为图腾的。土库曼是游牧民族,同其他游牧民族一样,古代土库曼人的生活、征战都离不开马,马是他们忠诚的朋友和可靠的助手,所以,土库曼人爱马,视马为平等的家庭成员。这一点从他们的日常生活中对马的态度上可以看出,如他们从不打马,不给马上笼头,还会为马量身打造贵重的首饰,制作精美的马衣;母马生小马对土库曼人来说就像迎接小孩诞生一样,他们庆祝小马驹的出生,给小马起好听的名字;民间有"每天早上看望父亲后就看望马儿"的谚语,等等。阿哈尔捷金马皮肤细腻且薄,奔跑时能看到血液在血管中的流动,马的肩部和颈部汗腺发达,出汗后局部颜色会显得更加鲜艳,给人以"流血"的错觉,因此被称为"汗血马"。汗血马是世界上最神秘的马,外表英俊神武,体形优美、头细颈高、四肢修长、轻快灵活,具有无穷的持久力和耐力。阿哈尔捷金马历史上大都作为宫廷用马,成吉思汗等许多帝王都曾以这种马为坐骑。所以,阿哈尔捷金马被视为土库曼斯坦的国宝,它的形象被绘制在国徽中央和货币上。

土库曼斯坦国徽底色为绿色八角星形状,中心由三个大小不同的同心圆组成。外圆底部有七颗白色棉桃,左右对称着两束金色的麦穗,中间上方为一弯白色新月和五颗白色五角星;中间红色的圆周上绘有五种地毯图案,代表五个民族;最里面蓝色背景的圆上也就是国徽最中心的位置是土库曼人为之自豪的阿哈尔捷金马。

土库曼斯坦国徽

关于汗血马的记载最早是在公元前5世纪,古希腊历史学家希罗多德在著作中称"东方尼萨(今土库曼斯坦首都阿什哈巴德附近)的广阔领土上盛产好马"。我国对汗血马的记载最早见于司马迁《史记·大宛列传》：西汉张骞出使西域，见大宛国"多善马，马汗血，其先天马子也"。汗血马是2000多年前通过丝绸之路传入我国的，被誉为"天马"，深受中国人民喜爱。但是至今我国的汗血马数量不多，原因是多方面的：自古以来为掠夺此马经历过无数次战争；古代作战用的马匹多数被阉割，使一些优秀的战马失去了繁殖后代的能力；汗血马虽然速度较快，但是体形纤细，古代大将骑马作战时却更愿意选择粗壮的马。1992年中土建交后，土库曼斯坦总统曾先后将三匹汗血马作为国礼赠予我国国家领导人。2014年5月12日，在中国人民大会堂举行的世界汗血马协会特别大会暨中国马文化节主席会议上，土库曼斯坦总统别尔德穆哈梅多夫赠送给习近平主席一匹汗血马，习近平主席把中国马业协会高级艺术顾问黄剑的雕塑作品《唐明皇击球图》作为国礼赠予土库曼斯坦总统别尔德穆哈梅多夫。雕塑作品采用中国古老的青铜工艺铸造，通过仿古做旧处理，使作品呈现出穿越时空的苍古之美和浓郁的唐风古韵。作为土库曼民族的骄傲和国家象征的汗血马不仅是中国与土库曼斯坦传统友谊的使者，还成为中土两国世代友好的见证。为保护汗血宝马，土库曼斯坦成立了阿哈尔捷金马协会，由总统亲自挂帅，担任协会主席。

国徽上有骏马图腾形象的国家还有蒙古国、莱索托、尼日利亚、立陶宛、博茨瓦纳等国。马在蒙古国具有举足轻重的地位。蒙古国国徽中心图案是绿草之上、蓝天之中一匹金黄色飞奔的骏马，骏马的身上是一组传统的"索云宝"。

非洲南部的内陆国家莱索托国徽上也有一对红棕色站立的非洲骏马，两匹骏马中间的中心图案是一个黄色的盾徽，其上绘着与骏马相同颜色、莱索托的国兽，也是巴苏陀传统王朝的徽志鳄鱼，盾面后面两把交叉的长矛和圆头棒槌是莱索

蒙古国国徽

托的传统武器。盾牌两侧的骏马象征着国家力量。

尼日利亚国徽　　　　　　　　　　　　莱索托国徽

与莱索托国徽相似的是尼日利亚的国徽，中间为盾牌，黑色的盾徽上一个白色的"Y"字形图案，象征流经境内并汇合交融的尼日尔河及其支流贝努埃河，盾徽之上是一只红色的雄鹰舒展着双翅，以此象征力量和自由，盾徽两侧各立一匹白色骏马，象征国家的尊严。

立陶宛的国徽是盾徽，由红黄蓝三色组成，红色背景的盾徽上面是一位全副武装骑在白色骏马上的骑士，右手高举宝剑，左手握着镶有金黄色双十字的蓝色盾牌。此国徽是苏联时期曾经使用的加盟共和国国徽。立陶宛另有大国徽，盾外有独角兽和狮鹫守护，上有大公冠，下有三叉戟。

立陶宛国徽　　　　　　　　　　　　格鲁吉亚国徽

格鲁吉亚国徽为盾形，红色背景上绘有圣乔治屠龙之像，上有王冠，下有饰以耶路撒冷十字的饰带，以格鲁吉亚语书"团结就是力量"，左右由两只狮子扶持。

二、马崇拜

马强大而自由驰骋的生命力，长久地吸引着先民如醉如痴地去崇拜，如梦如狂地去幻想。河图洛书的传说，天地风雷、水火山泽的八卦，曾被认为是《周易》的来源。龙马一体的寓言使马的形象生存在一个充满幻想的世界里，那种似马似龙的神兽是人们羽化登天的阶梯，是把人的灵魂带入天堂的依傍。先人对马的崇拜缘于对马的超自然的无穷幻想。一直以来，马都深受人类的喜爱。从秦兵马俑、汉铜马俑到唐三彩马等都可以看出古代帝王将之宠马爱马，死后也用马作陪葬物。帝王将相崇马的实例很多，据《穆天子传》记载：周穆王的"八马之骏"各有两个名字，一是根据毛色分别命名为"骅骝、山子、绿耳、赤骥、白义、渠黄、逾轮、盗骊"；一是按速度命名，如一名"绝地"，足不践土，二名"翻羽"，行越飞禽，三名"奔霄"，夜行万里，四名"超影"，逐日而行，五名"逾辉"，毛色炳耀，六名"超光"，一行十影，七名"腾雾"，乘云而奔，八名"挟翼"，身有肉翅。据民间传说，这八匹马在马夫造父的驾驭下拉着周穆王翻越昆仑山，西行数千里到西王母之国。还有一个众所周知的实例就是汉武帝刘彻为获取西域名马不惜发动战争，所得的战利品是十几匹"汗血马"。西楚霸王项羽因兵败无颜见江东父老，不肯过乌江，自杀前，为自己的爱马乌骓安排生路——托付给亭长。

马图腾崇拜是从龙图腾崇拜生发而来，这缘于先民对马的认识是和对龙的图腾崇拜意识联系在一起的。先民之所以把马抬升到和龙同样的高度，是因为马在人类的生活中具有非常重要的地位：农耕民族的耕种、驾车、乘骑要用马，游牧民族的放牧要用马，人类争夺生存空间和政治利益的战争更要用马。古代，对马的占有是财富和权力的象征，是国力强盛的重要表现。《后汉书·马援传》记载，马援铸造铜马献给朝廷，在上奏的表章中说：

"夫行天莫如龙,行地莫如马。马者甲兵之本,国之大用。"他对于马的作用有深刻的见解。

古人还认为,马具有超出其他动物的灵性,有时能够救人危难、识辨善恶,具有忠义的品质。历代正史及野史笔记中关于马救主、马报主的故事相当多。《搜神记》中"马化蚕"的故事更是比较典型地反映了以耕织为主要生产方式与生活方式的民族所具有的文化心态。马代表耕种,蚕代表纺织,马化为蚕反映了耕与织的密切关系,于是人们供奉的蚕神也就被称为"马头娘"或"马明菩萨"。《周礼·夏官·职掌》有"禁原蚕者"之句,前人注云:"以天文考之,午马为丝蚕,则马与蚕其气同属于午也。辰为龙,马为龙之类,蚕为龙之精,则马蚕又同资气于辰也。"这里明确指出蚕、马和龙的关系,由此也可看出马的图腾崇拜具有非常丰富的文化内涵。

萨满教中有九十九个天神,马神是其中之一。马神崇拜是比较原始的宗教信仰,是人类早期自然崇拜的产物。最早记载马神崇拜的文字出现于周朝,那时帝王狩猎前必祭马神。"周制,校人掌王马之政,春祭马祖,执驹。夏祭先牧,颁马,攻特。秋祭马社,臧仆。冬祭马步,献马,讲驭夫。"(《周礼·夏官·司马》)此后,祭马之事一直存在,与马神崇拜紧密相关的是对马的崇拜。因为崇拜者还没有产生明确的超自然体观念,因而在各种大型祭祀活动中马都是不可缺少的重要成员。

流传于中国西北、西南部少数民族广大地区的风马旗是一种奇特的文化现象,在内蒙古地区亦到处可见迎风飘扬的禄马风旗。关于它的起源有多种说法,其中之一是认为产生于马崇拜。众所周知,蒙古族被称为马背民族,马在蒙古人的生活中占有非常重要的地位,并且是蒙古人的图腾之一。所以有人认为风马旗就是蒙古人对蒙古马的崇敬抽象化的结果,是蒙古人对马的一种信仰,代表着那个时代人们的思想。也有人认为风马旗是由成吉思汗的军旗演变而来的,但无论哪种说法都认为与马有关。曹那木在《关于风马旗的来源》一文中提到风马旗是成吉思汗时代的军旗、黑苏勒德和各种经幡在历史演变中相互融合而成的。战争时,旗成为判断是不是蒙古人的标准,同时也起到彰显蒙古骑兵威严的作用,马是战场上蒙古将士重要的

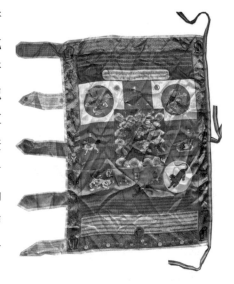

伙伴，甚至是决定战争胜负的关键所在，所以"旗"和"马"融合在一起而成"风马旗"。史料中亦有记载成吉思汗时代的祭旗习俗。据《多桑蒙古史》记载：成吉思汗统一蒙古各部建立国家的时候曾在一座高高的土台上立起查干苏勒德，最初是蒙古汗国的徽旗，后来随着朝代的更迭和其本身文化内涵的变化而变成了众人敬仰和奉祀的神旗，旗面是蓝色，象征天空，飞扬着一匹白色骏马。

内蒙古风马旗习俗保留最完整的是鄂尔多斯市，在草原上或蒙古包里至今还保留着悬挂、张贴或飞扬风马旗的习俗。在蒙古族的生活中，几乎都可以看到对马无上崇敬的标志——禄马风旗。鄂尔多斯风马旗不只是一面旗帜。受藏传佛教影响，原来扁平的长矛状尖顶变成了像"山"一样的三个叉，上面刻有日、月，旗子上图形除了原来的一匹马还有四神、八宝、十二生肖、阴阳八卦和佛经咒语，蒙古人把它视作兴旺发达的象征。每年正月初一，人们都会举行祭祀活动。还有一种观点认为风马旗不属于蒙古族，它来自西藏，是蒙古族文化与藏族文化的结合物，藏族风马旗是各民族风马旗的真正发源地。无论如何，风马旗是游牧民族崇马习俗的最终结果，是蒙古民族思想观念的一种表现形式，它的产生与发展变化与一定的经济基础和社会生活关系密切。蒙古族风马旗是蒙古族生存环境的必然产物，是蒙古族早期动物崇拜演化而来的一种精神象征，包含自然崇拜、图腾崇拜等多种文化元素。

南方把"马头娘"作为养蚕业的神灵供奉。马头娘的形象为一个骑马或披着马皮的女子。这种习俗源自于一个古老的故事。相传很久以前，一个女孩的父亲去前线参军打仗，女孩一人在家经常思念和担心父亲，就和家里的马说如果能把父亲带回来，女孩就嫁给马。马听了就出了家门，很快将女孩的父亲驮了回来。父亲得知事情的经过后,生气地把马杀了,并剥下马皮挂在了墙上。一天,当女孩在马皮边玩耍时,被马皮卷起来飘走了,不知去向。很多天以后人们发现女孩和马皮都化成了蚕。从此,神话中的蚕神就成了马首人身的少女,人们开始祭祀马头娘娘祈求养蚕兴旺。这个故事还有另外一个版本。四川中部地区有一个养蚕为生的人家,男人被人劫走,妻子情急之下立誓谁将她丈夫找回,便将女儿许配与他。家中男人的乘马听后奔驰而去,很快将男人带回,一家人团聚。而马从此嘶鸣不肯饮食,男人知道真相后一气之下将马杀死,还将马皮放在院中。一天,女儿从马皮旁边经过时被马皮卷上桑树化为了蚕,从此被人们奉为蚕神。蚕与马就这样被人们结合到了一起。

三、马与佛教的渊源

中国宗教史上有很多关于人和动物之间的故事或传说,牛跟道家的渊源,马与佛教的相伴相生。佛教史上流传最广的具有很强隐喻性的故事是"白马驮经"。故事讲的是东汉时期汉明帝刘庄做了一个奇怪的梦,他梦见一位有金光环绕的神仙从远处飘向自己,并在御殿前飞绕而行。第二天上朝时明帝把这个梦讲给大臣们听,博学多才的太史傅毅素为皇帝解梦:听说天竺有位被尊为"佛"的神全身放射光芒,能飞身于虚幻中,皇上昨夜所梦见的应该是"佛"! 于是,明帝派使者13人前往西域拜求佛法。三年后,使者以白马驮载佛经和佛像并带着天竺两位高僧一同回到都城洛阳,受到明帝的躬亲迎奉。为铭记白马在艰难漫长路途上的驮经之功,明帝将两位高僧弘法传教的寺庙命名为"白马寺",以表达"白马西来、旷世姻缘、从兹震旦、佛日中天"的祈愿。唐朝时高僧玄奘经过17年的漫长取经,从天竺带回了佛教经典六百余部。据由此演化而来的神话小说《西游记》中,唐僧一路上有坐骑白龙马——西海龙王的三太子相助。三太子触犯天条、得罪玉帝后被观世音菩萨所救,在菩萨的点化下化作白龙马皈依佛门,成为唐僧坐骑,历尽艰辛取经归来后白龙马被如来佛祖升为八部天龙广力菩萨。两个传说

中的马都是作为传播佛法的"使者"从遥远的异域驮经而归,两件事都是中国佛教史上的重要事件。两个传说都以马为"使者",除了因为马是当时最主要的交通工具之外,大概还因为对马的图腾崇拜。人们把马当作通天的使者,马变成龙后成为沟通"人间"与"神性宗教"的媒介。

另外,在中国西南的茶马古道上,很早就有印度佛教密宗的传播,有茶马文化与佛教文化的碰撞和交融。让人惊叹的是,佛教文化和茶马文化都与马有千丝万缕剪不断的关联。所以有人说,佛教进入中华大地是借助马的驮载,而佛教在中华大地的传播也有马的功劳。汉地的佛教是依靠马驮载来的,藏传佛教也借助于马把印度的佛经、佛像等物带到西藏各地。藏传佛教中与马有关的故事也很多,马与观音的故事就是其中之一。根据徐静波先生《观世音菩萨考述》和其他学者的考证:早在公元前 7 世纪时,印度婆罗门教古经曲《梨俱吠陀》中已经有了"观世音"。那时的观音是一对可爱的孪生小马驹,象征着慈悲与和善,在当时受到古印度人的普遍信仰和崇敬,对整个社会产生过巨大深远的影响。后来,释迦牟尼创立了佛教,主张众生平等,逐渐影响了婆罗门教教徒,转信佛教的婆罗门教教徒一时难以改变他们以往的信仰,便把婆罗门教中的观世音带到了佛教之中。公元前 3 世纪,大乘佛教产生,佛教徒为了安抚众生之心,便将原婆罗门教中的善神观世音正式吸收过来,成为大乘佛教中的一位慈善菩萨,名叫"马头观世音",形象还是一匹可爱的骏马。公元前后,佛教徒考虑到其他菩萨都是人身,便将"马头观音"改为人身。敦煌莫高窟中有马头观音画像,佛教密宗中的马头观音画像是密宗六观音之一。在西藏唐卡壁画中,有头顶绿色马头的金刚形象,描绘的是马头明王。马头明王来源于印度教,梵文原义为"马项",密宗认为马头明王是六观音之狮子无畏观音,是畜生道教主,所以一脸怒相。马头明王发髻上有三个马头,为降伏罗刹、鬼神、天龙八部之一切魔障,是观音化身中的一种化相,帮助修行者降魔除障。由于观音菩萨在佛教的特殊地位,马头明王也就成为少数几乎普遍为西藏人供奉的明王之一。每逢有自然灾害,人们便会聚集一起,修诵这位本尊的仪轨来禳解灾难。藏族的风马旗和唐卡中常画的一匹嘶鸣的小马就是马头明王的象征。

【来自佛教经典故事的启示】

四种马与四种人

一天,释迦牟尼佛坐在王舍城的竹林精舍里,出去托钵的弟子们陆续回到精舍,一个个威仪具足神态安详地走到水池旁边,洗去脚踝上的尘土,然后端正地坐在坐具上等待佛陀开示。佛陀结金刚座,慈祥地说:"世界上有四种马:第一种良马,主人为它配上马鞍套上辔头,便快速如流星能日行千里。可贵的是当主人一扬起鞭子,它便知道主人的心意,迟速缓急,前进后退,都能揣度得恰到好处不差毫厘。这是能够明察秋毫的第一等良马。第二种好马,当主人的鞭子抽过来的时候,它看到鞭影不能马上警觉。但是等鞭子扫到了马尾毛端时,它也能知道主人的意思,奔驰飞跃,也算得上是反应灵敏、矫健善走的好马。第三种庸马,不管主人多少次扬起鞭子,它见到鞭影不但毫无反应,甚至皮鞭如雨点般抽打在皮毛上都无动于衷,反应迟钝。等主人动了怒气,鞭棍交加打在它的肉躯上,它才能开始察觉,顺着主人的命令奔跑,这是后知后觉的庸马。第四种是驽马,主人扬鞭之时,它视若未睹;鞭棍抽打在皮肉上,它仍毫无知觉;直至主人盛怒之极,双腿夹紧马鞍两侧的铁锥,霎时痛刺骨髓,皮肉溃烂,它才如梦方醒,放足狂奔,这是愚劣无知、冥顽不化的驽马。"佛陀说到这里,突然停顿下来,眼光柔和地扫视着众弟子,看到弟子们聚精会神的样子,心里非常满意,继续用庄严而平和的声音说:"弟子们!这四种马好比四种不同根器的众生。第一种人听闻世间有无常变异的现象,生命有陨落生灭的情境,便能悚然警惕,奋起精进,努力创造崭新的生命。好比第一等良马,看到鞭影就知道向前奔跑,不必等到死亡的鞭子抽打在身上,而丧生失命后悔莫及。第二种人看到世间的花开花落,月圆月缺,看到生命的起起落落,无常侵逼,也能及时鞭策自己,不敢懈怠。好比第二等好马,鞭子才打在皮毛上,便知道放足驰骋。第三种人看到自己的亲族好友经历死亡的煎熬,肉身坏灭,看到颠沛困顿的人生,目睹骨肉离别的痛苦,才开始忧怖惊惧,善待生命。好比第三等庸马,非要受到鞭棍的切肤之痛,才能幡然省悟。而第四种人当自己病魔侵身,四大离散,

如风前残烛的时候，才悔恨当初没有及时努力，在世上空走了一回。好比第四等驽马，受到彻骨彻髓的剧痛，才知道奔跑。然而，一切都为时过晚了。"

第二节　天干地支与马生肖文化

一、马生肖文化的由来

生肖文化属于民俗文化。任何一种文化的产生都有其必然的历史原因，生肖文化也不例外。它的形成有人说是历法的需求，有人说是图腾崇拜的延续，生肖文化的起源其原始文化含义是因为地球上生物发展存在着12年的周期，在这12年中的每一年都特别适于某一种动物的生长，这一年便称为该动物年，在这一年里出生的人……这种动物便成为他的生肖。[1] 生肖文化最初应该只是用来记年月日的，与天干地支联系起来成为一种新的纪年方式。有研究表明，生肖文化从夏商时期已有萌芽，春秋战国及秦朝逐步发展，西汉时期确定下来，东汉时期形成完整的生肖文化体系，隋唐时期传入周边国家。

据说十二生肖在先秦时期就已经很流行，只是与现在的十二生肖略有不同，最有趣的是那时不是"午马"，而是"午鹿"！秦竹简《日书》中有记载。清代的吴翌凤曾在《逊志堂杂钞》中以马论秦国之消亡：秦以养马起家，以好马开国，以不辨鹿马亡天下！

关于马是如何进入十二生肖之中的有很多传说，再把流传最广的是如下这则。相传古时候的天马是长有双翅的，可以在天上飞、在地上跑、在水里游，是玉帝的御马。因为有玉帝宠爱，天马时常惹出一些祸端。一天，天

---

[1]　王红旗：《神秘的生肖文化与游戏》，三联书店，1992。

马到东海龙宫去,被守门神龟及虾兵蟹将拦住,天马恼羞成怒,踢死了神龟。玉帝非常生气,下令削去其双翅,将其压在昆仑山下三百年。两百多年后的一天,天马得知人祖要从昆仑山经过——天宫御马园的神仙此前告诉天马通过人祖可以获救——便请求人祖救它,并应允与人祖同去人间,终生为人祖效力。人祖生出同情之心,按天马所言,砍去了昆仑山顶的那棵桃树,天马一跃而出,兑现自己的诺言同人祖来到世间。为报答人祖的救命之恩,天马终生为人祖效力,无论是耕地拉车还是驰骋战场都同主人同生共死。从此马就和人类成了形影不离的患难之友。当玉帝欲在动物中挑选十二种生肖时,马理所当然成了人类推选的动物之一,玉帝见天马有功于人,应允其加入十二生肖。民间传说毕竟是人类虚构的美丽故事,但马与人类关系之密切却是事实,马为六畜之首,是其他家畜所不能比的,既在人们的日常生活中较为常见,又对人们的生产生活有较大帮助,是古人生活中重要的生活资料。同时由于人的认识能力有限,对其形成了一定程度的崇拜。总之,马以它的勤劳、忠诚和灵性获得了人类的认同,成为生肖之一是当之无愧的。

传统文化中的生肖文化源远流长。"生"者所生之年,"肖"者类似、相似也。在我国,记载十二生肖比较早的一本书是《诗经》,书中有"吉日庚午,既差我马"的记载意思是庚午吉日时辰好,是跃马出猎的好日子。关于十二生肖的来历无定论,较为流行的说法是:十二种动物与十二地支两两相匹配。传说龙喜欢腾云驾雾,辰时易起雾且值旭日东升,故辰时属龙。巳时大雾散去,艳阳高照,蛇出洞觅食,故巳时属蛇。古时野马未被驯服时,每到午时便四处奔跑嘶鸣,故午时属马。未时在一些地方被称为"羊山坡",意思是"放羊的好时候",故未时属羊。申时太阳逐渐偏西猴子喜欢在此时啼叫,故申时属猴。酉时为太阳落山之时,鸡会在窝前打转,故酉时属鸡。戌时,劳碌一天的人们准备关门休息,狗会卧在门前守护,故戌时属狗。亥时,夜深人静,能听见猪拱槽的声音,故亥时属猪。

马在十二生肖中位居第七,与十二地支"午"相配是因为午时为太阳当顶之时,一般动物都是躺着休息,只有马还习惯站着,甚至睡觉也站着,午时就属马了。尽管对于午马的由来还有很多说法,没有统一定论,但是马以它

的高贵、灵性、忠诚、勤劳，成为十二生肖之一且被排在重要的位置，可以看出人们对于马的信任和马在人们生活中的重要作用。

二、生肖文化的价值

中国的十二生肖作为一种民间常识简单生动、易学易记，但是作为一种源远流长的象征编码系统却有一种神秘莫测之感。自古以来，曾吸引了好学深思者的注意，不少文人学者试图解答其中的奥妙。郭沫若先生就对生肖进行过研究和对比，《郭沫若全集·考古编》："此生肖之制不限于东方，印度、巴比伦、希腊、埃及均有之，而其制均不甚古，无出于西纪后百年以上者。意者此殆汉时西域诸国，仿巴比伦之十二宫而制定之，再向四周传播者也。"他还比较了四个文明古国十二生肖的差异，突破了生肖起源研究的封闭视野。美国人类学家克鲁伯在其《人类学》中写道：中国人很早就发明出一种由十二个符号构成的系列，并逐渐传到日本、朝鲜、土耳其。看起来这同西方的或巴比伦的黄道十二宫分属于不同的起源。印度的十二生肖是鼠、牛、狮子、兔、龙、蛇、马、羊、猴、金翅鸟、犬、猪，中国的虎和鸡在印度被狮子与金翅鸟取代；希腊的十二生肖是牡牛、山羊、狮子、驴、蟹、蛇、犬、鼠、鳄、红鹤、猿、鹰，与中国的差别很大，只有蛇相同，其他都不一样；埃及的十二生肖是牡牛、山羊、狮子、驴、蟹、蛇、犬、猫、鳄、红鹤、猿、鹰，除了鼠变为猫，其余与希腊一样；古巴比伦的十二生肖是猫、犬、蛇、蜣螂、驴、狮、公羊、公牛、鹰、猴、红鹤、鳄，与中国完全不同。据一些学者的研究，越南也有十二生肖且与中国大体相同，只是用猫代替了兔；墨西哥的十二生肖中"虎、龙、猴、狗、猪"与中国相同，其余不同；缅甸的生肖比较独特，不是十二个而是八个；欧洲与十二生肖文化相近的是天文学上的十二星座……

由于地域与文化的不同，我国各民族的生肖存在一定的差异，新疆柯尔克孜族的十二生肖中用鱼和狐狸代替了龙和猴，蒙古族的十二生肖排列是以虎为首位，海南黎族以鸡为首位且以虫代替虎，彝族生肖中有蚂蚁和穿山甲，傣族生肖中有象等，不同的生肖文化折射出了不同民族和不同地域的社会风貌、现实处境和理想愿望。生肖文化自形成以来对中华文化产生了很大的影响,这种影响可以说是全方位的,包括天文历法、文化习俗、星象、考古、农业经济、文学艺术等诸多方面,并且随着文化的传播对世界许多国家产生了影响,显示了强大的生命力和影响力。时至今日,生肖文化作为流行于民间的民俗文化,已经超越了民族、超越了阶层,超越了地域、超越了年龄,融进每个人的生活中。后人在生肖排列中发现了古人的聪明与智慧:两两成对、六个组合、关系互补。子鼠配丑牛,是指要有鼠之精明与牛的勤奋,若聪明不勤奋则会浪费自己的聪明才智,而只埋头苦干不精明也难有好的结果;寅虎配卯兔是勇猛和谨慎的结合,告诉人们不仅要胆大还要心细;辰龙巳蛇是刚猛与阴柔的融合,刚柔相济方可成事;午马配未羊是指具备马的勇往直前与羊的善群知礼才能避免冒进;申猴酉鸡指猴的高度灵活性与鸡每日报晓的原则性缺一不可;戌狗亥猪,告诫人们做人既要忠诚也要对得起自己。可见,生肖排列的每一对组合都蕴含着一定的哲理,充分体现了古人的思辨与智慧。

[小故事]

周恩来妙解十二生肖

一次,有一个由欧洲贵族组成的参访团来到我国。来访人员大多为接受过良好教育的王族贵戚,他们的一言一行表现得彬彬有礼,但他们的修养背后隐藏着一种与生俱来的傲慢。活动最后一天的聚餐宴上,酒后放松时贵族们的言谈举止变得比较率性。一位德国人站起来说:你们中国人怎么属猪啊狗啊老鼠啊!不像我们都是金牛座,狮子座,仙女座……不知你们祖先怎么想的? 众人听后大笑,互相碰杯,之前的绅士优雅全不见了。在场的中国人听后很不舒服,一个人站起来用平和的语气说:是的,中国人的祖先非常实在。为我们留下的十二生肖两两相对,六道轮回,体现了祖先对后辈的期望和要求。说话的人就是我们的总理——周恩来! 现场气氛安静下来。贵族们还是一副满脸不在乎的神情。周恩来继续说:第一组是子鼠和丑牛。鼠机灵代表智能,牛默默耕耘代表勤奋。如果只有智能不够勤奋,那

只是小聪明,而光是勤奋不动脑筋则变得很愚蠢。智能和勤奋一定要结合在一起,这是祖先对第一组的期望和要求,也是最重要的一组。第二组寅虎和卯兔。虎是勇猛的象征,兔子代表谨慎。勇猛和谨慎结合才能做到既胆大又心细。如果只有虎的勇猛而离开了兔子的谨慎就变成了鲁莽,没了虎的勇猛就变成了胆怯。所以,当我们表现出谨慎的时候,千万不要以为中国人没有勇敢的一面。

大家不再说话,贵族们陷入沉思。周恩来继续说:第三组是辰龙和巳蛇,龙代表刚猛,蛇代表柔韧。所谓刚者易折,如果只有柔的一面就容易失去主见,所以,刚柔并济是我们的祖训。接下来是午马和未羊,马代表诚实勇敢、勇往直前,羊代表温柔和顺。如果一个人只顾自己直奔目标,不顾及周围环境,必然会和周围不断产生磕碰,最后不见得能达到目标。同时,一个人光顾及和顺可能连方向都没有了。所以,勇往直前的秉性一定要与和顺结合在一起方能成大事。

再下面一组是申猴和酉鸡。猴子机智代表灵活,金鸡守时报晓代表恒定。灵活和恒定是相辅相成的。如果只有灵活而没有恒定,再好的耕耘也得不到收获。一方面需要有稳定性,保持整体和谐有序;另一方面又能在变通中前行,这才是最根本的要旨。最后是戌狗和亥猪配成一组。狗代表忠心忠诚,猪代表随性随和。如果一个人太忠诚不懂得随和,就会排斥他人;反过来,一个人太随和,没有忠诚,办事就会失去原则。无论是对国家民族的忠诚,还是对自己理想的忠诚,一定要与随和紧紧结合在一起,这样才容易保持内心深处的平衡。

解释完毕,周恩来问外国来宾:我很想知道你们的水瓶座、射手座等星座,体现了你们祖先对你们哪些期望和要求呢?希望赐教。

欧洲贵族们收起了傲慢,很长时间没有说话,全场鸦雀无声。

第三节 由表及里的相马文化

中国相马技术源远流长，我们的祖先从远古时代就认识到人工驯养马匹的重要意义，"上与国家建功立业而决战，下与士庶任重致远以骑乘"，并且在历史悠久的驯化和选育良马的实践活动中，通过长期和丰富的认知积累，很早就总结出一套凭借眼力和经验，从外观上鉴别马的优劣的特殊本领，创立了古代人类生活中独一无二的专门学问——相马术。中国是世界上建立相马学科最早的国家之一。翻开人类养马史册，世界上著名的文明古国都曾有过发达的养马业，与之密切相关的是识别马匹的优劣，俗称相马，学术上称之为"马的鉴定"。

一、中国古代相马术的缘起与发展

夏商时期就有了相马术的萌芽，著名马学家谢成侠先生，曾就殷墟甲骨文字进行研究进而确认，我国早在3000多年前的商代，就已经出现了职业相马人，只是没有留下姓名。奴隶社会的人们已经开始关注自身的命运，面对各种自然灾害及野兽等的侵袭，他们希望找到一个可以庇佑他们的保护伞，于是，把希望寄托于天，认为天是至高无上的，主宰着一切，世间万物皆由天命锁定，天既可呼风唤雨又能赐福或降灾于人间。所以，人们凡事都要卜问天帝，无论天子还是百姓都必须恪守天命，不得违抗。天命观是相学的滥觞。《诗经》《尚书》《左传》等典籍中都有关于卜筮星相的记载，说明当时相人之风已然盛行，且不仅可以预测个人吉凶，而且可以预测战争胜负及国家兴衰等。

西周时期的相马术已经有了一定的发展，表现在相马时除了重视马的毛色外，还开始注重对马的牙齿形状及体型的选择，据《周礼·夏官》记载当时有"马质"一职专门评议马的品质及价格。马质掌握相马技术,能够凭借目之所及分辨马匹的质量好坏及其所属类别。当时已将马进行了划分:除繁殖的种马、军用的戎马外,毛色整齐的齐马供仪仗祭祀用,能奔善跑的用作道马,还有狩猎用的田马和做杂役的驽马。我国历朝历代都积累了丰富的养马经验,在养马、相马科学方面也取得了很大的成就,出现了很多相马名人,中国早期的相马专家有黄帝时期的马师皇。春秋战国时期军马应用广泛,相马家非常多,有著名的十大名家,各家判断良马的角度从口、眼、鼻、足等不同部位出发,以相马的个别部位而著称,因此,形成了各种流派,为我国古代相马学奠定了基础。《吕氏春秋》中有记载:"寒风是相口齿,麻朝相颊,子女厉相目,卫忌相髭……陈悲相股脚,秦牙相前,赞君相后。凡此十人,皆天下之良工也。"比较著名的有赵国的王良,秦国的九方皋,尤其是秦穆公的监军少宰孙阳,世人敬仰其相马技术超群而喻之为伯乐,伯乐相马亦成为传世佳话。

秦汉时期,由于养马业的大规模发展,相马技术也进步得非常快。两汉时期,由于战争频繁,军马损耗很大,为了补充军马数量,地方官吏大量强征或强购民马,这便需要有专人来鉴别民马是否符合军事作战的需求,从而促使了相马术的快速发展,产生了铸造铜马模型用以鉴别良马的方法。汉代是相学发展的一个分界点,之前都是凭借经验积累,无理论可言,自西汉开始,因统治阶级的重视,相学研究者开始注重构建自己的理论体系,随着东汉王充《论衡·骨相学》等篇章的问世,相学的发展有了理论根基,出现了"以相马立名天下"的著名相马家黄直、陈君夫等,并有相马专著问世。东汉时马援根据西汉四代名师的相马理论,结合自己的相马经验,铸造了一件铜马式,供人们长期观摩学习。马援所制的铜马式相当于近代马匹外形学的良马标准型。《后汉书·马援传》记载马援说:"传闻不如亲见,视影不如察形。今欲形之生马,则骨法难具,又不可传之后世。"只有铜马能将良马各部位应具的优异形态集于一身,使这匹马的外形骨相达到最完美的境地,这就是铜马式的特殊价值。他还著有《论铜马相法》,说良马应该是:"水火欲分明,水火在鼻两孔间也,上唇欲急而方,口中欲红而有光,此马千里。领下欲深,下唇欲缓,牙欲向前……目欲满而泽,腹欲充,欲小,季肋欲长,悬薄欲厚而缓。悬薄,股也。腹下欲平满,汗沟欲深长,而膝本欲起,肘腋欲开,膝欲方,蹄欲厚三寸,坚如石。"这些对口、鼻、胸腹、脊背、四肢和蹄的要求均与现代外形学相符合。特别是利用口色来鉴定马的体质和生产性能,比中世纪西方学者仅把毛色与马的生产性能相联系要科学得多。

　　三国、两晋、南北朝时期中国处于动荡的分裂局面。当时马政建设薄弱,但相马术仍有一定程度的发展。北魏贾思勰的《齐民要术》针对马的具体部位提出了头眼耳鼻、唇齿口腔、颈背腰腹、臀尾四肢及毛色等详细的鉴定标准,认为:"凡相马之法,先除'三羸''五驽',乃相其余。"所谓"三羸",是指"大头小颈""弱脊大腹""小胫大蹄"。头大脖子小的马重心往头部移,跑不快而且容易摔倒;大肚子软脊梁的马,既缺乏耐力又没有速度;马的胫骨细,前肢的负担就重,蹄子大步伐就沉,马匹不能负重,速度也不快。"五驽",是指长颈不折、短上长下、大骼短肋、浅髋薄髀、大头缓耳。"长颈不折"是指马的脖子细长而不弯曲,良马的脖子要像打鸣的公鸡一样挺拔有力而且姿势优美;"短上长下"是指马的躯体与四肢的比例不相称;"大骼短骨"说明马的躯体发育前后不相称;"浅髋薄髀"表明马的后腿骨骼和肌肉发育不良;"大头缓耳"说明马的反应缓慢。《齐民要术》还从内外一致的原则对良驽进行了解释:"肝欲得小,耳小则肝小,肝小则识人意。肺欲得大,鼻大则肺大,肺大则能奔。心欲得大,目大则心大,心大则猛利不惊,目四满则朝暮健……肠欲得厚且长,肠厚则腹下广方而平。脾欲得小,欢腹小则脾小,脾小则易养。"意思是马的耳朵要小,耳朵小,肝就小,肝小懂人意;马的鼻子要大,鼻子大,肺就大,肺大就能奔跑;马的眼睛要大,眼睛大,心就大,心大的马突然受到刺激也不会惊慌;马的眼神要饱满,眼神饱满的马,早晚走路都能健步如飞;马的欹窝要小,欹窝小的马脾也小,脾小容易驯养。

二、中国古代主要相马内容

　　不同的历史时期,不同的相马名家各自有着不同的相马经验和相马方

法,但不管怎样,总是会有一些共同之处,主要的相马内容大都包括以下几个方面。

观外形。看马的外形是古代相马的第一步也是最基本的一步,当然也是现代相马的重要内容。世界上不同国家、不同民族对不同品种的马体各部位的认知是高度一致的。马的外表形态由马的体躯结构和气质等组成,通过品相马的外貌气质、体质类型、各部位结构比例、失格损征等外观,可以初步判断马的健康状况、品种特征和主要动作协调及运动能力。马生来既有的缺陷叫失格,后天成长过程造成的缺陷叫损征,不管哪一种缺陷都会影响马匹功能的正常发挥。

相遗传。"相马不看先代本,一似愚人信口传。"(李石《司牧安骥集》)这句话足以说明古人相马非常重视现在所说的遗传。马与其他动物一样,个体能够反映其上一代的一些基本特征。虽然古人也许不会用基因和染色体这样的专业术语来表述,但是相马人能够凭借丰富的经验,通过毛色、体型、结构、步伐、生理与行为习惯、生产性能等作出一些符合实际的推断。

相行为。无论是人还是马,行为动作是多种多样的,可以传达多重信息。马面对大自然中的各种刺激会产生多种行为反应,如视觉的、听觉的、嗅觉的、味觉的、触觉的、痛觉的,通过多种感官协同作用,以嘶叫、打响鼻、耳朵转动、前蹄刨地等行为展示它对周边环境的反映。相马是凭借丰富的实践经验、对马的行为特点的观察、对其心理状态和身体健康情况的分析,配以正确的调教和使役,发挥其行为上的优势基因,才能培养出理想的宝马良驹。

相健康。相马者在熟知马健康表现的基础上,通过相看、触摸、叩打、嗅闻等方式来全面了解和判定马的身心是否有疾病,以确定马是否健康。通常是先整体后局部,从马的头至尾、上至下、左到右、静到动,动由慢到快、由直线到转弯等全身状态,边看边判定马的营养情况、精神状态、外观姿势、毛色等各方面是否健康,观察其动作行为表现是否有异常,同时注意是否有呼吸、排泄等生理活动的异常。触摸、叩打、耳听的结合是非常必要的,视觉、触摸觉与听觉的配合主要是为了更好地了解马体内部的生理健康,有些难度大的,需要反复观察、不断实践才能掌握。

三、中国古代相马名家

古代的相马者既是兽医,又承担着驭手的角色。从古籍中可以看出,相马内容基本上都作为其中的部分章节包含在"畜牧兽医"的书籍中。除《相马经》外,再无专门的相马专著。寻找良马是历代王朝的一件大事,中国历代相马家层出不穷,演绎出许多脍炙人口的故事和惊天动地的变革。

孙阳。春秋中期郜国人,当他发现狭小的郜国难以有所作为时便离开了故土。他游历诸国,最后西出潼关,到达秦国。在秦国富国强兵的过程中,孙阳因相马而立下汗马功劳,深得秦穆公的信赖,被任命为监军少宰,随军征战南北,后来又被封为伯乐将军。至于伯乐一名的由来,说法很多。传说天庭管理马匹的神仙叫伯乐,人间就把精于相马的人也称为伯乐。因孙阳善于相马,故将伯乐之名移用于孙阳。他的相马技能天下闻名。当时秦国经济发展以畜牧业为主,养马很多。特别是为了对抗北方游牧民族剽悍的骑士,秦人组建了自己的骑兵,故对养育马匹、选择良马非常重视。孙阳之所以善识千里马,是由于他不仅是春秋战国时期掌管畜牧的官员,还是一位善用针灸给马治病的兽医,所以他对马的生理和病理情况了如指掌,具有超群的相马技能。伯乐经过多年的实践及长期的潜心研究,获得了丰富的相马经验并进行了系统的总结整理,创作了中国历史上第一部相马学著作——《伯乐相马经》。

九方皋,与孙阳齐名的相马能手。据说,在伯乐暮年之时,秦穆公召见并问他年纪大了是否在后辈人中有能够继承寻找千里马重任之人。伯乐推荐了九方皋,说他的相马技术很高。秦穆公召见了九方皋,叫他到各地去寻找千里马。三个月后,九方皋向秦穆公回报已得良马。秦穆公急切地询问是匹什么样的马,九方皋回答:"一匹黄色的母马。"秦穆公于是派人前去,却见到一匹普普通通的黑色公马,秦穆公很不高兴,就把伯乐找来,告诉伯乐事情经过,责备伯乐推荐的人连马的毛色与公母都分辨不出来。伯乐听罢,

惊讶又感慨,对秦穆公说:"想不到九方皋识别马的技术竟然高到这种地步了啊!这是我所不能比的。"因为九方皋看到的,是马具有的精神和机能。他看马时,眼里只看到了马的特征而不看马的皮毛,他注重马的本质,去掉马的表象;他只看那应该看到的东西,不去注意不该注意的东西。九方皋相马的价值,远远高于千里马的价值,伯乐告诉秦穆公这正是九方皋超过他人的地方。九方皋相马看重马的内在精华,不求表面。后来经过验证,这匹马果然是天下少有的千里良马。

马援,东汉时期著名的军事家,东汉开国功臣之一,为刘秀当年统一天下立下过赫赫战功,官至伏波将军,大半生都在安边战事中度过。马援不仅擅长骑马作战,还善于鉴别名马,有较高的相马水平和独特的技术方法。马援的相马术是在交趾国时学得的,为相马骨法。他得到中国南方古老民族的铜鼓后将其制成马的模型,回国后献给了皇上,并上奏章说马是兵甲战争之根本,国家之大用。据《东观汉记·马援传》记载,汉朝共铸造过两个铜马模型,用作鉴别良马的统一标准,马援所做的这个却是其中之一。马援继承了当时高水平名师的经验,发展了相马法,对古代相马术进行了一次全面总结,且这种利用铜马模型相马的方法在当时的中国以及全世界都是一件非常了不起的创举,比西方国家早了1800年,[1]标志着我国在相马方面乃至外形学领域的辉煌成就。马援还著有《铜马相法》,为后人留下了宝贵的相马财富。

李幼清,唐代相马名人。据《唐语林》记载,李幼清平常喜欢在马市上相马,多次发现被埋没在不识马的主人手中的良骏。最著名的是他曾挽救一匹沦落在恶劣环境中几近疯狂变态的马。那是一次偶然的机会,他在马市上发现五六个人驱赶着一匹桀骜不驯的马在卖,他们用绳子捆绑住马的头,用鼻捻子拧紧马的唇,还用鞭子抽打着暴怒欲咬人的马。围观者甚众却无人愿意购买,马的主人说此马顽劣不可驯服,给点钱即可成交。李幼清拨开众人仔细相看一番,觉得此马体质、骨气和气度非同一般,决定拿出两万钱

---

[1] 韩国才:《相马》,中国农业出版社,2014。

买下这匹烈悍的马。众人惊讶,甚至连马主人都觉得出价太高。李幼清之所以高价购买是他综合马的表现及主人介绍,认为此马长期在恶劣的环境下天性受到压抑,久而久之,失去了精神依靠和寄托,出现了严重的狂躁心理。李幼清用温水给马洗澡,又修剪打理一番,买了新笼头,给马提供好的马槽和马厩,用各种草料喂养,马的精神状况发生了很大的转变。一个月后,这匹马宛如脱胎换骨,变成了良顺的翩翩君子,步伐雄健、声音洪亮,像训练有素的贵族,高贵而优雅,成为当时天下少有的宝马良驹。

相马名家还有很多,如春秋战国时期世界著名的十大名家、西汉时期的扬子阿等,只是缺乏详实的资料,无法逐一论述。相马如相人,相马术的功绩不仅仅是表现在挑选马匹,对社会发展、人才的选拔也有很大参考价值,从古人相马的过程和经验心得乃至各种方式方法中得到启示。

四、中国古代相马著作

迄今为止发现的中国古代文献记载最早的相马书籍是湖北云梦县秦墓中出土的公元前 3 世纪的秦简《日书》,其中有祭祀马神时的祝词《马篇》,文中对马的头、躯干、四肢及尾部等都有详细的要求,不仅是对当时民间养马经验的总结,也是一本学术价值极高的朴素的相马经。因其与《伯乐相马经》的观点高度一致,有专家推断,《马篇》即是早已失传的《伯乐相马经》中的核心内容。

长沙马王堆汉墓中出土的帛书《相马经》距今已有 2000 多年的历史,专家推断可能是战国时期楚国人所书,极有可能是抄录自失传的《相马经》,书中有 6000 多字专门论述怎样相看马的眼睛。

中国现存最早、最完整、最有价值的农学著作,北魏贾思勰的《齐民要术》,全书共 10 卷,其中卷六阐述了鉴定马匹外形的基本原则和顺序是淘汰严重失格和外形不良的"三羸五驽"马,然后采取远近结合的相法对重点部位进行品相,"马头为王,欲得方;目为丞相,欲得光;脊为将军,欲得强;腹胁为城郭,欲得张;四下为令,欲得长"。最后,由外相内,相马体五脏。书中还

对根据马的牙齿磨损情况鉴定年龄作了科学的总结，为后世提供了宝贵的经验。

唐朝李石的《司牧安骥集》中涉及相马、饲养管理、生理、病理、诊断、治疗、针灸方药等诸多内容。相马方面对马的眼睛的相法提出了更高的要求，对马的"旋毛"提出了与前人不同的观点，排除了前人的迷信思想，最可贵的是对马的系谱认知作了重要阐述。书中还收录了诸多相马图，详细列出了马匹各部位的相法要求，有重要的学习参考价值。

明代喻本元、喻本亨编写的《元亨疗马集》，俗称《牛马经》，是距离现在最近的相马著作，其中也有相马知识及疾病护理，其中把唐朝李石的《司牧安骥集》的《相马宝金篇》七字四十句扩充为七字八十句的《相马宝金歌》，又一次对马匹优劣鉴别经验进行了高度概括和总结，对古代相马学说作了进一步的丰富和完善。如今，古代的相马常识不论是从理论支撑还是技术层面都需要现代科学的诠释，标准手段等亦在不断更新，即使已不再需要马的役用功能，但是在现代的赛马、马术正蓬勃发展的今天，马文化、马产业受到前所未有的关注，马匹剽悍雄健体质和发扬龙马精神的功能将会持续发扬光大，人马相依的社会关系仍将继续存在和延续，古老的人马情缘还在代代传递。

五、中国古代相马文化及其科学方法

我国古代相马文化内容丰富。我国相马术十分精妙，相马人才辈出，相马专著也不少。"吾相马，直者中绳，曲者中钩，方者中矩，圆者中规，是国马也。"（《庄子·徐无鬼》）"古之善相马者……若赵之王良、秦之伯乐、九方皋，尤尽其妙矣。"（《吕氏春秋·观表》）《诗经·鲁颂·駉》中依据毛色可区别马16种之多，说明当时对马已有了相当细致的观察，这应该是相马术的萌芽。后来相马术日臻完善，相马也成为专业，相马者对马的毛色、齿龄、优劣、性格、大小等皆有精当之论。

《说文》中不同毛色的马各有专字，共有25字形容马的毛色，又依据毛色之别可以区分出20多种不同的马。如:骐,马青骊文,如博棋也;骊,马深黑色;騩,马浅黑色;骝,赤马黑毛尾也;骓,马苍黑杂毛;驔,骊马黄脊。周穆王姬满有八骏,“天子之骏,赤骥、盗骊、白义、逾轮、山子、渠黄、华骝、绿耳”。(《穆天子传》卷一)郭璞注:“八骏,皆因其毛色以为耳。”骐、骊、駽、驳、駮、驖、騩、骃、騢、骓、骢11字对马整体描述,駹、驃、駓、馵、馰、驠、驔等字对马的毛色进行局部描述,驈、骝、騧、骆、驔5字整体与局部相结合进行描述。《说文》亦各有专字表示马的优劣,表示马的优劣有8字。骥,千里马也,孙阳所相者;骏,马之良材才者;骁,良马也;騊,北野之良马,《海外北经》中说,“北海内有兽,其状如马,名曰騊駼”,吴任臣注为“騊駼,北方良马也”。相马法有《良马三十二相图》,其中对良马的体形、毛色、五官等方面的特点描述颇详。《宝金篇》《宝金歌》等相马文献也对马的优劣、形体特征进行了详细的描述,皆可证明古代相马术的精细与完善。表示马的性别有2字。《说文》:“骘,牡马也。驵,奘马也。騬,犗马也。”马性刚烈,牡马更野,阉割之后,会变得驯顺,便于役使。古人很早就掌握了阉割动物之术。《周礼·夏官》:“夏祭先牧,颁马攻特 。”“攻特”在这里的意思就是阉割公马。秦汉时期,战争对军马有大量需求,马的阉割术更加成熟,也更加盛行了。这种对马的阉割术的掌握也加速了古代战争的发展,对社会的发展也起到了极其重要的作用。《说文》对马的专名、外形、性格均有专字记录,如此细密详尽的分类足见当时社会对马的重视程度之高,相马术之完备与精密。

纵观古人相马技术及其所反映的文化因素,不仅相法多样且自成体系,其中不乏那个时代的大胆创新。相马技术的发展基本上都是从局部开始,不管是外观、毛色抑或其他部位,最终都会回归到整体,这是一种整体—局部—整体系统思想的反映。因此,相马人注重马的口、鼻、唇、齿等感觉器官,也注重头、腰、腹、尾等局部组织,因为这些都会影响马作为一个整体的活动及能力发挥,进而决定其功用价值。整体思维模式是相马技术最主要的思维方式,在这种思维的主导下,结合具体形象的思维,运用联想和丰富而大胆的想象,形象地比喻“马头为王,欲得方;目为丞相,欲得光”,通俗而生动地概括了良马的判断标准和鉴别原则。

另外,从古人的相马过程我们清楚地感受到"观察力"的重要。古人说的"相"就是今天我们说的查看、观察,通过"相"进行比较研究和鉴别,结合感官以及辅助方式对马匹作出准确的诊断,以达到相马的最终目的,即按照一定的标准将符合统一标准的马匹进行正确分类,对马匹进行区分,确定马的适用方向,以便合理利用。西汉相马家东门京塑造了第一代铜马模型,东汉马援的铜马法是第二代模型,古人试图通过模型研究原型从而固定良马的标准。相马的最终结果是必须通过抽象的归纳,从个性表现过渡到一般性知识的推理,由已看已知归纳出未见未知,从大量感性材料中由表及里、由外到内抽象出理性的规律性的结论。总之,古人的相马术不是盲人摸象,是把丰富的实践经验的积累上升到一定理论高度的科学结果,在他们长期的实践中创造性地采取多种方法观察、分类、归纳、抽象总结出了各种经验和理论,为后人奠定相马文化研究的基础,成为马文化领域宝贵的财富,至今仍有很大的参考和借鉴价值,一些方法至今仍在沿用。

第四节　中国古代医马文化

中国古代兽医学有悠久的历史,从新石器时期遗址中出土的兽骨、石针、骨针、竹针、金属针等医疗工具以及殷代甲骨文的占卜文字可见,中国兽医学诞生时间是从新石器时代到青铜时代这一时期。我国古代相马名家辈出,有关相马的著作、篇章也不少,但医马专著或相关文献却很难找到。最早正式出现兽医名称是《周礼·天官》:"兽医,掌疗兽病,疗兽疡。"当时的兽医"凡疗兽病,灌而行之,以节之,以动其气,观其所发而养之","凡疗兽疡,灌而劀之,以发其恶,然后药之、养之、食之"。可见,在公元前11世纪至公元前8世纪的西周时代,中国就有了从事兽医的专门人才。

一、古代医马相关著作

中国古代兽医学与中医学源于一体,但兽医有自己的专业领域,有专门的兽医学专著,也有的散见在古农书和古医书中,如《兽医大全》《元亨疗马集》《活兽慈舟》《养耕集》《牛医金鉴》《大武经》《猪经大全》以及最早的兽医方书《安骥药方》。中国现存最古老的兽医专著是833年李石的《司牧安骥集》,汇集了许多作者的作品,重点阐述了中国北方家畜常见病的发病机制,包括气候和饲料对疾病的影响,特别是各种疾病的诊断和治疗方法,是宋、元、明三代兽医的必读教材。明代喻仁和喻杰兄弟倾注毕生精力,历时六十余载写成的《元亨疗马集》一书,是近400年来流行最广的一本兽医专著,至今仍是中国兽医的必读经典。《伯乐针经》《伯乐明堂论》《针牛穴法名图》等,分别记载了马和牛的穴位、针刺方向和深度、针法、针具及适应证等。资料显示,迄今所能查到的医马专著只有四川老官山汉墓出土的医检中涉及医马的《医马书》,但该竹简残缺不全、内容严重缺失,且作者现已难考。从残存的竹简内容中可以发现该书非常注重马疾病的成因研究以及对已经生病的马匹的治疗和护理,治疗方法多种多样,有药治、盐治、摩、灌、裹、敷等十余种。该书是探究我国古代马医早期医马情况的重要参考文献,价值很大。这部书是古人长期同马的疾病做斗争的经验和智慧,理法方药兼具,治法简便易行,其研究的深度和广度令人瞩目,堪称马医理论奠基之作。

二、古代医马名家

古代著名医马名家当首推马师皇。他不仅会相马,还精通医术,发明针灸术,专攻医马。他无家室,每日与马生活在一起,马生病时他不分昼夜守护在跟前;马死了,他为验明病理会解剖尸体,研究医治方法,因而练就了精湛的医马技术。西汉刘向《列仙传》的"马师皇"篇最早提到针灸术,流传至

今。马师皇是黄帝时期的马医,他知晓马的形体结构(会相马),能治疗马的疾病。后来有一天,一条生病的龙从天而降,落在马师皇面前,耷拉着耳朵,站着大口喘粗气。马师皇说:这条龙生病了,知道我能为他诊治。于是,在龙的下唇内进行针灸,又用甘草熬汤给龙喝下,很快就治好了龙的病。从此,经常会有龙下来,请马师皇治病。有一天早上,有条病愈的龙载着马师皇游向了天宇。马师皇主管御马,马厩内从无病残马匹。精湛的医术感动了群龙,灵龙为报答他的救命恩德,收起龙鳞成为其坐骑,奋力腾跃直上云霄,美名长存,后世尊为兽医鼻祖。

古时候,马无论是作为畜力还是战争工具,为便于管理,人们会根据需要对部分马匹进行阉割。阉割后既能避免产生劣种马,又有利于选育优良品种,还可以治疗某种疾病。畜禽阉割术历史久远,《周礼·夏官》中就有"攻特"的记载,"攻"为阉割之意,"特"指的是小马驹。晋朝葛洪著的《肘后备急方》中也有骟马阉猪等记载。明朝我国著名的兽医著作《元亨疗马集》对阉割术有详细的记载:"昔黄帝在位百年,朝内出一贤臣,姓董氏讳仲先,号通微真人,侍于黄帝之侧。因马食人,帝命仲先制之。真人遂往其所,观马形神,察马脏腑,用玄元天术,摘其胆汁,其性愈矣。后蹄齿不息,帝复命制之。真人三往其厩,观标察本,以沙性之法更名骟马奇法,净其两肾,蹄齿息矣。帝嘉其能,以通微之号封之,彼时者始有此法也。"他们认为,火骟法是黄帝时代兽医祖师董中先发明的,已有2000多年的历史。董仲先发明的这项手术,在当时是处于世界先进水平的,直至今日这个手术的方法都没有多少变动。

第五节　中国古代马政文化

在社会生产力还不够发达的古代,马的多寡常常被作为国力强盛与否的一个主要标志。同时,马不仅是一种优良的畜力承担耕作任务,还是人们

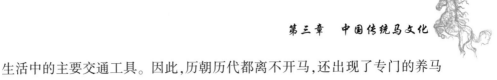

生活中的主要交通工具。因此,历朝历代都离不开马,还出现了专门的养马机构,并且有组织地发展壮大起来,制定了不同的养马制度。

一、马政的含义及其发展脉络

"马政,谓养马之政教也。"[1]最初的马政仅限于马之训练,与后世作为制度的"马政"不同。后世研究马政的专家学者都提出了自己对马政的理解,如"马政是对维护和巩固统治者的统治地位起重要作用的与马有关的行政或政治制度,包括马厂、驿站、驿马等的设置诸项内容"(北京师范大学王颖超);马政是"中国古代社会国防建设的重要内容,以军马的牧养、征调、采办、使用等管理为主要职责"(华东政法学院何平立);中南民族大学余和祥认为马政的性质应该是以供养国家军事与朝廷御用为目的,由国家组成专门机构和人员进行的养马活动以及与养马有关的其他活动,包括机构设置、规模成就、分布地点、饲养方法、用途作用等。关于马政,学术界至今尚无公认的概念。综合各专家学者的论述我们可以理解为马政是农耕时代国家政治军事制度的一个重要组成部分,是由专门机构和人员组成,进行有关官用马匹的一系列活动,主要包括马匹的牧放驯养、买卖交易、牧场的设置管理等内容以及相关的各种制度。马政研究的重点在于探索马政机构的设置及管理制度的演变,当然离不开当时的政治经济军事等多诸因素。马政是在人为的管理环境中马的生存繁育和管理的过程,是马的自然发展过程和人的社会生活过程的有机结合。目的是满足朝廷皇室使用、国家军事需要而对马匹所采取的全方位的管理制度,属于国家行政制度的重要组成部分。所以,马政的兴衰与社会发展及社会生活尤其是政治、经济、军事方面有着很大的关系。

我国早在5000多年前已用马驾车,殷商以畜牧业著称,养马是商朝经济社会生活中重要的内容之一,朝廷或贵族阶层的马均有专人负责,是世界上

---

[1] 郑玄注,孔颖达疏:《礼记正义》,中华书局,1980,1370 页。

最早的马政雏形。当时管理王室马匹的"马小臣"应该就是专司商朝马政的主要官吏。史书资料中最早记载马政事宜的是《周礼》，其中"校人"一职就是"掌王马之政"[1]，这是对马政的一种制度性解释。"校人"具体工作职责是：辨六马之属，负责四季马祭祀、大丧、田猎、出使及军事行动马匹调配等马政事宜。"牧人""校人""牧师""圉师""趣马""巫马"等，分别负责马的放牧、繁育、饲养、调教、乘御、保健，记载了整套政府设置的畜牧业职官和有关制度。通过这些记载我们可以清晰地看到周朝马政丰富的内容：不仅将马进行分类，还规定不同的适用范围。马的分类登记还可以提高马的使用效率，避免马资源的无谓浪费。"牧人"是负责饲养祭祀用的马；"牧师""圉师""趣马"可以看作专门从事养马、驯马的专业人员；"巫马"是当时的马医，虽然称"巫"，但不是我们通常理解的巫师，而是照顾生病马匹，类似现代的兽医医护人员。

秦汉时期是马政制度的奠基时期。秦朝马政的特点缘于它北方特殊的地理位置及与中原不同的作战方式。秦及之后的马政以军事为重。《秦军事史》中对马政的解释是从军事发展的角度出发的，认为马政是指对战争中所使用的车马、战马的饲养管理工作及其机构。出于军事目的及朝廷王室之需，国家养马有明确的法律规定：马的饲料由主管部门根据马的使用情况不同而统一发放，对饲养有严格的规定，须按照一定的时间规律进行。同时对于战马的调教是各级牧养官员的职责，不同的马其饲养、调教的程序也不一样，其目的是发挥马的最大潜能，为国家服务。马匹作为军事力量的重要保证，自然要有严格的保护措施，秦律中有很多详细的规定。不准鞭打特殊的马，如若出现马皮破伤、驾车后的马不及时卸套以及其他对马保护不利，则对责任人有相关的惩罚，马匹管理者若因工作过失而杀伤马匹都要承担相应的责罚。另外，对于马的驯养结果也有明确规定，有专门的验收部门负责，如果对于骑乘用的军马的考核被评为下等，负责驯养军马的人将被罚、革职永不续用，等等。秦朝马政有一套专门的规定、考核标准、奖惩制度及

---

[1] 林尹注：《周礼今注今译》，北京书目文献出版社，1985，339页。

管理办法,并用法律的手段保障落实。秦朝专设管理马政的官员为太仆,总领全国马政。关于太仆的由来有专家认为是承自周礼,也有人持反对意见。太仆的职责不仅是为君主驾车,还负责养马,为朝廷培育训练马匹,因与皇帝亲近也会被派带兵打仗,或代天子巡行天下以及为国家举荐人才等。

自商、周以后至两汉时期是马政发展的第一个高峰。西汉早期抗击匈奴的军事需求推动了国家养马业的快速发展,而发展养马业、建立马政制度是壮大骑兵队伍的基础条件,故而马政得到快速发展,还用法律手段为马匹的生产和管理进行保驾护航。对马匹出关有明确规定:每匹马身上都会做标记,马的年龄、身高、毛色等都明确登记在册,因公需要买马要有官府审批登记,个人不能私自买马出关。同时对买卖马匹的地区限制也有很多具体规定。汉代在西北边区养马 30 万匹,还在中央和各诸侯国设有马政机构,马政机构不断增加,且在诸多方面为后世提供了很多有价值的经验。汉时边郡设苑养马,将秦时的太仆发展成为太仆寺,作为执掌马政的最高机关;太仆一职也由周代周王车驾的御从变成马政长官,位列九卿。

汉武帝反击匈奴、开拓疆土、开辟丝绸之路等壮举没有一项离得开马,因此采取了诸多措施扩充马的来源,不仅大量征用私人马匹,还用官贷民牧的方式解决官马不足的问题,同时扩大厩苑养马的数量,增加马政机构,还把富户商旅的土地财产收归国有以扩大牧地马源,甚至为寻求优良种马、改善马匹质量不惜发动战争。大宛马的引进改进了当时汉马的低劣品质,进而提了骑兵的战斗力,将匈奴逐往漠北,巩固了边防线。但是由于战乱不断,东汉初马匹数量急剧下降。

秦汉以后,唐马政最盛。隋唐时期,马政机构的框架已经固定,由太仆寺和驾部两个独立的管理部门共同执掌马政事务。唐初,在西北养马 70 余万匹,在经营管理上又有所改进。汉唐盛期,从西域引入良马 7000 多匹用于改良军马。当时养马业的兴盛,不仅对国防起了重要作用,还进一步沟通了中原和西域。唐一直很重视马政,唐朝的养马制度叫监牧。《新唐书·兵志》云:"秦、汉以来,唐马最盛,天子又锐志武事,遂弱西北蕃。"牧监分上、中、下三等,马 5000 匹以上为上监,3000 匹以上为中监,3000 匹以下为下监。

牧马120匹为1群，每群设长1人；15群为一尉，由牧尉管理。由于朝廷重视，管理认真得法，马匹数量剧增，马政的内容范围也有了极大的拓展，马政与内政边防交通的关系日益密切，与周边少数民族的绢马贸易日益增多，除了军事方面，马政已经涉及整个朝代的经济、政治和文化等诸多方面。历史上著名的"安史之乱"把唐朝马政划分成了完全不同的两个阶段。安史之乱之前既是唐朝的强盛时期，也是马政的兴盛时代，官马数量多且分布也比较集中。私人养马之风极盛，是唐代马政的一个重要特点，且边镇节度使拥有大量战马。唐朝由盛转衰的直接影响是马政也随之没落，同时国家武装力量也遭受重创，国马匮乏。

北宋马政内容丰富，特色鲜明。北宋时期的统治者不仅重视马政传统的继承，还曾施行过"保马法"等政策，对马政进行了创新发展。北宋时期，与周边少数民族关系比较紧张。西北边境的辽和西夏均属典型的游牧民族，拥有广阔天然的优质牧场，生产的马匹高大威猛，故而骑兵发达。北宋自失去幽云十六州后便失去了北方的天然保障而备受威胁，为了加强军事力量，大力进行马政方面相关制度的补充建设，颁布了监牧制、养官马于民、茶马贸易等诸法令制度。监牧制度是一种有专门机构——群牧司负责、有相关法律政策作为保障的官方养马制度。太仆寺和驾部也是北宋不同时期监牧政务的管理机构。监牧制度除了在国家设置管理机构，地方也有关于马匹饲养、孳育、兵马管理、祭祀等完整的法律管理体系，还制定了牧监赏罚令。监牧制度从中央到地方逐步走向制度化、法制化，对国防军事力量的巩固曾经起过非常大的作用。民间养马是在监牧制度及市马出现弊端导致国家乏马的前提下从多次实践总结出来的方法，王安石在民间养马的基础上基于解决现实问题的需要提出了"保甲养马法"，有愿意养马的民户，政府为其提供马或买马的钱，可免交部分粮草。"保马法"的实行使战马数量增加，增强了北宋的国防，减轻了政府的财政负担，有一定的积极意义。宋神宗主持变法期间改变了王安石的思想，推行了"护马法"和"元丰保马法"。"护马法"是按照民户财产数量规定其是否需要养马及养马的数量，这样就由王安石的自愿、政府资助变成了达到法令要求的民户必须养马，还没有其他待遇,这无疑加重了民户的负担。神宗死后哲宗继位,废除"保马法",推行"给地牧马法",即凡是给民户一公顷田地且免地租,该民户就要饲养官马一匹。因为政局不稳,"给地牧马法"一直处于存废不定的状态。总之,北宋时期养马制度的变化及效果不能一概而论。

元帝国的建立,马可以说是功不可没。蒙古人虽然养马很多,但原来并无马政,元世祖统一之后才参照唐宋马政,规定由太仆寺及尚乘寺分统马政。[1] 元代牧马之盛,马政反不及前代。因为元朝的统治者是在马上征服世界的,为了加强对汉族等各族人民的统治,严禁私人养马,把搜括民马及兵器作为统治政策推行数十年,数以万计的民马被强征,致使百姓视养马为畏途,严重影响了当时游牧经济的正常发展,导致明初马匹严重缺乏。

明朝靠百姓的力量恢复养马,并大力兴办养马场,根据各地具体情况,采历代马政制度所长,分别发展南北马政,创立了一套封建社会最齐备的马政。明朝的马政组织归兵部统一掌握,这一点与以往各朝不同。兵部掌牧马之政令,并设太仆寺、苑马寺分管各地之牧政,御马监负责皇室所用之马,太仆寺及兵部不得过问。如此,形成了国家马政和皇家马政两个系统,官牧、民牧并重的马政局面。明朝的民牧制度异常苛刻,沿袭北宋"保马法"实行种马制度,规定十五岁以上的民户即有替国家养马的义务。后又推行计户养马、计丁养马、计亩养马、寄养马等,让农民养马主要是为了征收马驹,实际上是变相苛政的一种形式。明代马政规模大,表现之一就是拥有面积庞大的草场,管理制度比较健全,马匹的繁殖、饲养、管理、使用等方面都有非常细致的规范,但最后终究还是步了历代马政始盛终衰的后尘。

清代是我国封建社会的最后一个王朝。入关之前,清政府马匹的主要来源是靠战争掠夺。[2] 一度生活在马背上,又靠数十万八旗铁骑征服天下的清统治者深知开展大规模牧养是马政发展的重中之重,但是,心怀警惕的统治者对于民间养马尤其是汉族人养军马始终保持着高度的警惕,且严厉禁止。但是这并不意味着百姓可以远离马政之苦,因为政府将马价折征成

---

[1] 谢成侠:《中国养马史》,农业出版社,1991,132 页。

[2] 陈振国:《清代马政研究》,吉林大学出版社,2016,20 页。

银两,由百姓交税,税收用于扩充官办马场。清代王室用马由内务府之上驷院掌管,太仆寺专掌两翼牧马场。清政府限制民间养马,禁止贩马,致使民间养马业备受摧残。清朝初年的马禁制裁之严厉是历朝不曾有过的,"文武官及兵丁准其养马,其余人等不许养马。违禁养马者责四十板,失察之该管官罚俸一年"。由于禁止民间养马政策时松时紧,所以民间私贩马匹依然盛行。不过官办养马的马政机构逐渐健全,各项规章制度也渐趋完善,设置了总管全国马政的机构车驾清吏司、太仆寺,专为皇家管理马匹车辆的上驷院,各地方也都设有相应的马政机构,分绿营和八旗两大管理系统。马匹驯养场所设有考牧制度,奖惩方法多样,关于马匹质量设有分场和挑变制度,马匹役使过程有朋扣和赔桩制,"副将以下把总以上每月于应支银内扣二钱,马兵扣一钱,步兵扣五分,守兵扣三分,曰朋扣","营马系对敌及追盗贼损失者免其赔补,走脱、被窃者,著落本人赔补;若倒毙者,每马以十两为额,令其赔补,名曰赔桩"[1]。清政府参阅历代马事法律并加以修订,成为集大成者,关于马匹牧养管理与使用都有明确规定,并写进《大清律例·兵律》中。

中国历朝历代对马的牧养、训练、使役等相关法律和政策的规定,形成了不同时期不同特点的马政文化,丰富了马文化的内涵,为后世提供了有益的经验。

二、茶马互市与抽分羊马

茶马互市起源于我国封建社会,因为商品经济不够发达,中原地区与周边少数民族常常根据各自的需要以物换物,这种交换常常涉及军用物资——马。资料显示,茶马互市之说有三种不同的观点,一种认为茶马互市始于唐朝,一种认为茶马互市始自五代时期,还有一种观点认为茶马互市开始于宋朝初期,理由是五代时期契丹以羊马交换南唐的茶药等的时间、地点

---

[1] 陈振国:《清代马政研究》,吉林大学出版社,2016,42页。

均不明确,且属偶尔为之的行为,尚不能认为是茶马互市贸易的开始。我们姑且认为茶马互市始于唐而兴于宋吧。本文不想去探究茶马互市起源的历史问题,只想以此现象来分析这一特色贸易中的文化因素。

中国古代政府用金帛或茶盐同少数民族交易马匹的场所叫马市,也称互市。唐玄宗时期,突厥每年用马换金帛;宋神宗时用茶换马;明永乐初设有同回族易马的互市,后又在辽东设三马市,用米、布、绢同满蒙等少数民族换马;雍正年间在四川边境同少数民族用盐换马;乾隆三十一年,在归化城设置税卡征收牲畜税,从此以后官设马市停止。

先秦时期,我国巴蜀地区就开始种茶,《日知录》中记载"自秦人取蜀而后,始有茗饮之事"。我国是世界上种茶饮茶最早的国家,从巴蜀传入中原后,至唐朝形成普遍的饮茶习惯。有人认为茶马贸易起源于唐朝有一定的道理。唐时回鹘至内地卖马买茶之人均为朝贡官员,一般的商人或平民百姓尚且不能,且买卖数量有限,致使唐时茶叶属奢侈品,没有形成大规模的贸易。真正作为一种制度来规范茶马贸易是在北宋时期。可以说,这是北宋马政的一个创新之举。政府不单纯依靠国家力量发布行政命令来解决战马紧缺问题,而是发展边贸、通过市场交易来解决。茶马贸易是北宋获取军马的一个重要来源,北宋是以农耕经济为主的,周边少数民族地区则以畜牧业经济为主,有天然且辽阔的牧场,马的产量多且质量好,适宜用在军事上。而喜欢喝茶的少数民族生活区域并不适宜种茶。一方马多缺茶,另一方茶多马少,双方经济的互补催生了茶马贸易的产生。另外,在政治方面,北宋对边境少数民族地区采取"羁縻政策",即通过贸易给予少数民族一定的物资利益,使其依附。这是出于维护边境安全的政治需要而采取的一种手段,同时还能换取北宋所紧缺的良马,此乃一举两得。宋朝不仅骑兵少,而且战马严重不足,而与宋对阵的辽、夏、金、元都有强大的骑兵部队。宋代为建设骑兵、解决养马问题而采取"户马法",有"保马""户马",后又变为"给地牧马"。王安石创"保马法"以改革马政,其目的是要用民养代替官养,解决宋军的马匹来源问题。宋朝负责饲养军马的机构和场所是马监。但是各级官吏图谋私利,不尽职责,马监的效益普遍低,繁衍数量少,质量差,耗费大。

　　茶马法的实施仍以北宋为例，政府设置专门管理机构"都大提举茶马司"，下设买茶场负责收购茶农的茶叶，茶商也只能到茶场买茶而不能直接与茶农交易。卖茶场负责销售茶叶，买马场负责以茶换马，均有严格的奖惩制度。茶马司是一个相对独立的机构，直接受中央管辖，充分体现了政府对茶马贸易的重视程度。当时的茶马贸易采取的是以物易物，不存在"茶叶价格"和"马匹价格"的价格战，只有"茶马比价"。影响茶马比价的因素首先是市场价值规律，也就是根据茶质优劣和马匹骏驽来比较，"自来买马自四赤七寸至四赤一寸七等中，各以一寸为差，而价钱自三十二贯至十六贯，其等第差降少者只一贯三百文，多者至五贯一二百。等量之际，蕃部以争较等第分寸，不肯中卖"[1]。可以看出这种茶马比价是以马匹的优劣为标准，与茶叶的价值等价时双方才能交换。茶马比价不仅受供求关系的影响，也受地区差异、季节差异等影响。市马的弊病很多，不仅使大量的金银铜茶等外流，造成国家财政紧张，另外，所换回来的马匹质量不一，交易数量规模有限，故而这种依赖市马满足国马实际需求的做法使马的数量、质量均难以保障。这是北宋马政的致命弱点。

　　各个朝代对于扩充军马均有不同的措施，元朝的做法值得一提。元朝时，骑兵需用大量战马，马匹来源主要有三条渠道：官府自养，抽分羊马，和买马及拘刷马。元太宗窝阔台时期定下羊马抽分的数额比例——"有马百者输牝马一"。派到各地、府、州、县的差官必须和本处管民正官一同依例抽分，抽到的马、牛、羊随即被烙上印记，赶到好水草处牧放。和买马是元政府为了弥补马匹不足而从民间购买的制度。名义上是和买，事实上是朝廷以很低的价格取马于民，带有一定的强制性，属政府强行从牧民手中购买马匹。拘刷马又称"刷马""括马"，是元政府在遇有紧急战事用马量大且和买不及的时候，直接从民间征用马匹的制度——属于完全强制性征收，甚至可以说是一种公开的、赤裸裸的掠夺，且不支付马钱。拘刷马制度是军事统治的显著特点，在成吉思汗时代就实施过。忽必烈汗以后，用了"和买马"

---

　　[1]　徐松：《宋会要辑稿》，中华书局，1957，3303页。

"拘刷马"两种方法,使元代军事用马得到了保障,而"为刷马之故,百姓养马者少",影响了农牧业生产。

茶马制度明朝推行得最有力。明朝增设茶马司、茶盐都运司,禁止私茶出境,违者处以斩刑,派御史巡茶马,使以茶换马完全成为国家独占的贸易。各地的马匹全部烙印以防马倌作弊,烙印格式有明文规定,孳生驹用"云"字小印,寄养马先用"官"印后来改用"寄"字等。总之,明朝的马政是统治者控制百姓养马的专制法规,初期对军事和农业生产起过一定的推动作用,但后来过于苛刻的狂征暴敛使马政变成了害民的暴政。

茶马互市从唐时萌芽,历经宋至明清,一直是一项重要的边陲政策,对促进多民族国家的民族团结、经济文化交流、社会进步等多方面都曾起到过积极的作用,也是马文化、茶文化的重要组成部分。

三、驿站制度与驿马机构

在没有诸多交通工具的古代,驿站就好比今日的铁路交通。驿站的发展首先必须依靠马,所以研究我国马政的同时,有必要关注古代驿站的发展及其相关制度。我国的驿站制度是世界上最古老也是最完备的一套交通体系。资料显示,随着人们使用马、马车等交通工具以后,为维持中央与地方的交通,春秋时代便有了驿的设置,作为管理车骑交通工具的原始机构,并依靠它来辅助军事通信,服务连年征战,开拓疆域。《尔雅》中记载:"驿,传也。"清朝朱骏声撰写的《说文通训定声》中也有记载:"车曰驿、曰传,马曰驿、曰遽。"总而言之,这些都是凭借车马以利古代交通的设置。

因古代陆上交通主要靠驿站,而无论驿骑或驿车都离不开马,所以驿马的地位之重要在历史上仅次于军马。只是早期驿站的建立,是仅为封建统治者所拥有,专用来传递军报文书的,如秦始皇时期的驰道。后来这些靠人马开辟出来的广阔大道,为权贵商贾们的货运车马带来了前所未有的便利,发挥了它的又一个功能:运输。沿途的百姓担负起了筑路乃至养路的艰巨任务。《魏律》序道:"秦世旧有厩置,乘传副车食厨,汉初乘秦不改,以费广

稍省,故后汉但设厩置,而无马车。"其职统于太尉之下的法曹,而法曹也就是后世驾部的前身。每驿的距离,在汉代也大致确定了,如《续后汉书·舆服志》道:"驿马三十里一置。"《史记·田儋列传》道:"与其客二人乘传诣洛阳,未至三十里,至尸乡厩至。"汉代的"传"是指专供因公乘用的车马,其设置的具体目的和驿相同,亦是在一定的路程配置车马。此时的百姓没有使用驿站的权利。西汉时期开辟的著名的"丝绸之路"千百年来就是依靠驿站交通之便利,而以长安为起点,沟通东西方之间的国际关系的。汉、唐邮驿非常发达,唐代每 30 里置一驿站,每站备马匹数量不等。元代靠驿运联系各汗国,《马可·波罗游记》称每驿站有马 20~400 匹,全国共有驿马 30 万匹。

四、新中国成立以后的马政

新中国成立后,养马业由政府农业部门领导。中国人民解放军总后勤部也一度成立马政局,设机构分别主持军民马匹的繁殖改良工作。

引马杂交、培育马种之路是中国马匹杂交育种的准备阶段。真正的进展,是新中国成立以后边疆地区群众性引马杂交取得的成效。新疆西部昭苏地区,内蒙古东部海拉尔、三河,引入外种马的同时也引入养马技术,两地各育成万匹以上杂种马群,分别称为"伊犁马""三河马"。

新中国成立之初,我国有马匹 600 万,由于发展农业、运输等都需要马,故而政府把提高马匹数量、改进马匹质量作为要务。这是真正以国力进行的大规模马匹改良育种工作,到 1980 年,已见显著成效:全国杂交改良马百万匹,先后验收 10 个新马种。但育成后保种失控,大部流失。20 世纪 90 年代初,广州、深圳成立赛马场及赛马俱乐部,三河马、伊犁马、科尔沁马、锡林郭勒马成为首选佳品,停顿已久的牧区马业受到拉动,也促进纯血马育种的新发展。中国任何一次马业振兴,都是从引马、育马开始的。外资、外马、国外技术的流入也促进了中国育马的新发展。1994 年,日本石川良并先生赠送了 6 匹阿拉伯马,1995 年奥地利皮特·法伊斯陶尔先生引入爱尔兰纯血马 6 匹,1998 年香港爱马人士郑榕彬先生在澳大利亚创办纯血育马场。

2000 年日本朋友石田勇先生建龙头牧场,把他的北海道马场部分移至北京通州区马驹桥,有 50 匹繁殖母马,50 匹马驹。土库曼总统赠汗血马我国。纯血马将是下一轮改良中国马的主力。

第六节　古代驭马文化

一、马匹驯化的推测

对马的驯化是人类历史上的一个重要里程碑。几个世纪以来,科学家、专家学者们一直在研究动物开始被驯化的具体时间或比较接近的年代,各种家畜的驯化因地区环境而不同。文化遗址、考古发掘、历史文献等资料显示,野生马种的分布说明马驯化在北方草原地区,驯马者应该是生活在草原上的人。有考古资料表明,大约在 6000 年前中亚地区出现了被人类驯服的马。英国科学家认为,马的驯化起源自欧亚草原今乌克兰、俄罗斯西南部和哈萨克斯坦西部一带。恩格斯在《家庭私有制和家庭的起源》中说:畜群的形成,在适于它的地方,便走上了游牧生活。塞姆人在幼发拉底河与台格里斯河的草原上,雅利安人在印度河、奥克苏斯河及雅克萨尔特断河、顿河及第聂伯河的草原上。动物的初次驯化,大概是在这些牧区的疆土上进行的。结合我国的史料,专家们大胆地设想,中国黄河流域及邻近的草原,至少在四五千年前也是世界上马匹驯化策源地之一。

中国野马的驯养始于渔猎时代,大约在五六千年以前,在北方草原、黄河流域、西南山地等地区进行,在新石器时代的石刻上出现了最早的策马者。《周礼·夏官》中关于马的"教驹、攻驹、执驹",都与调教有关。六艺中的"御"主要指的就是驾驭术。《孔子家语·执辔》更指出"相马以舆",可以解释为马的性能还应从调教后拉车的熟练程度来鉴定。

我国古代的政治中心或军事重镇大多集中在黄河流域,所以在这一带盛行养马。这种分布状况是人为因素占主导,并非自然选择的结果,所以我国专家对马种起源地的推测还是选择在自然状况下对马的进化具有促进作用的地方。以此,专家推测史前的蒙古高原上尤其是内蒙古地区可能比近世更有利于马的繁殖。西方也有学者认为蒙古人在五六千年前已驯化了马,中国内地各省约在5500年前也已将马驯化成家畜。在公元前900年的时代,非子居住在犬邱(今陕西兴平市境),擅于养马,周孝王就召他去汧渭之野养马,马群很是繁息,于是他获封土地,成为秦国始封居。[1] 可见秦汉以前在西北已发展了养马业,汉初到唐朝约1000年间,国家马政建设的中心大都在这一带。北宋时期随政治中心的迁移将其发展到中原地带,但仍把西部边疆作为主要的马匹来源之地。

二、驭马实践及其技术水平

养育马匹的技术进步与否与养马实践的发展有关。我国古代养马技术发展得比较早,而且在整个畜牧业发展中有突出的成就,更和为养马业保驾护航的兽医学有密切关系。关于医马之术前文有述,在此不多赘述。此外,对马匹的日常养护及繁殖饲养调教方式方法也非常重要。

早在战国时期《礼记·月令篇》中就有关于牧养马匹的方法:"季春之月……乃合累牛腾马,游牝于牧,牺牲驹犊,举书其数。……仲夏之月……游牝别群,则絷腾驹,班马政。……季秋之月……天子乃教于田猎,以习五戎,班马政。……仲冬之月……马牛畜兽有放佚者,取之不诘。"说明古人已发现马的发情、产驹的规律,强调在季春之月要做好配种、产驹等工作;到仲夏之月,有孕的母马要别群放牧,而公马则应絷绊起来,以保护母马和幼驹的安全。一年之中四季畜牧的管理程序已经非常明确和具体。同时说明古人非常讲究育马的季节性。春季配种育驹,秋季田猎,后世很多皇族都有这

---

[1] 谢成侠:《中国养马史》,农业出版社,1991,18页。

样的惯例。宋代沈括《梦溪笔谈》中记载："六畜去势，则多肉而不复有子耳。"阉割术的发明和使用，使畜类强壮，是人类畜牧史上有重要意义的一件大事。殷墟甲骨文中记载母马、公马和去势的骟马各有不同的符号，说明我国至少在商代就使用了这一技术。周朝《周礼·夏官·校人》中"夏祭先牧，颁马攻特"，记载了夏季为马做去势术，并形成定制，可以看出，我国马去势术的使用是相当早的。马去势技术的发明是养马史上的重要事情，不仅提高了马的经济价值，还可以保证优胜劣汰地选育品种，为育马创造了良好的条件，也便于军马的繁育训练。

古代战争对军马的需求量很大，而且官养马匹多用于军事作战上，所以官方积累了很多养育军马的经验，如战国时期《吴子兵法》中记载了很科学的军马饲养管理方法：马，必安其处所，适其水草，节其饥饱。冬则温厩，夏则凉厩。刈剔毛髭，仅落四下。戢其耳目，无令惊骇。习其驰逐，闲其进止。人马相亲，然后可使。车骑之具，鞍勒衔辔，必令完坚。凡马不伤于末，必伤于始；不伤于饥，必伤于饱。日暮道远，必数上下，宁劳于人，慎勿劳马。[1]这些前人概括总结出的饲养军马的方法至今来看依然存在着其合理的一面，是很科学的举措。被誉为我国农牧业经典著作的《齐民要术》中也有很多的科学育马的知识，比如定时定量的饲养原则，对种公马和军马的饲养方法及诸多经验，对后世有很大的指导和借鉴意义。宋王愈的兽医文献《蕃牧纂验方》中也讲到"四时调适之宜"，从春夏秋冬四个季节讲述了马匹保健的注意事项；戚继光的《练兵实记》中记述了养育战马的方法，他也同样注重四季变化，认为四季应有适宜的饲养处所，还把军马的营养分为三等九则，以此作为赏罚的凭据。清代张宗法《三农纪》中的养马论集前人养马经验，精辟论述了养马方法，比如：春末喂猪胆汁可以起膘，以贯众皂角煮的豆喂马有驱虫功效，晨宜早饲晚宜迟饲，傍晚饮水后牵行一二百步再慢慢喂等，还有将生驹母马放于高处训练马驹之术等。中国古代各民族在长期的驯马、养马、用马实践中，积累了丰富的知识和经验，如马的选种、改良与繁殖，马

---

[1]　谢成侠：《中国养马史》，农业出版社，1991，26页。

的饲养与调教,马优劣的鉴别,马的圈棚、厩舍的管理,马病的发现与诊治等,构成了中国马文化中的技术文化,是极其丰富的。

三、马具的创制和发展

驭马器具是伴随着游牧经济出现的专门用于驾驭马的工具,是马文化的重要组成部分。随着马出现在人类的生产生活之中,人类在与马的朝夕相处过程中陆续发明和创造了各种各样的骑乘和挽用的器具,统称为马具。殷墟等地出土的一些古物中可以判断3000多年前已经有了相当完整的挽具,讲究而复杂。马具主要有勒(包括镳和辔)、羁(头络)、靳(胸前的革带)、鞅、鞍、镫等。专家认为马具中出现最早的应该是笼头和头络,这是控制马的首要工具。马鞍的出现应该略晚一些,因为古人最初骑马是不用鞍的,鞍乘的出现应该是伴随骑术的发展而来。

铜鎏金饰马络头和马衔

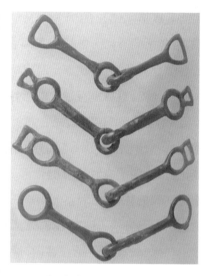

春秋战国时期的马衔

最常见的马具是马衔及马镳。马衔又叫"马嚼子",是横在马口中的器具,由2~3支两端带环的柱状体相套接而成,用于控制马头方向。许慎《说文解字》中对于"衔"解释为："衔，马勒口中，行马者也。"最末端的环与马镳相接，就是说马镳是马嚼子两端露出嘴外的部分，位于马的两颊上，与左右两条缰绳相连，用以牵缰策马。此外还有马笼头，也叫辔，是套在马颈上的御马工具，由皮条纵横交叉或衔接而成，马辔由笼套、口衔和缰绳三部分组成。

马头上还有一些其他的装饰品，依骑马者的需求而定。总之，马具的出现是游牧民族开始掌握骑术的重要标志。

马鞍是非常重要的骑术工具，它的工艺和设计也是马文化中不可或缺的一部分。在所有的马具中，马鞍是最重要的马术用品，俗话说"人靠衣装马靠鞍"，就说明了马鞍是最能体现主人身份和地位的工具。关于马鞍的产生，研究者大多从出土文物和岩画中的骑马图进行分析。最早的马鞍应该是骑乘者为了舒适而在马背上放的一个简易坐垫——在蒙古高原阴山岩画狩猎人骑马图案中这个垫子清晰可辨。

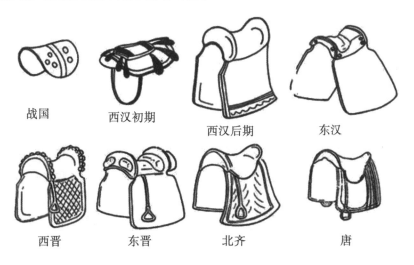

战国　　　西汉初期　　　西汉后期　　　东汉

西晋　　　东晋　　　北齐　　　唐

不同时期的马鞍

有人认为马鞍是斯基泰人发明的。浙江大学黄时鉴教授认为，公元前650年的"亚述巴尼拔猎狮图"马背上的垫子即是鞯。在巴泽雷克古墓出土有马褥，是用刺绣的平面绸做的，也是鞯。从光背到加鞯有一个演进过程，从有鞯到设鞍也有一个演进过程。我们见到的最早的鞍是在第聂伯河流域出土的一只金属壶上那匹马马背上的鞍。在中国带有鞍桥的马鞍始见于西汉末年,皮革质和木质居多。木制高桥马鞍据说是中亚游牧民族的贡献,也有人认为是中亚人和中国人同时各自独立发明的,后来传入欧洲。乘坐高桥马鞍使人在马背上可以更加稳定。时至今日,在材质、图案、造型、工艺等方面,"马鞍"已经今非昔比,远远超出了工具的范畴。

由于马鞍的配备增加了马背的高度,给人们上马带来困难,于是马镫便应运而生。一般认为,马镫是中亚游牧民族或者中国人发明的。马镫的横空出世,是一个颇具革命性的历史事件,是一项具有划时代意义的发明,它的出现使马匹更容易驾驭,骑乘者在马上更加安全和稳健,对骑兵的发展大有益处。目前学术界对马镫的概念说法不一,《辞海》中定义是骑马时踏脚的装置,悬挂在鞍子两边的皮带上;《汉语大词典》的定义是挂在马鞍子两旁供骑马人脚踏的东西。马镫不同于马脚扣和单镫,它是悬挂于马鞍两侧以方便骑乘者上马和支撑骑乘者双脚的马具,形制各异。《大英百科全书》中认为马镫起源于公元前2世纪,但它所说的马镫实际上是马脚扣。所以,有必要区分一下几个易混淆的概念。首先,马脚扣是最容易被误认为马镫的,但马脚扣一般是挂在马鞍一侧的单侧镫,是辅助上马用的器具,骑行时脚会离开,镫环不发挥作用,与马镫的功能截然不同。马镫不仅是双侧可以辅助上马,而且与马脚扣最大的区别是骑乘时双脚踏镫,还起支撑作用,既保持身体平衡又有利于人马配合。其二是趾镫,是套在大脚趾上的用绳索或皮革制成的,最早发现于印度,后来在我国云南出土的贮贝器塑像上也有。这种趾镫的发明和使用情况不详,但以现代人的视角看,它不是一个科学的发明,且不说趾镫要求骑者赤足,也不论套在脚趾上是否舒服,光是骑行时就不便于脚部整体发力,无法使人马有机结合,使用时间长时容易引起趾间麻木,易产生疲劳感。此外还出土过一些单镫,大多是金属制品,有椭圆也有三角形,作用与马脚扣相同,不具备马镫的功用。马镫的样式虽多,但根据悬系部分的不同又有所区别。目前,我国最早的马镫出现在东北地区,是木芯长直柄。朝鲜半岛和日本最早的马镫也都是木芯包金属直柄马镫。而内蒙古等北方草原地区多金属马镫,新疆和青海等西部地区以窄踏板直柄金属镫为主,南方发现的马镫实物标本很少。中亚地区流行直柄横穿型金属镫,所见最早的一批马镫都是与殉葬马一同出土的。南西伯利亚和蒙古国的马镫除了直柄横穿型金属镫外,还有我国未曾见的"8"字形马镫。欧洲地区流行的是直柄型金属马镫。通过对不同地区马镫的梳理,学界大都认同马镫是3世纪中叶到4世纪中叶最早出现于我国东北地区鲜卑人的活动地区,然后发展演变并传至欧亚大陆的。英国科技史研究专家怀特认为骑马方式的每一次改进都与社会和文化的变革有关,马镫传入欧洲后催发了欧洲骑士阶层的出现,有了马镫骑士所用的矛和剑等武器才能发挥更大的效力。虽然怀特的观点遭到一些人的质疑,但是有一点不能忽视,马镫的出现确实是一个非常重大的进步。

不同时期的马镫

蹄铁的发明至今缺少详实的资料记载。据谢成侠先生在《中国养马史》中的记述,蹄铁一词在我国始于20世纪初,是随西洋兽医学的传入才出现在中国的。我国民间将其称为马掌,是钉在马蹄上的铁制蹄形物。蹄铁主要是为了保护马蹄,延缓马蹄的磨损,提升马匹耐力,对骑乘和驾车都很有利,从而成为中世纪西欧社会发展的推动力之一。国外学者对马蹄铁的研究是归于技术史的领域,马蹄铁作为一种技术应用以"马鞋"的形式在罗马时期广泛传播。据文字资料及考古实物可知,马鞋的制作材料经历了一个从纤维到皮革再到金属材质的过程,马鞋的固定方式经历了一个从包裹在马蹄上到系在马蹄上,到最后钉在马掌上的过程。在欧洲,会钉马蹄铁的铁匠享有很高的声望,遗憾的是钉马掌这个职业和技术在我国从古至今被很多人轻视。钉制马蹄铁需要全面了解马蹄的骨骼和结构,这对于中世纪的人来说是一项技术难度很高的工作。马蹄铁除了用在农业生产和交通运输行业外,还用在军事上。德国有一句古老的谚语表明了马蹄铁在军事上的重要性:

"丢了一颗马蹄钉,丢了一个马蹄铁;

丢了一个马蹄铁,折了一匹战马;

折了一匹战马,损了一位国王;

损了一位国王,输了一场战争;

输了一场战争,亡了一个帝国。"

资料显示,中世纪的军队都有会钉马蹄铁的匠人随行,负责军马蹄铁的维护和修钉。马蹄铁的逐步改进和普遍应用促进了马作为牵引力和运输力及战争工具的巨大作用的发挥和社会经济的发展。

我国敦煌隋代302窟壁画中有一幅钉马掌图,形象生动地描绘了钉制蹄铁的情景,这可能是目前所知最早的记载。专家根据与马蹄铁相似的马掌推断,在隋代甚至隋代以前,马蹄铁已经发明并使用,说明我国在马蹄护理技术上也取得了一些成就。

第七节　车马文化与身份象征

相比汽车百余年的发展史，马车作为古代主要的交通工具应用了几千年。前人的研究成果告诉我们，近年来，无论中国还是欧美国家，都有很多关于古代马车考古的新发现，只是关于车马的起源问题迄今为止尚未有一个合理的论证归纳和科学的定论。各家在判定马车的起源时，主要是通过各地出土的早期马车及相关物件的形制的比较研究来得出自己的结论的。但是马车的使用范围比较大，中外学者对跨国别、跨地域的相关材料掌握不全或不甚熟悉，在作不同时期不同国家的马车比较时，通常只能以较常见的图像资料作为主要参照对象和比较对象，但是图像有时是无法全方位立体而真实地反映马车当时的原貌的，那么，由此而得出的结论也还值得慎重思考和进一步的论证。

一、关于马车的起源

资料显示，20 世纪 50 年代是运用现代考古学方法研究车制的新起点，多名考古学家的观点陆续出现。王海成在《中国马车的起源》中认为马车最先起源于美索不达米亚，而后传入欧洲；荷兰学者认为车子起源于西亚，而后传入欧洲、非洲、欧亚草原、印度和中国；英国考古学家皮格特从技术角度提出马车最早起源于欧亚草原，并且认为中国的马车来自高加索地区；日本学者林巳奈夫的研究认为中国的马车来自西亚。史料记载大约公元前 2000 年，欧亚草原和小亚细亚半岛确实出现了马拉的双轮车，专家们由此断言马车起源于最先驯化出家马的草原地区。关于不同地区之间是否存在物质文化的传播问题尚无确切论据能够给予充分的说明。

关于中国马车的起源，国内学者的观点无外乎两种：本土起源说和

外来说。

本土起源说,通过对早期马车与埃及、希腊、西亚地区的马车在结构和系驾方法等方面进行比较,认为二者截然不同,因此认为我国马车是独立起源的。我国著名文物和考古专家孙机在他的《载驰载驱:中国古代车马文化》一书中纵览中国古代车制各发展阶段,力证中国车马本土起源说。他认为按绝对年代讲,马车在中国出现的时间较西亚晚。因为资料显示在公元前3000年,两河流域已经造出马车。而我国有关车的考古资料最早只能追溯到商朝,比西方晚。研究者对于中国古车的起源和早期的系驾法,难以作出明确的论述。但是,孙机先生又提出:如果撇开系驾部分仅观察车身这一局部,或者拿古汉字中车的象形及某些简单刻画与西方的这类刻纹相比较,虽然给人以东西方古车属于同一类型、同出一源的感觉,但这种感觉其实是经不起分析的!因为,在有出土实物可资考证的晚商时期,中国古车已经比较完备了,那么在此之前应当有一个从雏形到完备发展起来的漫长过程。毕竟远古的生产力低下,这个过程不可能在短期内完成,需要经过人们若干世代的社会实践才能实现,更不可能由某个人来完成。在历史传说中,大多数先秦文献都认为是在夏代创制的。第一位著名"车正"奚仲的名字见于《左传》,这部以详实著称的古老编年史是根据世代相承的口述写下的记录。基于此,中国在夏朝开始造车的说法既有古文献依据,又符合上述技术发展史的顺序,所以孙机先生大胆设想我国的马车是我们中国人独自发明的。他还论证说:"我国古代马车在系驾方面主要采用轭式、胸带式和鞍套式三种方法,使用时间约相当商周至战国、汉至宋以及元以后三个时期。轭靷法在古代世界上独树一帜,显示出我国早期的驾车技术无疑是我国自己的一项发明创造。"因为通过对车身与系驾方面的比较可以看出中西方的差别还是很大的,从萌芽到成熟期间所留下的足迹在考古材料中都有线索可寻。所以不能把中国古车说成是西方古车的仿制品。我国古代在马车的系驾法方面走的是一条独特的道路,时间比西方早了近1000年。

持外来说的专家更多关注的是中亚地区的考古,经过各方面比较认为相似系数很大,再结合当时的历史背景得出马车源自国外的观点。马车的起源不仅是马车本身形制架构的问题,还牵涉到早期的文化交流,但专家们往往忽略了对这种文化背景的探讨。不管怎样,为了解释或论证马车的起源,需要结合一些具体问题来分析。比如:中国的家马是什么时间、在什么地点出现的,马车原始发展阶段是什么时候,制造马车的技术如何,中国马车与西方车马的相似度到底有多大……尽管马车的载人功能是相同的,但东西方的马车却也存在着一些差别,体现在马车的外观形状、大小、材质及装饰上。虽然有研究证明中国马车或马车的制造技术传自于西方,但具体的时间、地点尚无定论。

国外最早的马车实物是苏联考古学家发现的,在挖掘的十四座墓中各随葬一辆马车及马的骨架,专家确定该马车属于公元前 2000 至前 1500 年。中国的车马大多发掘于殷墟,有专门用来埋葬马车的车马坑。陕西、山东等地也有类似的发现。1990 年,在河南安阳发掘的墓葬中有两座车马坑,作为主人墓的陪葬坑,里面有商周时期的标准式战车,两侧各有战马横卧;同年,在山东淄博也出土了两个车马坑,这两个坑的规模更为宏大,有殉葬马 32 匹,头朝一个方向整齐排列,马身上有饰件,另有战车十辆,专家认为该车马坑的年代应是春秋时期。1990 年,在山东淄博还发现了战国时期的四座大墓,其中殉马坑陪葬马 69 匹,单行排列,昂首屈肢,一副军事列队姿态,有战车 22 辆,其规模之大为考古史上所罕见。这一方面说明主人生前不仅参加过战争,取得过战功,而且应该是功勋卓著;另一方面记录了那个时代真实的作战用具。

二、车马文化发展与身份地位演变

马被驯化后是先用来骑的还是用来拉车的是一个争论已久的话题。史学家一般认为骑乘较晚,驾车为先。谢成侠先生认为马驾车可能始于尧、舜、禹时代,即原始社会农业渐发达的时代,《易经·系辞传》所说的"服牛乘马,任重致远"就是这一时期的生活写照。《史记·五帝本纪》中也有"帝尧彤车乘白马"的记载。马驾车始于尧、禹之间,虽为传说却也不无道理。那

一时期随着种植业、畜牧业的发达,用畜力驾车很有必要,符合社会发展规律。

古代马车除作为战争工具外,主要是皇室、王公贵族们出行时的乘坐工具,且级别众多,等级森严,是权力与身份的象征。所以古代驾驭马车本身成为贵族男子的必修课。秦汉以后帝王乘坐的车叫"辇",大夫以上乘坐的车叫"轩",古代女性所乘的有帷幕的车叫"軿"等。"天子驾六"是我国古代的一种礼制行为,意为皇帝级别才能用六匹马拉车,逸礼《王度记》中有"天子驾六、诸侯驾五、卿驾四、大夫三、士二、庶人一"的记载。《韩非子》:"晋国之法,上大夫二舆二乘,中大夫二舆一乘,下大夫专乘。此明等级也。"这里的"舆"指车,"乘"是指四匹马拉的车。如此清楚明确地规定车马的数量,目的是为了表明、彰显皇族权贵的等级差别。

天子根据不同的出行目的也会使用不同的车。按照《周礼》规定,贵为九五之尊的天子,乘坐的车子规格很高,被称为"路",材质和外观装饰均不同,在不同的场合下使用。路共分为五类,"玉路"是天子参加国家祭典等重大政治活动时乘坐的,"金路"是天子在大宴宾客时乘坐的,天子平时上朝和巡游时候乘"象路",天子参加军事活动并作为礼物赏赐给四方诸侯的是"革路","木路"用于打猎时乘坐。贵为一国之母的王后的乘车也分为五类,对应天子"玉路"的叫"重翟",是王后跟随天子祭祀时的所乘;公主和后妃均能乘坐的"厌翟"是王后嫔妃们跟随天子设宴招待诸侯之时的所乘;王后出行时乘坐的一种有盖的轻便小车叫"安车"(在中国古代,马车上有无车盖也是贵贱差别的标志,不是贵妇人的不可以用有盖的车);"翟车"是专门为后妃们出行方便而制造的用羽毛装饰的车辆。"辇车"是一种以人力拖拉不用牲畜牵引的便车,还可以装运货物,也被称为"辎重车"。按照《周礼》规定,公卿士大夫及以下乘坐的车辆叫作"服车",服车也有分类:车轮用彩绘雕漆装饰的是"夏篆",装饰有彩漆花纹的是"夏缦",带有竹篷的是"栈车",规格最低的是"役车"。

古人的男女有别在乘车礼制中也有一定的体现,男子立乘,女子坐乘。男女同乘一辆车时,女子居左,左边在古代礼仪中表示尊敬。在中国古代车马文化中，东、西、南、北、中各有不同的象征意义，以车的空间方位定爵位。礼制中有尊卑贵贱主客等具体的意指，如君王南面、臣子北向；宾客西阶上，东向立；主人东阶上，西向立等。反映到车文化中，便是以车为坐标的"立朝之位"。朝觐天子时，车马停放的位置，离王的距离，下车后站立的位置等都有具体规定。车马在古代社会生活中不仅仅是运输代步的工具，而且直接参与了礼制的建构，成了礼文化的载体或象征物。

一些礼制规定还体现在婚丧祭祀中，婚庆丧礼在古代是非常重要的仪礼，贵族婚嫁乘车迎娶都有明确规定。《仪礼注疏》中有："大夫以上嫁女则自以车送之者，国君之礼，夫人始嫁，自乘其车也。"已婚的贵族女子乘的车子是与其夫相一致的。《礼记·昏义》曰："降出，御妇车，而婿授绥，御轮三周，先俟于门外。"绥，指的是帮助人们上下车所用的绳索。迎亲时新郎向新娘授绥，并为新娘亲自驾车，可见古代"授绥"是乘车中一个很重要的礼节。对于贵族办理丧事时所用车的数量、规格等礼仪也有明确的规定。《礼记·檀弓下》载："君之嫡长殇，车三乘。公之庶长殇，车一乘。大夫之嫡长殇，车一乘。""国君七个，遣车七乘；大夫五个，遣车五乘。"车马作为婚丧礼仪中的重要成员，常常被作为王公贵族的随葬品，其数量是与主人的等级相一致的，等级越高，随葬数量也就越多，这些早在我们发掘的考古实物所验证，陪葬车马数量的多寡反映了死者的身份等级和社会地位。在车马问题上都是以多为贵，上至一朝天子，下至富贾商人，无论是车的内饰还是外在都有所区别，行车礼仪也都自成一派。西汉初年，乘车时要行俯首之礼，需保持端正姿容，因此多立乘高车。东汉以后，立乘基本销声匿迹。由于盛行"贵者乘车，贱者徒行"，汉代不同等级的官吏都有相应的"座驾"，乘哪种车、有多少骑吏和随从，是乘车者官位大小的体现。虽然车的名称各异，但外形基本相似，只是质地、车饰图案等有所不同，随从、骑吏和马的数量不等而已。

提到马车当然不能不提古代战车，无论是中国还是在西方国家的古代战争中，战车都曾起过举足轻重的作用。秦代战车中有一种立车也叫高车，有遮阳避雨的车盖，因乘这种车要保持站立姿势而得名，一般用作开路战车。古代战争中之马车一般为独辀（辕）、两轮、方形车舆，驾两匹马或四匹马。车上中间一人为驱车手,左右两人负责搏杀。春秋时期"千乘之国""万乘之国"的"乘"就是一辆标配的战车:4 匹马、3 名甲士、步卒 72 人、后勤人员 25 人,共计 4 匹马、100 人。从汉代开始,马车逐渐成为生活中拉人载物的首选交通工具,而战车则越来越少。车也有了很大的变化,独辕车渐少,多数为双辕车。双辕车一般驾一匹马,个别驾两匹马。东汉和三国时期出现了独轮车,这是一种既经济又实用的交通运输工具,是交通史上的一项重要发明。宋朝时,轿子流行,马车被弱化,直至清末马车正式退出历史舞台。

古代车马文化中的礼仪制度具有鲜明的民族性和地域性,不同时期不同区域的具体规范不尽相同,不作一一介绍。回顾中国古代漫长的发展历史,车马的作用和影响是非常大的。古代马车是人类社会在发展过程中追求速度的产物,代表了人类文明的进步。尽管今天马车已经远离大众的视线,失去了原有的作用,但这并不妨碍我们对它的研究和对其所体现的文化价值的提炼,使其成为马文化的重要组成成分而永远留在人们的心中。

三、中国古代战车与马匹牵引

中国古代战车多为木质结构,时代久远极难保存,考古发现出来的多是其腐朽的残迹。综合文献记载和国外研究,我国古代战车被认为最早起源于夏朝晚期或商代早期。古代的战车十分笨重,再加上装载士兵及武器装备,还要保持一定的速度,所以几乎都需由马牵引。古代战车中,直接对敌作战的是攻车(即战车),用于屯守并载运辎重的是守车。

资料显示,周代以后的战车一般是每车驾两匹或四匹马。驾四匹马时,两匹居车辕左,两匹居右,中间的两匹称"服马",左右的两匹称"骖马",以皮条系在车前,合称为"驷"。驾车者需要一定技术灵活控制服马和骖马。古代教学内容"六艺"中"射""御"排在"书""数"之前,不仅是因为驾驭车马是必须掌握的一项技能,还在于驾马御车的技术实难掌控。每辆战车一般载甲士三名,左、中、右排列,左边持弓甲士是一车之首,为主射,也称"车左"或"甲首";右边甲士执戈或矛,负责击刺,同时兼为战车排除障碍之责,称"车右"或"参乘";中间的甲士驾驭战车,只带短剑。国君所乘的战车为"戎车",其形制与一般战车基本相同。

《孙子兵法》中,对于战车和步兵的优劣有过详细的论述:"交和而舍,我人兵则众,车骑则少,敌人十倍,击之奈何?击此者,当保险带隘,慎避广易。故易则利车,险则利徒。此击车之道也。交和而舍,我车骑则众,人兵则少,敌人十倍,击之奈何?击此者,慎避险阻,决而导之,抵诸易。敌虽十倍,便我车骑,三军可击。此击徒人之道也。"

古籍中记载投入战车作战时间较早、车辆比较多的是商周的牧野之战。《诗经·大明》记载:"牧野洋洋,檀车煌煌。驷騵彭彭,维师尚父。时维鹰扬,凉彼武王。肆伐大商,会朝清明。"周武王率领的伐纣联军战胜强大的商军,在这之中战车发挥的作用十分巨大。通过对商周战车的比较发现,西周的战车在制作和配备上有明显的改进,更加成熟,并在军事战争中发挥着更大的作用。

孙膑认为:影响战车使用的最主要因素就是地形。战车适于平原作战,不适应复杂的地形,而且弩和马镫的发明使骑兵战术得到发展,导致战车的没落,最终成为一种文化、一种符号留在中华文化的史册上。

四、秦陵车马与青铜文化

车马文化中不可忽略的一个重要内容就是秦陵中的车马及其所代表的青铜文化。秦陵铜车马的重大价值是青铜文化的积累和车制发展的必然结果。先秦时期是中国古代车辆发展极为迅速的时期，车马礼仪文化对贵族阶层的影响和渗透达到了前所未有的高度，其核心是以王权为首的权力与权力秩序。秦始皇即位后的多次出巡都以规模宏大的车队相随，以彰显秦朝的威风和强大，车马成了秦始皇生前显赫地位的重要表现方式。而青铜艺术与制作技术的提高正好迎合秦王的需求，青铜车马成为随葬品也就不足为奇了。从一定意义上讲，青铜车马不仅是青铜艺术品，还应该是冶金、机械、力学、工艺学、雕塑彩绘等多学科结合的完美的技术产品，有很高的科

技价值,说明两千多年前中国的冶金和铸造技术已经达到很高的程度,其青铜冶炼技术是走在世界前列的。特别是青铜文化与车马文化的结合为人类提供了宝贵的文化遗产,被考古学家称为人类古代文明史上的一大奇观。

首先,秦陵铜车马体现了古代青铜文化的最高水准。据史料记载,父系氏族公社时期已出现青铜器,夏代开始使用。《左传》记载禹时以铜为兵,"昔夏之方有德也,远方图物,贡金有牧,铸鼎象物,百物而为备",说明当时能够冶炼青铜,并能铸造鼎。商朝时期,青铜文化有了进一步的发展,表现在青铜器种类增多,多作为王室和贵族举行宴会和祭祀等重大仪式的器物。其中后母戊鼎闻名于世,代表了高度发达的商代青铜文化。后来,九鼎就成了王权的象征。西周晚期,青铜器的形制和纹饰都发生了重大变化,工艺的重点已从纹饰转向铭文,即在青铜器上铸刻文字,成为研究西周政治、经济和文化艺术的重要资料。临潼秦始皇陵西侧出土的两辆大型铜车马,均为四马牵引,形体之大,造型之精致,前所未有。二号铜车马竟由 3000 多个部件组成,虽经 2000 多年的掩埋,车厢的门窗仍可开关自如,显示技术之高超。无论是驷马健壮的体魄还是其饱满精神状态以及车体结构都十分逼真。不仅反映了秦王朝生产力发展和制造技术的历史新水平,而且达到了中国古代文化艺术品位的新高点。

同时,秦陵铜车马也把古代车马文化推向了高峰。抛开青铜材质和技术层面,就秦陵车马本身来看,其造型优美、驾具考究、装饰华贵、工艺精湛,所表现出来的古代车马的制作水准是非常高超的。专家鉴定一号和二号铜车马均是按照秦始皇御车、卫车真实大小的二分之一比例仿制,这在古代车马文化发展史上从未有过。车马组合协调,静而欲动的姿态,极富生命力的灵动之感亦属罕见。装饰更是灿烂夺目,不仅表现着真实车马的威武,还体现着随葬礼仪和豪华。车马不同程度的金银装饰所形成的富丽高贵典雅舒适的风格也是很少见的,云气纹图案更是一种独特的创造。从一定意义上讲,铜车马已经不只是个随葬物品,更是精美的艺术品,而且是多学科结合的技术产品,同时也是彰显社会地位、权势和尊严的带有政治色彩的文化商品,它把古代车马文化的品位提到新的水平和新的高度。车马原本作为一

种运载和交通工具的功能已退居为第二位了,居第一位的功能则是地位、身份和等级的标志。秦始皇通过车马文化神化皇权和他的统治地位,在整整一个时代都居于巅峰,与之相关的古代车马文化也达到了顶峰。

另外,秦陵车马使古代礼仪文化得到完美的展现。中国古代礼仪文化内容丰富,讲究异常,其中车马文化中的礼仪是一个重要方面,因为它显示的是一个阶层的政治、经济地位及其应有的道德规范和修养水平。贵族们热衷于御术,还因为其中蕴含着许多升迁的机会,可以借此升官发财。车马文化礼仪化的实质是确立尊卑贵贱的封建等级关系,其作用首先是规范秩序。车马礼仪在于着意顺其礼序,导引、潜化和巩固他们的上下秩序,以维护封建王朝的统治。秦始皇称帝后,把车马礼仪文化推进了一步,帝王銮驾出行有前导,有扈从,有伴驾,前呼后拥,次第井然;还设立车行仪仗的等级,分别叫大驾、法驾、小驾;设置了各个等级可以配备的车辆数目。秦陵铜车马仿制的安车和卫车就是大驾车马仪仗排列中的主车或核心车,是帝王出外巡视坐卧之车和前导卫车,是秦朝车马礼仪文化发展到最新最高阶段的标志。

五、西洋马车及其在中国的出现

在古代欧洲及西方国家,马车的用途非常丰富。有一种传说说欧洲起初由于矿井的道路比较狭窄,资本家便使用身体瘦小的童工来拉矿车,但是由于儿童力量孱弱,后来改用一种身材矮小的马。由于马车在矿井中不断往返,地面被碾压出两条深深的车辙,为了提高生产效率,资本家又想出了新的办法,即在车辙上铺设两条轨道,使马车走起来更平稳快捷,有人说这就是铁轨的雏形,认为火车的由来与马车有着千丝万缕的联系。

马在西方的另外一个用途是传递邮件。18世纪的西方国家,邮寄信件常常需要耗费几周甚至几个月的时间。据说,当时有一位名叫布里斯托的英国人决定设计一款邮政马车来打通到伦敦的邮路,这款邮政马车的设计虽然对于邮递员来说乘坐并不舒服,但是行驶快速的特点使它成为当时最快的交通工具而受到人们的欢迎。在西方,马车作为载人工具有很悠久的历史,其中具代表性的马车是有一个低矮车厢的两轮马车,这种设计的好处是能够保持车厢的平衡,利于马车的行驶,但缺点是车厢太小,只能承载 2 名乘客。资料显示,在英国维多利亚一世时代曾出现过可以承载大量客人的马车,最多时可以乘坐 12 名乘客。

西方中世纪的贵族出行也都是乘坐马车的,马车的豪华程度和古代中国一样是身份的标志。如今,英王室在位于白金汉宫南边的皇家马厩还保留着百余辆马车,在重大节日或重要的场合如国王加冕、王室婚礼、国会开幕以及国事访问等,女王会乘坐经典的皇家马车出行,以示礼节。乔治五世登基时乘坐的是一辆 1881 年制造的玻璃马车,车顶可以打开,车身中最醒目的是皇家禁卫军的徽章,两边是嘉德勋章。这种车后来主要用于王室婚礼,英国女王、戴安娜王妃、凯特王妃出嫁时坐的都是这种车。

英国皇家马车的主要代表是"黄金马车"。名字中虽然有"黄金"二字,但其实是由镀金的木头制成,车上装饰着皇冠、棕榈树、人面海豚尾的海神雕塑,还有三个小天使分别代表英格兰、苏格兰和爱尔兰,手上各自拿着帝国皇冠、宝剑以及象征骑士精神的勋章。在众多皇家马车中,它是最为高贵

精致的，在 1762 年 11 月 25 日的国会开幕典礼上才被首次使用。从乔治四世至今，所有的英国国王都是乘坐这辆马车去参加加冕仪式的。

欧洲马车多是王室重大庆典的指定用车，瑞典公主婚礼及丹麦女王登基庆典均使用马车作为代步车辆。美国的大篷车是另外一种功能性四轮马车，起源于美国淘金热时期的西部大开发年代，这种车可以大量携带食物和炊具，解决吃饭问题。

西洋马车何时进入中国的？据说是 19 世纪 50 年代。1853 年，一个名叫史密斯的外侨乘坐洋马车出现在黄浦滩头，这是出现在中国的第一辆洋车。洋马车的外观和造型与中国不同，与中国传统马车相比，洋马车无论是马还是车身都比较讲究，不仅装饰豪华，乘坐起来也比较舒适，车的外观就像洋马一样高大气派，引起贵族阶层的注意，很快在上海街头风行起来。但当时租界的洋人对华人乘坐马车在道中行驶制定很多歧视性的政策，如乘坐者为外国人时可以超越前行的马车，乘坐者是华人时则不可超越，有违反者将被拘罚。到 19 世纪 70 年代初，随着马车日渐增多，在英、法租界内还出现了马车制造厂，建立了车行，甚至出现了经营出租马车业务的马车行，到 20 世纪初马车行达到鼎盛，有近百家。此后，随着电车、黄包车行盛行，马车业逐渐衰落。

直至今日,虽然汽车早已取代了古代的马车,但现代马车又成为都市快节奏生活中的一道亮丽的风景线。如今乘坐西洋马车观光是一种潮流。西洋马车继承了四轮马车的工艺制作特点,又融入了现代元素,真正体现了古典与现代结合,具有造型美观、线条流畅、行驶平稳等特点。在私人马场和马术俱乐部也有很多这种新式的欧式马车,主要用作场所的点缀,满足骑马爱好者的休闲娱乐,迎合年轻一代拍摄婚纱照和举办西式婚礼之用。目前已经出现专门生产皇家马车、欧式马车等各种款式马车的车厂,分古典风格、现代风格,接受私人订制。

第八节　中国古代马球文化

被欧洲人称为"王之游戏"的马球运动是一项古老的世界性运动项目。在我国,马球运动自汉唐一直延续到清代,其间名称发生过多次改变,从蹴鞠到击鞠,从球戏到打球,最后定名为"马球"。不管用什么样的称谓,指的都是骑在马上将球击入球门的运动。马球是古代游牧民族将游牧文化中的骑术与农耕时期的球类运动结合后产生的,是一项将马术技巧与击球技术相融合的体育运动。

马球的研究者一致认为,马球运动源自骑兵部队的一个军事训练科目。游牧文化与军事文化相结合,得到帝王将相的喜爱后又与宫廷文化相融,使它成为一项流行运动。追溯马球的历史是研究马球文化的关键。

一、马球的起源及唐朝兴盛的原因

关于马球的起源问题,目前学界有三种不同的观点。

(一)吐蕃起源说

吐蕃是藏族祖先建立的第一个王朝,生产方式以游牧为主,兼事农耕。

赞普松赞干布是一位勇敢善战、才智过人的杰出领袖。相传,松赞干布统一青藏高原后派使臣到唐朝求婚,唐太宗出了五道难题测试前来求婚的使者,要求他们中的智胜者才能娶公主。其中有一道题就与马有关:认出一百匹母马及其马驹。当其他使臣都在苦思冥想的时候,吐蕃人把小马驹单独关起来,只喂草料不给水喝,第二天再将小马驹带到母马群中,小马驹自然都去找自己的母亲吃奶。最终,吐蕃使臣答对全部题目,轻松获胜,顺利地为他们的赞普娶到了文成公主。

长期的游牧生活让吐蕃人形成了悠久的养马、驯马和赛马传统,并与周边的国家和地区保持着广泛的交流,所以"马球起源于吐蕃"的观点一经提出便得到了广大藏学研究者的响应。我国著名藏学家王尧先生在他的《马球(Polo)新证》一文中引用了一句话:"显庆三年,献金盎、金颇罗等,复请婚。"[1]其中,金颇罗就是金球,颇罗是藏语Polo的译音,这是马球源于吐蕃的一个力证。"吐蕃起源说"的首倡者、著名学者阴法鲁先生在《唐代西藏马球戏传入长安》一文中从语音学的角度论证了马球源于吐蕃的观点[2]。藏族最早的一部梵藏文双语对照词典《翻译名义大集》中记载有"Polo"一词。美籍德国学者劳弗尔在《藏语中的借词研究中》一文中提到,英语中"最有意思的藏语借词是Polo,马球戏"。另外,《本世纪词典》《大英百科词典》也都认为Polo(马球)出自藏语。在与唐朝的长期交往过程中,吐蕃的经济、军事等各方面都有了长足的发展。加之藏族本身又是一个有着悠久的马背文化的民族,所以,在吐蕃这片土地上诞生马球运动是非常有可能的。不论马球这种运动是先出现在吐蕃,还是先出现在唐朝中原地区,吐蕃马球与汉地马球之间的联系是必然存在的。有可能在双方的频繁接触中,马球从其中起源的一方传至另一方。时至今日越来越多的中外学者认为,马球是吐蕃人首先发明,后经丝绸之路传往各地的。

西藏民间说唱体英雄史诗《格萨尔》是世界上反映游牧部落社会的著名史诗,其中也有大量描绘马球的内容。如诗中记述了一个传说:格萨尔王同

---

[1] 《新唐书·吐蕃上》,中华书局,1975。
[2] 阴法鲁:《唐代西藏马球戏传入长安》,《历史研究》,1959(6)。

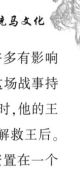

巴迦尔代王在喀喇昆仑山谷爆发了一场战争,格萨尔的王后和许多有影响的人都被掳走并押解到于阗。格萨尔获悉后便开始策划反攻。这场战事持续了很久,但是除了摧毁几个边境村庄外格萨尔别无所获。而此时,他的王后在巴迦尔代宫里已经生了两个孩子。格萨尔决定孤身一人去解救王后。一天晚上,格萨尔潜入宫内杀死了巴迦尔代,救出了王后,将她安置在一个安全的地方后,又返回王宫杀死了两个孩子,并将他们的头放进一个口袋。格萨尔与王后会合后,策马飞奔到一处草地,将孩子的头颅扔向空中,并在头颅落地之前用打马球的棍杖将头颅再次击向空中。当王后发现格萨尔打的是她两个儿子的头颅时当即昏了过去,从马上掉了下来。这个故事从侧面印证了西藏在原始社会的末期已开始了马球运动。《格萨尔》中的有关韵文部分的乐曲,还被编写成马球运动比赛时的演奏乐曲。另外,吐蕃古墓群中出土了绘有打马球图案的棺木,证明吐此时已有马球运动。

唐是当时世界上一个强大的帝国。因文成公主和金城公主先后入藏,唐帝国与吐蕃的往来更加频繁,经济文化的交流尤为密切,其中不少不了关于马球运动的交流。《册府元龟·帝王部》载:"景龙四年(710 年)正月乙丑,唐中宗宴吐蕃遣使于宛内球场,命驸马都尉杨慎交与吐蕃遣使打马球,并率臣观之。"《封氏见闻记》卷六中也有记载:"景云中,吐蕃遣使迎金城公主,中宗与梨园亭子赐观打球。吐蕃赞咄奏言:'臣部有善球者,请与汉敌。'上令仗内试之,决数部,吐蕃皆胜。时玄宗为临淄王,中宗又令与嗣虢王邕、驸马杨慎交、武延秀等四人,敌吐蕃十人。玄宗东西驱突,风回电激,所向无前。吐蕃功不获施。"李隆基为首的宫廷马球队战胜了吐蕃队,唐中宗十分喜悦。

(二)波斯起源说

首倡者是北京大学历史系教授、图书馆馆长,中国科学院哲学社会科学部委员向达教授和著名历史学家、民族学家及客家学的奠基人罗香林先生。二位学者考证,马球运动起源于波斯,向西传至君士坦丁堡,东传土耳其后传入中国、印度等地。向达教授的论据主要是唐代杜环在《经行记》一书中

所记的"土有波罗林,其下有球场"和"按波罗球波斯名 gui,疑球字乃用以译波斯 gui 字之音"。他的观点得到罗香林先生的赞同,同时也遭到阴法鲁等人的反驳。二位学者的波斯起源说虽然论据不是很有说服力,但是引发了关于马球起源的更广泛讨论。

谢成侠先生在《中国养马史》一书中说:唐代与西域各国文化交流频繁,故马球于西域传入是可信的。马球在西方称之为 polo,我国历史上称为"马毬",唐朝之前所流行的"打球"相当于今日的踢足球,不同于打马球。还有郝更生在《中国体育概论》一书中也认同马球由波斯传入我国西藏。在马球传入前,我国流行一种叫"蹴鞠"的球类活动;马球传入后,人们发现二者玩法相似,只是击球方式由脚踢变成了球杆击打,于是就沿用"蹴鞠"的构词方法,将马球称为"击鞠"或"打球"。

国外也有波斯起源说的支持者,李重申、李金梅、夏阳三位作者在 2009 年 7 月出版的《中国马球史》一书中介绍:"H. E. 谢哈比(H. E. Chehabi)和艾伦·古德曼(Allen Guttmann)教授推测,马球有可能是由在古代中亚的伊朗和土耳其地区生活的游牧民族创造的。他们认为,马球最初似乎起源于靠近中亚西伯利亚大草原的波斯萨珊王国的呼罗珊地区,而在帕提亚王朝(前 241 年~前 224 年)时传入伊朗。在帕提亚王朝和萨珊王朝(224 年~651 年)时期,马球运动十分盛行。"据文献记载,伊朗东南部的萨法尔王朝的第二代君主阿姆尔也醉心于马球运动,萨曼王朝的阿布德·阿尔·马立克一世更是因为打马球从马背上摔下来而折断了颈椎。另外,波斯有位名叫菲尔多西的诗人曾创作了一部民族史诗《列王记》,其中有专门描绘打马球的两首史诗,记述了打球故事和当时波斯打马球的规则要求。文学作品的史实性有待考证,但可以给我们提供一定的参考和研究方向。

(三)华夏起源说

华夏起源说也称"中原起源说",它认为马球起源于我国中原一带,而且认为在东汉时期就已经有了马球运动。最早提出这一观点的是中国体育史研究专家唐豪先生,他的主要论据是东汉曹植的《名都篇》,其中有"斗鸡东郊道,走马长楸间……连翩击鞠壤,巧捷惟万端"之句,他认为,关键词"马"和"击鞠壤"是证明东汉年间中原地区马球存在的依据。唐豪的马球起源说曾经得到很多人的认同,但是其中不乏出于民族情怀的附和者,真正能够提供有力辅证的研究很少,并且人们围绕"击鞠壤"三个字的争论也一直没有停止。直至今日,依然有人在探讨这个问题。1983 年第三期《体育文史》上刊载了李国华的《〈名都篇〉说的不是马球》一文,此文从《名都篇》原文及其译文的对比分析入手,认为"连翩击鞠"不能肯定是在描述击球,就更谈不上是马球了。哈尔滨体育学院的韩丹 2010 年 9 月在山东体育学院学报上发表了题为《曹植〈名都篇〉同马球毫无关系考述》一文,旁征博引,对于误读误解的译文进行了辩证分析,体现了青年学子大胆质疑的探究精神。

20 世纪 70 年代末,在敦煌西北的汉代烽燧遗址中发现了一件直径约 5.5 厘米的球形实物,被考古学家称为"蹴鞠所用之球"[1],但是不能确定它的具体产生年代。汉代烽燧中的发现物不一定就是汉代的物品,否则马球起源的研究又会有一个新的突破。

总之,不论马球到底什么时间、源自哪里,都需要时间进一步发现和论证。我们可以大胆推测,它起源于农耕文明和游牧文明充分结合的地区。上述三种学说的起源地都具备这样的条件,结合这三个地区的经济发展水平和社会进步程度及其与周边地区的活动交流,马球的传播过程也很容易理解和接受。

文献记载,在我国,马球的繁盛是在唐太宗时期,唐中宗对马球的发展也发挥过重大作用。在唐中宗的影响带动下,不仅众多皇亲国戚、达官显贵热爱马球,军中将士和平民百姓也都积极投身马球运动。玄宗自幼迷恋马球,从王子到皇帝一生酷爱马球,为此时常遭人劝谏。他当政后期因沉迷于酒色游乐,盛世渐衰,伴随他一生的马球活动被人指责、裁抑也是情理之事。唐朝对打马球用的马匹要求甚高,不仅看上去要高大健壮,还要动作灵敏,所以有马球专用马匹也不足为奇。也因此才有了后人"开元球马尽龙材"的

---

[1]　《英藏敦煌文献》第七册,四川人民出版社,1992,87 页。

评说。继玄宗之后,唐室帝王中酷爱马球的还有德宗、穆宗、敬宗、宣宗等多位。德宗的幕僚韩愈就曾劝他从事一些安全的活动。穆宗更是因迷恋球场而荒于政务,甚至因打球受惊,三十岁即生病而终。敬宗因打马球而两次遇刺,十八岁就死于非命。文宗虽也爱球,但他吸取了前朝教训,颁布一系列去奢从俭条令,其中一条就是针对马球的。据研究者统计,唐代至少有十五位皇帝都是马球爱好者,其中不乏身怀绝技的马球高手。

唐朝马球盛行的原因无外乎经济、政治和文化三个方面。

从经济上看,唐朝经历了贞观之治、开元盛世,经济空前繁荣,为马球的发展创造了条件。马球对于李唐王朝来说,已经不只是游戏或练兵的手段了,还是一种深入社会方方面面的贵族文化。马球所用的马匹、场地、全套的装备设施,没有一定的经济基础是无法实现的。所以,马球这种高消费活动从来不是一项平民运动,这也是其不能在更大范围、更多阶层普及的原因,即便是当下经济高度发达的年代亦是如此。在欧美国家,马球也是不折不扣的贵族运动。唐朝时期马球场遍及各地,甚至史料中还出现油浇的防尘球场和以烛光照明的灯光球场,而这些没有强大的经济实力做支撑是根本无法实现的。当然,这与唐代重视马匹饲养、健全的马政系统、国有监牧养马和民间养马同步推进有密切关联。事实证明,民间养马力量不可忽视。

从政治方面来看,皇权高于一切,皇帝的个人喜好自然是文武百官效仿的目标和投机的方向。大唐王朝二十二位帝王中马球高手大有人在,李唐王朝对马球的情有独钟历朝不曾有过。统治阶级的推崇是马球之所以在唐朝达到空前繁荣的保障,因为其代表着主流文化。唐朝统治阶级的开明政策给了马球运动充足的发展空间。马球作为一种娱乐活动出现在各种宴会、传统节日以及皇族郊游等社交活动中,得到良性的发展并向外传播,如东到日本,西到印度等诸多国家。印度莫卧儿帝国有不少君王酷爱马球,英国入侵印度后,马球又随之传入英国,发展成为现代的马球运动。

从文化方面来看,按现在的学科归类,马球文化当属体育文化的一部分。唐朝的马球文化与文学艺术、宗教民俗等其他文化都有不同程度的结合,所以那时的马球活动场所是一个重要的文化载体,集比赛竞技、健身娱乐、朋友聚会、商务联络等功能于一体，吸引着更多的人，不管会不会打马球、喜不喜欢打马球，都有可能被马球营造的文化氛围所吸引。所以，很多马球研究者感慨，体育事业的发展不仅有赖于综合国力的提高，体育文化也是非常重要的支撑。如果背离其文化传播的使命，将失去大批潜在的体育爱好者。马球曾经有着轰轰烈烈的历史，后来由于种种原因渐渐消失，现已不为大众所了解，这不能不说是传统体育文化在传承过程中的损失。

二、古代军中马球的辉煌与衰落

关于马球的起源虽有三种不同的观点，但它们也有相同的地方，那就是都认为，马球最早起源于骑兵部队，是一种训练方式和娱乐游戏。军中马球兴盛于大唐，规范于北宋，衰落于明清。

马球被称为"大唐第一运动"。唐朝初年，马球运动已经在宫廷和贵族间流行开来。受突厥骑兵的影响，唐朝也开始实行轻装骑兵。唐玄宗认识到马球有军事体育的功能，策马奔驰可以练习骑术，挥杆击球可以练习砍杀，于是发布诏书，要求将马球作为一种"用兵之技"在全军推广，以提高将士的身体素质，培养骑兵机智灵敏的反应能力和策马作战的能力。从此，唐代军营对马球运动高度重视，通过马球培养军事人才，皇帝身边的近卫军也个个都是马球高手。唐朝军中最早流行马球的是内府禁军，他们是经过精心挑选担任防卫工作的职业士兵，属于皇帝的私人卫队，长期驻扎在皇宫周围。禁军成员大多来自功臣子弟，家境富有，从小就有机会练习骑射，个个马术娴熟，他们使用的又是朝廷精挑细选的特供良马，加之帝王支持，理所当然地成了最早的一批马球高手。由于禁军离皇帝居住的宫城最近，因此也常常充当皇帝打球的玩伴。

唐朝对马球技艺出众的将士除赏赐财物金帛外，还会破格提拔，曾特设"击球将军"之职，对马球技艺精湛者进行褒奖，致使马球迅速风行于全国兵营，成为"军中常戏"。宿卫两宫的禁卫军和左右神策军的将士以及各地驻军经常开展马球比赛。马球一直是军中骑兵训练的重要方式和手段。韩愈看过军中马球赛后曾赋诗："分曹决胜约前定,百马攒蹄近相映。球惊杖奋合且离……霹雳应手神珠驰……发难得巧意气粗,欢声四合壮士呼。"描绘了精彩激烈的比赛场面,也真实地反映了观赛士兵的热烈之情。除了日常性的马球活动之外,军队里每年还利用冬闲时节组织军士举行大规模的马球表演。各地的驻军广泛开展马球运动,地处河西走廊最西端的军事重镇敦煌也不例外,唐朝在敦煌地区驻守大量军队,修筑多处军用马球场。

有趣的是,军人对马球趋之若鹜,文人却大多持鄙夷态度,理由是马球运动野蛮危险,既可能伤人又会损害马的寿命,不值得提倡。韩愈就曾劝谏过节度使和德宗,马球虽可以作为军事训练项目达到习战效果,但作为一军统帅应避免不必要的损伤,更应该做的是"安坐行良图",即使要上马驱驰,也要在"杀贼"的战场上才行。

风靡整个大唐王朝的马球运动并未因为五代十国的战乱而消失,到了北宋时期依然盛行,只是将马球改名为"击鞠",分为大打和小打两类,大打沿袭唐朝的马球,小打就是骑小马或者将马换成驴骡,继续在宫廷、达官显贵和军营之中流行。在重大盛典、重大节日,包括帝王生辰或礼宾活动时,都会在军中举办高水平高规格的击鞠赛事。为提高将士们的身体素质和战斗力,宋太祖还制定了一系列训练标准和规章制度以保障马球运动在军中正常开展,同时,制定了每年首次打球的仪式,将击鞠活动升格为朝廷军礼,提高了击鞠的政治地位和社会影响力。击鞠仪式庄严隆重,有乐师伴奏,有鼓手助威,有保卫、裁判和领队,组织复杂而规范。球门旁各插旗12面用以计分,进一球称"得一筹",得一筹即得一面红旗。比赛结束后以得旗多者胜,也有以先得12球者为胜。皇帝亲自出场击第一球,之后球手们驰马争击。如此隆重的军礼持续了两百多年,直到南宋又增补了皇帝击球后太子击球的仪式。

另外,宋朝还把击鞠著作列为兵书,与其他武术项目兵书并列,马球运动在军中的地位之高前朝无法比拟。南宋时还把击鞠活动用于外交礼节,招待各国使臣。随着经济的发展,宋代的击鞠已不再是贵族阶层的特有权利,也不只是军中才有的游戏和训练。马球运动逐渐从皇宫大院走向了大众,成为更多的人喜爱的群众性体育运动。资料记载,宋朝时民间不仅出现了击鞠场所,还出现了"打球社"一类的组织,提供"走马打球"服务。说明这项体育活动已经是宋代人生活里的一个重要内容。

盛行了千百年的马球活动,流传到明朝初年还时有开展。明代的马球比赛已发展成为一项特色的节庆活动,每逢端午节或重阳节举行,皇亲贵族都会参加,但此时的马球已由原来的对抗性双球门赛变成单球门表演赛。明朝中期,随着经济的发展,农村人口向城市流动,人们的生活观念发生了改变,各种休闲娱乐活动应运而生。从总体上看,马球运动已呈衰落之势,只是作为宫廷礼制或民间节日活动才得以开展。明朝后期,马球运动已不是一项盛行的体育运动了。清朝康熙年间还能见到马球表演。顺治五年,出于政治的需要,清政府曾发布禁令,禁止汉族私养马匹和收藏弓箭,同时对民间习武严加防范,军事训练也以步兵和水师为主,致使包括马球在内的体育活动日渐衰落。马球这颗在中华马文化历史上绽放了千年异彩的明珠终于跌落谷低。

三、古代马球运动装备及规则

马球是一项集马术、策略和团队合作于一体的集体运动。古代马球运动因为在贵族阶层或者军队中进行,有强大的经济基础,所以,不仅条件、环境、装备齐全,规则也日趋完善。

(一)古代马球运动的装备

马球运动的装备是指所使用的器械和所穿戴的服饰。

装备之一:马球器械,包括马、马球、马球杆。

不是所有的马都可以作为打马球时的坐骑的,打马球的马是经过精挑细选并经过严格训练的。一般是从选择良种马开始,奔跑如飞的优质马对于球手发挥高超的球技非常重要。我国北方和西北自古以来就是辽阔的草原,生活在草原上的游牧民族不仅驯养了大批牧马,马上文化的发展也比较

快。各民族习俗虽不相同,但都掌握了一定的驯养马的丰富经验,掌握了熟练的骑术。唐朝商贸发达,无论民间贸易还是朝廷贡赋均有对良马的引进。为了满足马球运动需要,还出现了驯养马球比赛的良种马的机构。宫廷马球用的马匹多系大宛马、波斯马,伊朗高原马的身形、速度耐力极好,是古代马球马中最受欢迎的。

比赛时有个千年不变的习俗就是包扎马尾,现代的国际马球赛也还保留扎马尾的惯例。这是一个体现马球礼仪文化的重要环节。扎马尾的要求是包布颜色必须与参赛队队员的球服颜色一致,扎马尾的目的是防止比赛中马尾拂扰或相互缠结,影响正常击球和比赛。在中国马球历史上,由于朝代变化和民族地域之间的差异,对马尾的挽扎也不尽相同。在出土马俑或雕塑绘画作品中,研究者们发现,唐代扎马尾的形状多锥形,宋代马尾的挽结带有浓烈的民族色彩,明代马尾包扎自成一趣,都体现了当时人们的审美情趣。同时,根据参赛者的社会政治地位、经济能力和个人偏好加以装饰。《北平风俗类征》中有记载:上等骏马,以雉尾璎珞,紫缀镜铃,装饰如画。

其次,击打物——马球。古代马球有木质和皮革两种。木质球是在轻而坚韧的材质外包上一层牛皮,外观看起来与牛皮里填充毛发之类的皮质球相似。《金史》中有对木质球的记载:"球状小如拳,以轻韧木枵其中而朱之。"意即木质马球大小如拳,涂有颜色。据资料记载,古代马球有"出朱漆球掷殿前"的红漆球;"丸素如缀"的白漆球,与现代马球赛所用的球颜色一样;还有在球面用彩漆或颜料画上图案花纹的彩绘球。至于球的大小,经研究人员测算,古代马球的直径约8.5厘米,与现代国际马球比赛规则所制定的马球直径8.5厘米一致。

最后,击鞠工具——击球杆。球杆是打马球的用具,不同时期曾有不同称呼,如鞠杖、球杖、月杖、球拐、画杖等。古代球杆一般分为杆头、杆身和握柄三部分,杆头弯曲呈半月形,杆身和握柄为圆柱体,其上刻有花纹或彩绘。球杆形状各异,唐诗中将球杆杆头的弯曲部分称作"初月",故称之为"月杖",杆身绘有纹饰。宋代的球杆略长一些,外观形状变化较大,杆头部分近似三角形,弯曲度更大。明代球杆制作更为精致,杆头部分形状与今网球拍相似，与日本和欧洲拜占庭一带的马球杆差不多。各朝代的球杆不仅形状不同，制作的材质也不一样，分木质、皮革和藤条制成三种。木质杆上一般绘有彩色图案花纹，因此也叫"彩画球杆"；皮质球杆有牛皮包裹在杆面上，既美观又耐用；藤制球杆取材藤条，韧性很强。现代国际马球赛一般选用藤杆。

装备之二：马球服饰。

作为贵族活动或军中礼仪，服装服饰非常考究，《唐书·敬宗本纪》中有"长庆四年四月，四川节度使杜元颖进罨画毬衣五百"的记载。唐代蜀锦制造业发达，节度使杜元颖令蜀锦工匠制成专门的球衣敬献给朝廷作为贡礼，一次数量可达五百件，说明唐代时已有专用马球服。球衣在古代称为"襕""绣""锦衣"，分为长衫和衣衫两种。浙江大学教授叶娇在文章《浅议唐代及宋代马球运动中的球衣》一文中指出唐宋时期球衣的基本形制是以织锦制作的圆领、窄袖宽身、双侧开叉、长至小腿的"缺胯锦袄子"，这种款式的球衣在敦煌莫高窟壁画中已经得到验证。古人的马球服十分讲究，除了衣衫外，王室或宫女还会戴绣有团花的锦缎制作、配有镶珠嵌玉的腰带。除了锦制还有一种帛制的，偶尔也会有穿交领衫打球的。

除衣衫外，靴帽也要配套。古时马球参赛者所戴的帽子名叫"幞头"，是古人头巾的一种，最初之意即为盖头，以一块方布系住四角，盖在头上，就是最早的幞头。随着时代的变换、经济的发展，幞头的样式也更加丰富。马球用的幞头一般用帛、锦或布制成，后部的拴带叫垂脚，自然下垂，也可折叠、盘卷成各种形状，用桐木或纱麻做内衬，起保护作用。打球时常佩戴的幞头有长脚、卷脚、折脚等不同样式，以区别其身份。队长一般戴长脚幞头，队员戴卷角或折脚，显得干净利落，矫健敏捷。现代马球赛所戴的是软木质帽子。

史料中的打球靴有两种：一种是丝靴，多用于娱乐；一种是乌皮六缝长筒靴，用六块皮缝成，多用于正规比赛。靴尖略上翘，靴底有软、硬两种，唐宋时期多为软底靴，元明以后流行硬底。发掘的古墓或壁画中，官吏、贵族、武士都穿齐膝长靴和乌皮靴，保护腿部避免受伤。

(二)古代马球运动的规则

古代的马球比赛场地必须是精心修剪过的平整安全的草地,一般正规的马球场相当于五个半足球场的面积,除了军队驻地之外,大部分建在京都和重要城邑,如唐代的毬场亭、宋代的大明殿、元代的常武殿和明代的东苑,都是王公贵族打马球的场所。古代马球球员分队比赛,我们现在所说的"队"在古代称为"朋",也有称"曹"或"鞴"的。"朋,群也。"正规比赛都会有专人负责分朋,凡是有皇帝参加的这一朋叫"御朋"或"上朋",另一队则相应叫"下朋"。没有皇帝参加,只是官员与仆从打球,也有分上下朋或左右朋的。打马球的规则很多,分朋属赛前环节,赛事开始会有相应的要求。

首先是开球仪式。凡正规比赛,尤其有皇帝参加的比赛,都会有一个隆重的开球仪式。皇帝乘马而出,教坊乐队奏乐,众臣迎接,比赛双方入场后,皇帝到规定地点发第一球,然后到殿前接受众臣代表敬酒献礼,皇帝赐酒,众臣跪谢,饮毕上马归朋,皇帝再次发球,比赛正式开始。若皇帝不参加的开球仪式则是参赛双方从两侧同时入场,至球场中央会合后骑向各自球门等候发球人发球,发球一般是用红色漆球,球一落地双方争夺,比赛开始。

其次,赛事规则:在皇帝亲临观看或亲自参加分朋比赛的情况下,一般都设有报分员,多由官禁卫土充任。古时报分员称"唱筹"。唱筹人员一般两名,各持一面小旗,挥旗"唱筹"即播报哪个朋进球得分。唱筹员很辛苦,需要在球场上随球奔跑,以便监督球是否攻入球门。据《宋史》记载,马球赛场的东、西球门侧各立绣旗 12 面,同时又在观看球赛的大殿前东、西各安置一个插旗架,备旗多面。待哪一队攻球破门,便取来一面旗插在该朋一方的空架上,表明得一筹,比赛结束后,计算两朋旗架上旗数多少评定胜负。

另外,马球比赛中的音乐独特而有力量。我国体育运动有音乐伴奏的历史由来已久,因为古代的体育运动大多由军中的军事训练活动演变而来,所以以鼓乐来激励士气是很常见的。"礼、乐、射、御、书、数"是古代学生必须掌握的六种基本才能。可见,我国古代体育在兴起阶段即作为礼仪制度的一部分,形式上被纳入乐的范畴,深受宗教仪式和礼乐制度的影响。乐既是中国一种古老的文化样式,也是一种传统精神的体现。唐宋时期的马球乐,大多用龟兹乐,这是西域诸国中最盛行的民族乐曲,龟兹乐使用的乐器中鼓占多数,因其有激励人心、鼓舞士气的效果,战场上多用作冲锋前进时的号令。马球比赛中运用的龟兹乐在近二十种乐器中有十种不同形式的鼓,其音响效果既适合户外演奏又能激起赛手奋发前进之心,对参赛者和观赏者都是一种极大的鼓舞。资料显示,今巴基斯坦的吉尔吉特村的马球赛依然保留着以鼓和笛为主的龟兹乐。古代马球赛从一开始即擂鼓助威,增添了比赛的观赏性,当进攻朋队到达对方球门前时打出"急鼓",与场上的激烈程度相吻合,烘托起竞技的紧张激烈气氛;击球入穴后是"杀鼓三通",表示热烈祝贺,将马球比赛氛围推至最高潮,表现出马球运动的竞技特征和精神力量。皇帝驾临球场时要奏《凉州曲》以示欢迎。《凉州曲》是西域音乐与中原音乐融合的产物,是由二十四段乐曲组成的大型音乐、舞蹈大曲。有研究认为,《凉州曲》的母本来源于龟兹乐,只是减少了一些惊心动魄的鼓乐,增加了编钟、筝、篌等柔和的乐器以用于各种仪式。

四、古代女子马球

体育运动是相对独立的人类文化形态,它有自己独特的内涵、规律和轨迹,但它的发展也绝非是孤立的,在不同的历史时期和文化地域受到相应的政治、经济、社会文化、社会生活等因素的影响和制约。作为古代体育运动项目之一的女子马球运动也是如此。女子参与马球运动的确切时间已经无从考证,但是大量史料表明,唐代是女子马球运动的繁荣发展时期。

实践早已证明,物质、经济水平是社会发展的基础,它决定着社会文化的内涵。唐代是我国封建社会发展的鼎盛时期,发达的对外贸易促进了其与周边国家的交流,高度繁荣的经济、国泰民安的盛世使唐帝国成为经济文化交流中心,外来文化的融入让大唐文化愈加灿烂辉煌,并形成了浪漫开放的唐代特质。

百姓安居乐业才会有时间和精力从事体育运动,女子马球运动就是在这样的社会背景下兴起的。还有一个比较重要的原因是唐朝各方面的发展都影响着女子在社会生活中的地位，同时还影响着女子参与各种社会活动的程度。唐代统治者建立了庞大的帝国，统治者有足够的自信和力量实施较为开明、开放的政策，女子的社会地位也随之有了较大的改善和提高。武则天称帝后更是将女子地位提升到了一个前所未有的水平。女性不仅可以自由外出，还可以像男人一样在朝为官，女子马球运动的兴起与繁荣也顺理成章。

史料记载，世界上女子马球运动最早出现在波斯。在公元6~9世纪唐朝才出现女子马球队。五代十国后蜀的花蕊夫人有《宫词》二首，曰："自教宫娥学打毬，玉鞍初跨柳腰柔。上棚知是官家认，遍遍长赢第一筹。"诗句中"打毬""玉鞍"等词说明此诗是吟咏宫中女子马球队的。这支宫廷女子马球队，为中国古代文化史增添了一抹亮色。与男子马球相比，女子马球风格竞技性不高，多显得比较柔美，尤其是宫女们的马球比赛主要是作为一种表演形式供帝王权贵欣赏的。据李重申等人的《中国马球史》记载，女王武则天不仅好骑马射箭、弈棋，还是一位出色的马球手。在她还是才人的时候就开始参加宫中的马球活动，经过训练很快成为宫中女子马球队队长。在唐太宗举办的一次宫廷女子马球赛中，武才人指挥队友并在关键时刻挥杖射门得筹获胜。那时的赛事很壮观,皇帝率文武百官、王公贵族前往观赛,雄壮的鼓乐声中四十多个女赛手身着粉红和紫色两种队服,从玄武门到球场,左手持缰右手持杖,杖上卷着五彩绢布和薄绸,绕场三周后骏马与美女排列整齐地面向帝王三呼"皇上万寿无疆",然后鼓乐声变小,两队开始比赛。

北宋时期,女子马球有了惊人的进展。因为马球技艺的提高和陪侍皇帝打球,女子马球队不仅服饰豪华,球场也铺上了草坪。《东京梦华录》一书中记载:宋徽宗的贵妃组建了一支女子马球队,徽宗亲自为她挑选队员并指导训练。这支女子马球队一律仿男子装束,服饰华丽。比赛时,皇帝亲自开球,教坊乐队奏《凉州曲》,两队马球手各十六人,手持木质彩画球杖,身轻手捷,策马争击。这些训练有素的女子马球手时常在宫廷内进行比赛,皇帝对于自己训练出来的女骑士也是相当满意自豪。

宋代还承袭了唐朝兴起并盛行的驴鞠习俗,驴球之所以得到发展和女士服饰的演变有一定关联。另外,驴与马比身材矮小,速度较慢且重心低,更适合女子骑乘。驴鞠是中国特有,自唐朝开始骑驴成为一种时尚,不仅在女性中流行,有些官员上朝也会骑驴。

南宋时,打马球从风尚降为恶习,在社会上逐渐消失。儒臣们经常劝诫和阻止皇帝击球,马球走向衰落比较直接的原因。加之女子地位重新归于附属及制度的改变,马球逐渐消失在历史尘埃中。风靡于几个王朝的女子马球运动自南宋之后退出了历史舞台。我们今天再次提及它,是想通过对古代马文化的研究,了解分析古代女子马球运动的发展与兴衰,以此来探究古代女子体育活动的开展情况,以及在日常生活中古代女子休闲娱乐的情形,以期对现代女子体育的开展有所启迪和帮助。同时,也想证明古代马文化的影响范围之大、人群之广以及对社会发展所起的推动作用。

第九节　古代文学中的马文化

中国古代先民常以诗歌、小说等文学形式表达对马的热爱。荀子《劝学》中有"骐骥一跃,不能十步;驽马十驾,功在不舍"之句,是鼓励学生学习的名句。

一、吟诗颂马

自古以来写马的诗歌不胜枚举,从不同的角度描写了马的忠诚、积极向上的精神。我国最早的诗歌总集《诗经》是西周时期记载马最丰富、最生动、最形象的典籍。其中,《周南·卷耳》有关于骑乘的描写:"采采卷耳,不盈顷筐,嗟我怀人,置彼周行。陟彼崔嵬,我马虺隤。我姑酌彼金罍,维以不永怀。陟彼高冈,我马玄黄。我姑酌彼兕觥,维以不永伤。陟彼砠矣,我马瘏矣!我仆痡矣,云何吁矣。"《诗经》时代的狩猎方式是马驾车猎,《秦风·驷驖》中描写了四马驾车打猎的情形:"驷驖孔阜,六辔在手。公之媚子,从公于狩。"也有当时打猎场面的真实记录,如《郑风·大叔于田》:"叔于田,乘乘黄。两服上襄,两骖雁行。叔在薮,火烈具扬。叔善射忌,又良御忌。抑罄控忌,抑纵送忌。"除了有骑乘、打猎的记载,其他王事活动中,如婚嫁、出行等也大都以车马为主要工具。《叔田》:"叔适野巷无服马。岂无服马?不如叔也。"《诗经》中所反映的驾马竞技逐猎发展成后世的赛马活动。

《诗经》共有诗歌 305 篇,"出现的马名有 28 种,以马为部首的字有 56 个之多"[1],主要是关于马的毛色和品种及用途的表述。有资料统计,《诗经》中与马相关的诗近 60 篇,涉及社会生活的方方面面。以大量的双音节

---

[1] 方蕴华:《〈诗经〉中马意象的宗教与文学情结》,《云南民族大学学报》(哲学社会科学版),2014(2)。

词从不同角度描写马的高大威猛、气宇轩昂,可以看出诗作者对马的崇拜,让人们对马的认知得到很大的提升。比如,对于车马迎亲的描绘,"韩侯迎止,于蹶之里。百两彭彭,八鸾锵锵,不显其光。诸娣从之,祁祁如云",让人们看到驾车迎亲等习俗,隆重的仪仗队伍及迎亲路上的热闹场面。百辆马车浩浩荡荡,荣耀显赫。《小雅·鸳鸯》中"乘马在厩,摧之秣之。君子万年,福禄艾之"的描绘就是对贵族婚礼的祝赞词,祝福厩马槽头兴旺,新人福禄长久。可见,马已经成为婚俗活动的重要角色。在一些少数民族地区至今仍保留着以马迎亲的习俗。《诗经》中,马的载重挽车等使用功能被弱化,而作为婚嫁祭祀礼俗等载体的功能被放大。马的健壮身姿代表着一种飞扬腾跃的力量,马的品种数量象征着骑乘者的身份地位,频繁出现的马意象实际上已经不属于马的自然属性,其中掺杂了一些社会因素,甚至政治因素,成为那个时代礼乐文明的象征。《诗经》中对马的描写从审美欣赏的角度看,也是栩栩如生、可观可叹。

爱国诗人屈原的名篇《离骚》中有诗人愿乘骏马为楚王充当开路先锋的诗句:"乘骐骥以驰骋兮,来吾道夫先路。"《楚辞·国殇》:"操吴戈兮披犀甲,车错毂兮短兵接。旌蔽日兮敌若云,矢交坠兮士争先。凌余阵兮躐余行,左骖殪兮右刃伤。霾两轮兮絷四马,援玉枹兮击鸣鼓。天时坠兮威灵怒,严杀尽兮弃原野。出不入兮往不反,平原忽兮路超远。带长剑兮挟秦弓,首身离兮心不惩。诚既勇兮又以武,终刚强兮不可凌。身既死兮神以灵,魂魄毅兮为鬼雄。"楚霸王项羽在临死之前对自己心爱的战马依依不舍,《垓下歌》中写道:"时不利兮骓不逝,骓不逝兮可奈何?"

不仅诗人颂马,帝王也为之。汉武帝刘彻的《天马歌》是一首专门咏马的诗篇:"太一贡兮天马下,沾赤汗兮沫流赭。骋容与兮跋万里,今安匹兮龙为友。"汉武帝不仅亲自作诗称颂天马,还令一些文臣创作天马诗一同助兴,同时还把咏马诗句放入郊祀歌中演唱,歌颂天神赐予的天马无与伦比,显示了天子对天马的热爱程度。曹操的"老骥伏枥,志在千里"已经成为脍炙人口的至理名言;而曹植的《白马篇》为马的审美文化赋予了新的意义,借游侠儿这个理想的化身表现作者建功立业的人生理想,而与游侠儿精神融为一

体的白马成了少年浪漫精神的一个组成部分。

步出夏门行·龟虽寿

三国·曹操

神龟虽寿,犹有竟时。腾蛇乘雾,终为土灰。老骥伏枥,志在千里。烈士暮年,壮心不已。盈缩之期,不但在天。养怡之福,可得永年。幸甚至哉,歌以咏志。

白马篇

三国·曹植

白马饰金羁,连翩西北驰。借问谁家子,幽并游侠儿。

少小去乡邑,扬声沙漠垂。宿昔秉良弓,楛矢何参差。

控弦破左的,右发摧月支。仰手接飞猱,俯身散马蹄。

狡捷过猴猿,勇剽若豹螭。边城多警急,虏骑数迁移。

羽檄从北来,厉马登高堤。长驱蹈匈奴,左顾凌鲜卑。

弃身锋刃端,性命安可怀?父母且不顾,何言子与妻!

名编壮士籍,不得中顾私。捐躯赴国难,视死忽如归!

西晋诗人张华《壮士篇》中的诗句"乘我大宛马,抚我繁弱弓";南朝著名诗人鲍照《代出自蓟北门行》中的诗句"马毛缩如猬,角弓不得张";北朝著名诗人庾信的《拟咏怀二十七首》中的诗句"马有风尘气,人多关塞衣":都是涉及马的别具一格的诗句。咏马抒怀,通过写马的来历、马的外形、马的动态,将千里马的形象刻画得惟妙惟肖。写马的品格时将咏马与咏人有机结合,表现诗人的雄心壮志。如此咏马诗篇,堪称我国马文化的代表作。

唐代不仅是马文化发展最繁荣的时期,也是我国诗歌的黄金时代,唐诗中咏马的诗篇不仅数量多,质量也很高。从杜甫的《房兵曹胡马》一诗可窥见一斑:

房兵曹胡马

唐·杜甫

胡马大宛名,锋棱瘦骨成。竹批双耳峻,风入四蹄轻。

所向无空阔,真堪托死生。骁腾有如此,万里可横行。

白居易诗中的马文化更是丰富多彩,谢思炜撰写的《白居易诗集校注》中近 3000 首诗,关于马的就有 338 首[1]。有传说中的神兽,也有现实中肥马瘦马,不仅有种类繁多的良马,更有象征忠诚的骐骥,反映了马业的繁荣和唐人对马的特殊情感。《赠楚州部使君》中一句:"笑看儿童骑竹马,醉携宾客上仙舟",写出了孩童时代玩竹马的欢乐。

李白的《天马歌》更是将马神化:

天马歌

唐·李白

天马来出月支窟,背为虎文龙翼骨。嘶青云,振绿发,兰筋权奇走灭没。

腾昆仑,历西极,四足无一蹶。鸡鸣刷燕晡秣越,神行电迈蹑慌惚。

天马呼,飞龙趋,目明长庚臆双凫。尾如流星首渴乌,口喷红光汗沟朱。

曾陪时龙蹑天衢,羁金络月照皇都。逸气棱棱凌九区,白璧如山谁敢沽。

回头笑紫燕,但觉尔辈愚。天马奔,恋君轩,駷跃惊矫浮云翻。

万里足踯躅,遥瞻阊阖门。不逢寒风子,谁采逸景孙。

白云在青天,丘陵远崔嵬。盐车上峻坂,倒行逆施畏日晚。

伯乐翦拂中道遗,少尽其力老弃之。愿逢田子方,恻然为我悲。

虽有玉山禾,不能疗苦饥。严霜五月凋桂枝,伏枥衔冤摧两眉。

请君赎献穆天子,犹堪弄影舞瑶池。

唐朝文人描绘、称赞马的人非常多,他们从各自的立场和角度,把马赞为天马、宝马、神马,对马的咏颂为后人留下很多宝贵的财富。

二、有关马的小说故事及精神寄托

古代文献记载了许多发人深省的小说寓言、历史故事、哲理故事。

《搜神记·马毅成》中记载:秦时,人们曾在五周寨里筑城来防备胡人。奇怪的是,每次城将筑成,即崩塌。一日,人们看见有匹马反复围着一个圈

---

[1]　袁珂:《山海经校注》,巴蜀书社,1993。

子打转,当地父老从中悟出了什么,就依照马跑的蹄印筑城。结果,城筑好后不再坍塌。于是,人们就把这座城命名为"马邑",其古城在今山西省朔州市。

我国先秦古籍《山海经》记载了一个"马皮蚕女"的故事:一位武将出征时把女儿和白马留在家中,少女盼父而不归,对白马说,"若你能接父亲归,我便嫁给你"。白马听罢长鸣一声,脱缰而去,奔至武将身前,望着家乡方向驻足不前。武将料想肯定家中出了事,便连夜赶回。少女很开心,却并未履行自己对马的承诺,白马非常伤心,以绝食抗议。武将问明缘由,便将白马射死还剥下了马皮。一日,少女与邻家女孩玩耍时踏着马皮说:"你这畜生想娶人为妻,才落得这个下场。"话音未落,马皮蹶然而起将少女裹挟而去。数日后,人们发现白马和少女同住一棵树上,已化为蚕。

还有关于大家熟知的《西游记》中白龙马的来历也有一段故事:原来它是西海龙王的三太子,因放火烧了殿上的明珠而触犯了天条被关在鹰愁涧,唐僧师徒经过时,三太子把唐僧骑的白马吃了,孙悟空和他大战起来。观音菩萨现身调解,让三太子拜唐僧为师保护唐僧取经,并把他变为白马。取经路上,白龙马不辞辛苦、任劳任怨,在关键时刻能够挺身而出,为唐僧取得真经立下了汗马功劳,得到如来佛称赞,于是封它为"八部天龙马"。

以上故事中的马都不是我们现实中的马,而是图腾崇拜的时代将马神化的表现,很多当代作家也有对马的描述与赞叹。台湾作家三毛在《送你一匹马》中写道:"马代表着许多深远的意义和境界,马的形体交织着雄壮、神秘又同时清朗的生命之极。每想起一匹马,那份激越的狂喜,是没有另一种情怀可以取代的。"韩少华在《马赋》中写出了马的独特之处:"马,眼睛大而目力强,耳朵竖而听觉远,且颈项高而视野和耳域均开阔,虽埋头啮草仍可觉察风险。其记忆力尤其厉害。如牧人言语和骑士号角,均一闻而终生不忘;或迟或驻,令不虚发。至若昔年,也尽可不鞭而返。"

很多成语本身就是一个关于马的动人故事:

老马识途(一)

汉代时,上党人鲍宣字子都,担任上计掾的官职。有一天他到京都去,路上遇到一个患急病(心痛病)的年轻书生。鲍子都懂得一些医术,就急忙抢救,为他按摩,但由于书生病重,没有救活。书生死后,鲍子都看到书生的口袋里有一册兵书和十个金饼,他便卖了一个金饼,用所卖的钱将书生安葬了,并将剩下的九个金饼枕于书生的头下,兵书放到书生的肚子旁边。对他哭祭一番之后,鲍子都说:"假如你的亡魂有灵,就应该让你家里知道,你埋在这里。我现在肩负着使命,不能够在这里久留。"说完告辞,赶路而去。鲍子都到了京城,发现有一匹青白色的骏马总是跟随在他的后面,旁人都不能够靠拢这匹马,唯有鲍子都能够接近它。鲍子都见它无人喂养,就收养了这匹马。鲍子都办完事,离开京城回家时,便骑着这匹青白色的骏马,不料,走着走着迷了路,看见一家关内侯的住宅,因天色黑了下来,便前往投宿。见到了这家的主人后,鲍子都就让自己的奴仆递上名帖。

关内侯家的佣人出门时,看见了跟着鲍子都来的这匹马,立即进来报告关内侯说:"这个从外面来的客人,骑的是我们家以前丢失的那匹马。"关内侯说:"鲍子都是上党郡很有名望的人,这事一定另有原委,不可乱说。"关内侯于是向鲍子都问道:"你是怎样得到这匹马的?它是我家过去无缘无故丢失的。"鲍子都说:"我去年到京城去办事的时候,遇到一个书生,突然死在路上……"他详细地向关内侯叙述了那件事后,关内侯惊愕地说:"那个书生正是我的儿子啊!"关内侯接回儿子的灵柩,打开棺木,看见金子和兵书都像鲍子都所说的那样还存放在棺内。于是,关内侯全家上朝,向皇帝禀报了鲍子都的仁义之举,并荐举了鲍子都。鲍子都的名声从此四处传扬。从鲍子都开始,到儿子鲍永、孙子鲍昱,先后都官拜司隶之职。后来,鲍永和鲍昱还被封为国公。他们祖孙三人都喜欢骑那匹青白色的骏马,所以,京城有歌谣唱道:"鲍氏骑马名青骢,三人作司隶,两人封国公,马儿虽然已衰老,但祖孙仕路端正,官运亨通!"(出自《列传奇》)

老马识途(二)

韩非子《说林子》:春秋时期,有一次,齐桓公带兵攻打戎国,很快就取得了胜利。山戎国王逃到了孤竹国,齐桓公紧追不放,迅速向孤竹国进军。齐军进入了孤竹国的卢龙(今河北省喜峰口附近)和朝阳(今内蒙古自治区希拉木伦河以南)一带,很快就打垮了孤竹国的军队,孤竹国君只好退位。齐桓公取消了孤竹国的诸侯称号,带着大军兴高采烈地回国。没想到的事情发生了,齐军走着走着迷了路。因为出征时正是春暖花开的季节,而如今已是北风呼啸的寒冬,来时还有茂密的树林,现在却是枯枝败叶,来时是遍地的鲜花,现在全是茫茫的白雪,故来时道路上任何痕迹也找不到了。齐国的军队找不到向导,虽然派出多批探子去探路,但仍然弄不清楚该从哪里走出山谷,被困在山里。时间一长,军队的给养不足,再不找到出路,大军就会困死在这里,处境十分困难。在这紧要关头,大臣管仲想出了一个办法。他让士兵选出几十匹从齐国出征时带来的老马,集中在一起,让骑手们不去驾驭它们,让马匹在前边带路,大军紧紧地跟在这些马匹后面行进。终于奇迹出现了,这群老马为齐军找到了返回的方向,把他们带回了齐国。

仲乐相马

伯乐的弟弟仲乐是个读书人,诗词歌赋无所不通,但对相马之术一窍不通。哥哥伯乐相马出了名,每天出席相马大赛,应酬多,很少在家。家中求其相马的人很多,仲乐很是烦恼。一天,伯乐不在,仲乐正牵驴要出行,一人前来求相马,心想:同室弟兄耳濡目染,人常说"不分伯仲,然也",他也一定是星级相师。不容分说,夺过驴就把马的缰绳送到仲乐手中,仲乐推脱再三也不行。马在仲乐拉扯下,连蹦带跳,仲乐急得满头大汗,连说:"不好!不好!"来人大惊,问其由。仲乐说:"我牵驴优哉游哉,可助诗兴;牵你的马,心惊胆跳。"来人一听笑了:"我说嘛,二公子不在伯乐之下,谦让谦让,用话暗示我,看你震惊的眼神,就明白了此马非凡马。"于是拿出重金相谢,骑马便走。

指鹿为马

司马迁《史记·秦始皇本纪》:秦朝末年,秦二世政治腐败,丞相赵高图谋篡夺皇位,又担心大臣们不服从他的指挥,迟迟不敢行动,于是设法事先进行试探,了解众臣对他的态度。一天,在大臣们上朝时,他把一只鹿献给秦二世,并对秦二世说:"献给您一匹马,请您笑纳。"秦二世一看,大笑着说道:"丞相弄错了吧?明明是鹿,你怎么说是马呢?"他转身问身边大臣们:

"赵高献的是鹿还是马？"许多大臣都惧怕赵高，有的沉默不语；有的说是马，以阿谀奉承讨好赵高；只有少数忠于秦二世的人坚持说是鹿。经过这件事后，赵高分清了敌友，就在暗中把不服从自己的人杀掉。此后，人们就用指鹿为马比喻颠倒黑白、混淆是非。

心不在马

韩非子《喻老》：晋国的赵襄王向驾车能手王子期学习驾车技术。学习一段时间后，相约进行一次赛马。赵襄王一心想赢王子期，几次换马还是被王子期落在后边，有点不快，认为王子期没有把真本事教给他。王子期解释说："我已把驾车的技术都教授完毕，是赵襄王运用不正确！驾车时不仅要使马的身体安于驾车，驾车人的精神也要集中于马，马的步伐协调才可以加快速度，跑得更快更远，到达目的地。比赛时，赵襄王落后时就一心想赶上去，跑在前面时又怕被追上、被超过。比赛中不管是跑在前面，还是掉在后面，他都把心思用在对手身上，而没有心思去协调马，这才是落后的根本原因。"这个故事告诉我们：做任何事情都应心无旁骛，如果不专心致志而只考虑个人利害得失，就会事与愿违。

塞翁失马，焉知非福

从前，有位老人住在与胡人相邻的边塞地区，往来的过客都尊称他为"塞翁"。塞翁是一位与众不同、生性达观的人。有一天，他家的马在放牧时迷了路，跑到北边去了。邻居们怕他难过，纷纷前来安慰他。可是塞翁却不以为然，他说："丢掉了马，当然是件坏事，然而为什么不能变成好事呢？"果然，没过多久，那匹迷途的老马不仅从塞外归来，还带回了一匹胡人骑的骏马。于是，善良的邻居们又来恭贺塞翁。然而塞翁却忧心忡忡地说："唉，谁知道这件事会不会给我带来灾祸呢？"塞翁的儿子见家里平添了一匹胡人骑的骏马，喜不自禁，于是天天骑马出去玩耍。有一天，儿子从飞驰的马背上跌下来，摔断了一条腿。邻居们又赶紧前来慰问塞翁，塞翁还是那句老话："这为什么就不能变成一件好事呢？"第二年，胡人大举入侵中原，身强力壮的青年都被征去当兵上战场，塞翁的儿子因为跌断了腿，没有服兵役，很多青年都在战场上牺牲了，而他们父子俩侥幸生存下来。"塞翁失马，焉知祸

福"告诉了人们好事与坏事都不是绝对的,在一定条件下,坏事可以引出好的结果,好事也可能会导致坏的结果。

非驴非马

汉宣帝时,西域有几十个小国,其中有个龟兹国国王绛宾,多次访问汉朝,曾在长安住过一年,受到汉朝文武百官的热情款待。绛宾十分喜欢长安城中雄伟壮丽的宫殿,大臣、宫妃们华丽的服饰,欣赏庄严隆重的朝廷礼仪。他回国后,积极推崇汉朝的宫廷文化,仿照长安皇宫的样子建造了一座宫殿,宫中的器物陈设也极力模仿汉朝皇宫的样子,还命令大臣和嫔妃们一律改穿汉朝的服饰。人们都觉得很可笑,便互相议论说:"绛宾搞的一套,像马不是马,像驴又不像驴,就好像驴、马杂交生出来的骡子,不伦不类。"

一顾十倍

《战国策·燕策二》:在伯乐相马那个年代,有个想卖骏马的人把马牵到集市上,一连三个早晨都没有人买,因为这匹马很普通,并不是匹骏马。卖马人苦思良久,想了一个奇妙的办法。他去求助伯乐,说明自己的来意,并把自己的想法告诉伯乐,请伯乐到集市上帮忙绕着马仔细看一看,离开时再回过来瞧一瞧,然后付给伯乐钱。伯乐答应了。第二天,伯乐来到市面上,绕着那匹马认真地看了又看,离开时又回过头来瞧了瞧。于是,这匹马的身价一下就提高了十倍。可见,古时候就有了名人效应。

三、我国三大英雄史诗中的马

说到马,人们自然就会联想到马背民族。研究马背民族的文学艺术,就不能不提及民间流传广泛的我国少数民族的三大英雄史诗,即已被收入第一批国家级非物质文化遗产名录的蒙古族英雄史诗《江格尔》、藏族民间说唱体长篇英雄史诗《格萨尔》和柯尔克孜族传记性史诗《玛纳斯》,这些英雄史诗中包含了极其丰富的北方草原游牧民族极具特色的马文化。

(一)《江格尔》中的蒙古族马文化

《江格尔》产生于蒙古社会还不发达的氏族社会末期至奴隶社会初期阶

段,是在我国北方草原广大蒙古族同胞中传唱的我国三大英雄史诗之一,被中外学者誉为"蒙古民族史诗发展的顶峰"。《江格尔》是 13 世纪由土尔扈特部蒙古人集体口头创作的说唱叙事诗,现有口头流传和手抄本,属抢救挖掘的民族传统艺术之一,系中华民族灿烂文化中的瑰宝。主要流传在西部蒙古族的生活区域,特别是生活在新疆一带的卫拉特蒙古部族几乎家喻户晓。这一世代以说唱形式流传的民间文学巨著,从 19 世纪初开始陆陆续续被整理成文字,以多种书面形式流传到国内外。资料显示,《江格尔》在欧洲最先是以德文面世的。最早搜集出版向欧洲介绍这部史诗的是俄国人贝克曼。贝克曼从卡尔梅克人中采录到一些关于江格尔的个别片断,然后将收录到的东西译为德文发表出来。后来,俄国学者阿·鲍波洛夫尼科夫于用俄文发表了《江格尔》的另外部分内容。克·郭尔斯顿斯基和弗·科特维茨先后用托忒蒙古文刊印了《江格尔》十余部。阿·科契克夫把先后在俄国、苏联记录的作品在莫斯科出版。国外还有日本、乌克兰、白俄罗斯、格鲁吉亚、阿塞拜疆、哈萨克、爱沙尼亚、图瓦等多种文字的部分译文。蒙古国也有收入蒙古国境内记录的片段出版的《史诗江格尔》和《名扬四海的英雄洪古尔》。研究《江格尔》已成为一门世界性的学科,在英、美、法、芬兰等国家也有江格尔的研究著作。

《江格尔》中的马不同于我们生活中的马,而是蒙古族先民理想中的马,是集神性、人性、动物性于一身,融智慧、力量与健美于一体的龙马艺术形象。比如主人公小洪格尔的火焰金驹就是经母马三年空胎、三年怀胎、三年离群后在大海彼岸生出的,这种超时怀胎的记录很多,甚至有母马空胎二十年、怀胎二十年、离群二十年后生出小马驹的记载。这种产驹于海水的意象,是将龙马的神话传说结合到了一起。史诗中英雄外出自然少不了骏马,对英雄坐骑的描述充满了神话色彩,都具有穿山跨谷、疾驰如飞的本领。"额鬃嬉戏着太阳和月亮,四蹄嬉戏着无边的大地",骏马在天地间驰骋,能把高山驮走、能把大地跑完的极为夸张的飞腾状态与有翅的天马无异。

《江格尔》中的马还被赋予了人性:会说话。马不仅具备,甚至拥有超出于人的智慧与情感,而且,马从动物性升格为人性神性,从而成为英雄的伙伴、人类的朋友。更有意思的是,马与马之间的爱恨情仇也被描绘得生动而有趣。比如,马将主人朋友的坐骑视为马友,主人们欢聚在一起时,马儿们也会"一个枕着一个脖颈,轻轻地吻咬着对方",和人一样表达着喜悦爱慕之情;而对于敌人的坐骑,则也怀着仇恨的情绪,也会彼此撕咬上阵厮杀,绝不会坐视主人之战而不理。

更令人惊叹的是,马儿们非常重视彼此之间的伦理亲情。中国民间文艺家协会会员、新疆维吾尔自治区文联的张越讲过这样一个故事:一次战斗中,英雄洪古尔杀死了敌方首领,带着其首级返回途中遇到强敌,洪古尔的坐骑青色白额马说杀了敌人或者他的坐骑才能摆脱追杀,只是当白额马看向敌人的坐骑时,发现那竟是自己同乳兄弟红沙马,于是急忙劝说兄弟不要追杀,红沙马感念手足之情不再追赶,放白额马远去。马将亲情放在了主人的爱恨情仇之上,避免了两个主人的相互厮杀,被称为富有人情味的义马。

《江格尔》中对马的神性的描述体现在两个方面:一是能够根据作战需要改变身形。主人为不引起敌人警觉将自己变成小儿时,坐骑会配合主人变成一匹瘦弱可怜的小癞马;主人变成大雁高飞时,坐骑会变成天鹅与主人齐飞;主人遇庞大无比的怪物公狗时,坐骑会变成母狗引诱公狗使主人有机会斩杀怪狗。当然,敌将的坐骑也会变。敌人一将领被洪古尔斩杀后,其坐骑化为一只凶猛的大雕抓起主人的尸体腾空飞去……马的神性的另一个方面表现在马的超凡特异的感知功能,其能感知远方的敌情动态,让主人做好应对的准备。在此,不想论证马是神是人是龙是马,史诗中将马视为英雄的天生伴侣、与主人同生共死的亲密战友,告诉人们,自古英雄配骏马,骏马早已成为马背民族的精神与寄托。

草原人用小马驹来亲切地称呼孩子,把最爱的人比喻成骏马是极其普遍的事。甚至还把生活中一些现象也用马来比喻,比如:事情做对了就认为"马缰拉顺了方向",事情做错了就认为是"马蹄踏错了方向",朋友结拜盟誓,"愿作马缰相连的伴当"……草原人对马的感情有时甚至达到令其他民族难以理解和想象的程度,如:牧民会把两岁马的粪便视为吉祥昌盛的象征,挂在蒙古包内壁,可见,爱马情感的极致就是对马的尊崇与神化。多产的母马和长寿的种公马都会被看作功臣,得到特殊的待遇,死后会被主人像对待家人一样进行土葬。牧民会为立过战功的马举行一定的仪式,称为"祀奉马"。这种情感会渗透到一种极富民族特色且最能表达牧民情感的文化艺术当中。千百年来,深情诉说的马头琴,高亢嘹亮的长调,万马奔腾的歌舞,栩栩如生的画作、惟妙惟肖的雕塑……马是游牧民族永恒的母题,有着诉不尽道不完的故事。人马同生现象是蒙古族马文化中特有的,是英雄情结与爱马情结融合升华并理想化、神圣化的结果。

黑格尔在《美学》中谈论史诗时曾经说过,战争是史诗最合适的场所。没有残酷的征战,英雄的业绩和勇敢的冒险便很难产生。如果没有骏马形象,蒙古民族也很难产生真正的史诗。[1]

(二)《格萨尔》中的藏族马文化

《格萨尔》史诗也称《格萨尔王传》,是古代藏族氏族社会开始瓦解、奴隶制逐渐形成,吐蕃王朝建立之后得到进一步发展,奴隶制向封建农奴制过渡的历史时期得到广泛流传并日臻完善和成熟的民间说唱体长篇英雄史诗。它由西藏人民集体创作,记录了西藏在吐蕃王朝等时期的历史兴衰及生活于雪域高原的藏族人民之智慧与口传艺术,代表了藏族的民间文化,也是藏族古代神话、传说、诗歌和谚语等民间文学的总和。史诗讲述了传说中的岭国国王格萨尔的故事:很久很久以前,天灾人祸遍及藏区,黎民百姓遭受荼毒。观世音菩萨为了普度众生,请求阿弥陀佛派天神之子下凡降魔。天神之子即格萨尔王。格萨尔被赋予特殊的品格和非凡的才能,成为半人半神的英雄,他为民除害,造福百姓。《格萨尔》是世界上迄今发现的史诗中演唱篇幅最长的英雄史诗,是草原游牧文化的结晶,在藏族古代神话、传说、诗歌和谚语等民间文学的基础上产生和发展起来,代表着古代藏族、蒙古族民间文化与口头叙事艺术的最高成就;同时也是一部形象化的古代藏族历史,展现了其时其地的原始社会的形态。该史诗传播范围遍及西藏、四川、青海、

---

[1] 巴·布林贝赫、乔津:《蒙古英雄史诗中马文化及马形象的整一性》,《民族文学研究》,1992年第4期。

甘肃、内蒙古等地,在各民族文化发展历史上产生了深远的影响,还流传到了蒙古国、俄罗斯的一些地区以及印度、巴基斯坦、尼泊尔、不丹等国家。《格萨尔》在国际学术界有"东方的荷马史诗"之美誉,被称为了解藏族文化的桥梁。

史诗中勇猛与智慧的化身——英雄格萨尔是通过长距离赛马获得胜利被拥戴为王的,所以英雄与战马一开始就被紧紧地连在了一起。据《格萨尔·赛马称王》中记述:格萨尔13岁时参加岭国举办的赛马会,赛事规定按照赛马最终的名次来确定国王,格萨尔在赛马中夺得冠军。"格萨尔王式"赛马与现今的平地赛事不同,比赛是在布满沟壑河塘、崎岖的弯路上进行的,骑手和赛马都需要具备顽强的毅力、高超的技术,以克服重重困难,到达山顶的终点。经过这样严格的考验才能胜任保护部落安全的重任。因为那时部落间战争频繁,需要智勇双全的人带领大家作战。

史诗中的马文化与藏族人民的信仰紧密结合在一起。他们认为马的住处在天上,甚至认为马是天地所生之子,"父亲天空雷声隆隆,母亲大地闪电弯弯,儿子骏马是雪山的精华"。在格萨尔王居住的宫殿、藏族居民建筑及逝者陵墓都会看见象征运气的风马幡,马位居幡的正中,作为战神的格萨尔便是风马幡中央的马——骑马的勇士。风马以五方神或五行观念布局。藏族人民的信仰中,马可以带灵魂进入天堂,因此有为死者献祭马和《祭马经》的习俗。藏式风马图案有两种寓意,其中一种便是变换形式的阴阳太极图,中央的马预示阴阳的结果。

藏族与马和蒙古族与马的关系看上去似乎一样,都是一种兄弟般的同盟关系,但不同的是,藏民与马可以融为一体,看上去更像一个统一的符号——"骑者"。格萨尔王与他的神马在身份上互换是比较常见的,事实上,史诗中描绘的格萨尔整个家族与马之间都存在着一种可以互换的神秘关系。护佑格萨尔和他叔叔的神灵都是马头明王,叔侄的对立关系并未妨碍他们整个家族与马的关系。格萨尔王的化身是一匹枣红色神马,速度如飞,无所不知,被称为"云马"或"宝马",风马幡中就有一匹有双翅的宝马。藏民每年祭祀山神时,代表战神的风马是必不可少的。因此有学者研究认为,风马祭实际上祭祀的是战神、军神、兵器之神——格萨尔王本人。

《格萨尔》中还记载了关于马球的传说(在马球一节中已经介绍),上至官员、下至百姓都对传说感兴趣,于是,马球运动推广开来并成为人们所喜爱的一项运动。比赛时,用鼓和笛子演奏专门的乐曲。如今依然盛行的马球运动足以说明格萨尔时期产生的马球运动之影响力的深远。

(三)《玛纳斯》中的柯尔克孜族马文化

史诗《玛纳斯》是柯尔克孜族民间文学的优秀代表作品,千百年来,一直以口耳承传的方式讲述着英雄玛纳斯及其七代子孙前仆后继、率领柯尔克孜人民与外来侵略者和各种邪恶势力进行斗争的事迹。相传《玛纳斯》的创作并非来自诗人的灵感,当地人认为来自神授,演唱者往往在一梦醒来后突然间获得背诵百万行史诗的能力,这点常常不为外族人所信,只有柯尔克孜人民深信不疑。

《玛纳斯》中蕴含着柯尔克孜族古老丰富的马文化,史诗对驯马、赛马、相马及各种比赛进行了传唱。古老的柯尔克孜人对马的观察和了解极为细微,因此产生了许多相马的高手,这些高手见到骏马便能说出这匹马所具备的所有特质,每逢节庆、婚礼或者祭典,他们都会相出好马举行赛马活动。通过赛马训练人的骑术,培养人的胆识,因此,马成为衡量骑手综合能力的标准。因为,英雄只有在马背上才能展示本领。史诗中关于马的词汇非常丰富,对马的英姿、神态、性情、神力都有生动的描绘,并对马倾注了大量的感情,因为在他们看来,马是通人性的,是人类的朋友。每位英雄和自己的坐骑之间都有一些感人的故事。史诗《玛纳斯》中,马无时不在,所以有人说,没有马就没有《玛纳斯》史诗。

上述三大英雄史诗都是以拟人化的手法将马人格化,赋予马以人的生命灵性,同时还赋予马神的力量,这种对马的极度崇拜是游牧民族共有的特征。相同或近似的生活方式与情感基础在这些游牧民族中转化为共同的心里积淀,在各自的文明传承中逐渐得到强化,渗透在各个方面。马是草原英雄的知己,是超自然力量的化身。

四、民间传说中的人马情

我国不同民族在不同时期流传着很多动人的人马情传说,表达了人们对马的热爱和某种精神的寄托。民间故事是劳动人民创作并传播的,多是虚构的,从远古时代起就在人们口头流传,其从生活本身出发,但又并不局限于现实生活以及人们认为的合理范围之内,往往包含着自然的、异想天开的成分。

(一)赛马的由来

古老的岁月里,有一对恩爱的苗族夫妻年过六十仍没有儿女。丈夫叫叫告冬,妻子叫务姆,每当他们想到自己老来无靠,就会伤心地落泪。一天,他们去山上干活,忽然从山后传来"阿爸阿妈,带我回家"的叫声。告冬和务姆循着声音去寻找,原来是一个土碗大的癞蛤蟆蹲在岩石上呱呱地叫。老两口见它通人性,就怜悯地把它抱回家。晚上,他们把癞蛤蟆暖在脚头睡,白天又把它放在火塘边。烧好茶会倒一碗给它,煮好饭也要先盛一碗喂它。时间长了,他们就和癞蛤蟆产生了骨肉之情。告冬也想像别人那样有了孩子就为后代修房造屋,于是他到深山烧木炭,然后挑进城去卖钱。谁知在回来的路上遇到一伙赌徒,赌徒见他荷包里鼓鼓囊囊的钱,就连推带拉把告冬骗进了赌场,结果告冬的血汗钱全输光了,还被赌徒押起来做人质。务姆得知后哭成个泪人。癞蛤蟆说它有办法救出阿爸。它让务姆准备一贯钱,用红布包好,再煮半升米的糯米饭,用菜叶包好,捆在它背上。天刚黑,癞蛤蟆背着钱和糯米饭,呱呱叫着跳到了山脚下。山脚有个独家村,它去敲门借宿。独家村住着七姐妹。开门后,七个姑娘一见是癞蛤蟆借宿,六个姐姐都嗤笑着不搭理,只有好心的七妹答应让它住下来,还把它安排在火塘边过夜。半夜北风呼啸,七妹披衣起来准备去火塘加炭,谁知一推门,看见火塘边银光闪闪,有一个翩翩美少年正对着火塘出神。七妹走过去,美少年又变成了癞蛤蟆蹲在火塘边。七妹把火加得旺旺的,回到自己屋里想着所看到的一切,一夜无眠。第二天一早,癞蛤蟆告别七妹来到通往城里的大路上,果然见到一大群赌徒正围着赌场捧着元宝押赌。癞蛤蟆仔细地研究了元宝,发现了赌棍们弄虚作假欺骗告冬的秘密。它当众揭穿赌徒的行为,赌棍们只好放出告冬,逃走了。

　　癞蛤蟆和告冬回到家里。从此,老两口更加疼爱他们的"孩子"癞蛤蟆。有一天,癞蛤蟆对阿爸阿妈说想娶个媳妇,二老吃惊:"谁肯嫁给你呢?"癞蛤蟆告诉父母阴山脚下独家村有个好心的姑娘一定肯嫁。于是告冬和务姆准备了一只红公鸡、一坛红薯酒、一包糯米饭托人去提亲。媒人说明来意,六个姐妹都躲开了,而七妹想到火塘边出现的美少年就一口答应了,高高兴兴地跟着媒人上了门。从此,告冬一家人过得更加和睦幸福。但是家里却常常发生一些稀奇的事,比如:春天来了,告冬带着全家上山去挖地,结果发现新翻的泥土平平整整,不知是谁帮的忙;桐子花开了,告冬备足肥料准备去播种,可到田里一看,两块田里已长出了绿油油的秧苗;秋收后,告冬准备上山打柴,却见厨房堆满了一挑挑干柴……到底是谁干的,他们不知道。原来,他们收养的"孩子"癞蛤蟆在一千年前是地公的小儿子,他见天上九个太阳晒得地皮焦裂,就拉开弓箭连射下八个,只剩一个凌空高照,使万物生长。但此事触怒了天公,天公将它变成了癞蛤蟆压在苗岭岗下,要一千年后才能出来变回原形。到九百九十七年的时候,山洪暴发,冲垮了苗岭岗,癞蛤蟆重见天日,去给告冬当了儿子,给七妹当了丈夫。一晃两年过去了,再过一年它就可以变回人形了。所以在此之前,它只能在夜深人静时去帮告冬干活。过年了,九山十八寨的苗家都聚集在清江河石坝,跳起欢乐的芦笙舞。告冬和务姆也带上七妹去看热闹,忽然,一股旋风卷来一个翩翩美少年,他一袭白衣,骑着红鬃烈马跑了一圈不见了,众人惊叹不已,只有七妹明白,这是那晚她在火塘边看到的后生。第二天,当人们跳舞跳得正起劲时,又是旋风卷地,一匹红鬃烈马及一个白衣的美少年围场跑了两圈飞驰而去。第三天清晨,七妹照样收拾打扮好跟着父母去芦笙堂,走到半路想起把银耳环忘了在镜子边,于是她让父母先走,自己回去取了耳环再来。七妹回到家里,从窗口望见癞蛤蟆正脱下外皮藏于屋檐下,然后变成一个白衣美少年骑着烈马飞驰而去。七妹用竹竿从屋檐下戳出癫蛤蟆皮,生气地把这张害她守了三百六十四天寡的鬼皮丢进火塘烧了。白衣美少年正围着芦笙堂飞跑时突然浑身发热,心火燎喉,急忙掉转马头直奔家里火塘而去。他看到那张皮已烧成了灰。七妹惊喜地上去迎接丈夫,哪知丈夫长叹一声说出了癫蛤蟆皮的由来,最后拉着七妹的手说:"只要把今天熬过去,我就可以永返人形,与你相亲相爱过日子,一同服侍双亲了,而现在皮被烧,一切都来不及了。"说完,美少年七孔流血,倒在火塘边死去。七妹哭得惊天动地,告冬和务姆得知儿子的身世后也哭得江河倒流;九山十八寨的苗家人围拢而来,得知地公小儿子的身世和死因,也哭得翻江倒海。为了纪念地公之子,以后,苗家后生都扬鞭骑马,围着芦笙堂飞驰,这就是苗家一年一度赛马节的由来。(原载《南风》1981 年第 4 期)

在草原、在军营、在游牧民族的日常生活中,随处都流传着牧人与马的感人故事,有的是民间传说,更多的是发生在现实生活中真实而又感人的故事,是牧人与马共同创造的游牧马文化。

(二)枣骝马的故事

这是一位八十多岁的老战士讲述的 1950 年伊吾保卫战中真实的故事。

在保卫伊吾四十天的战斗中,中国人民解放军六军十六师四十六团二连炮班坚守北山碉堡三十五天。北山是伊吾县城的制高点,居高临下,地理位置非常重要。守住北山,就能保住伊吾城。当时最大的困难就是缺少饮水。北山山势险峻、道路崎岖,又是敌我双方争夺的焦点。保证坚守北山碉堡战士的饮水供应,是取得保卫战胜利的关键。开始,连里派机枪手吴小牛用军用水壶送水,因遭小股叛匪袭击,加之山高路陡,无法完成供水任务。后来又专门做了木桶,由补给站派人用骆驼、马匹驮水。结果,骆驼目标大,被叛匪发现,先后被打死,通道被封锁。北山主峰战士的饮水供应链被完全切断,形势非常严峻。二连决定由吴小牛牵一匹枣骝战马完成这一危险任务。枣骝马通人性,当叛匪袭击时,它亦随吴小牛就地卧倒;当北山右侧主峰战士们开火压制敌人火力时,吴小牛轻轻拍一下枣骝马,它便跟着主人以

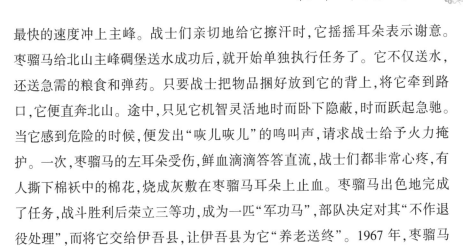

最快的速度冲上主峰。战士们亲切地给它擦汗时,它摇摇耳朵表示谢意。
枣骝马给北山主峰碉堡送水成功后,就开始单独执行任务了。它不仅送水,
还送急需的粮食和弹药。只要战士把物品捆好放到它的背上,将它牵到路
口,它便直奔北山。途中,只见它机智灵活地时而卧下隐蔽,时而跃起急驰。
当它感到危险的时候,便发出"咴儿咴儿"的鸣叫声,请求战士给予火力掩
护。一次,枣骝马的左耳朵受伤,鲜血滴滴答答直流,战士们都非常心疼,有
人撕下棉袄中的棉花,烧成灰敷在枣骝马耳朵上止血。枣骝马出色地完成
了任务,战斗胜利后荣立三等功,成为一匹"军功马",部队决定对其"不作退
役处理",而将它交给伊吾县,让伊吾县为它"养老送终"。1967 年,枣骝马
因衰老而死亡,当地军民为它举行了隆重的安葬仪式。1988 年 8 月 1 日,伊
吾县为纪念这匹军功马,在县城西边的圆盘山上建起一座大理石军功马雕
像,让后人永远铭记它的功劳。

(三)马与主人的故事

蒙古族传奇英雄嘎达梅林在与军阀和王爷军队的激战中被冷枪击中,
不幸落马,在敌军即将追上的千钧一发之际,他的战马用嘴咬住主人的衣服
把主人拖到河畔的密林里隐藏起来,使得主人嘎达梅林死里逃生。

蒙古族作家尹湛纳希在一次回家的途中不慎落马,昏迷时有两条狼扑
过来,他的马立即肩负起保护主人的重任,高昂四蹄,甩起鬃尾,与两条恶狼
展开殊死搏斗。两条狡猾的狼轮番作战,尹湛纳希的马沉着应对,寸步不离
主人身边,为其抵挡狼的攻击。

抗美援朝时期发生了这样一件真实的事。蒙古国曾经挑选五匹好马支
援越南抗美。五匹马从乌兰巴托出发,乘汽车转火车一路颠簸到达越南。
可第二天早上,人们发现少了一匹马,谁也没注意这匹马去了哪里。半年之
后的一个早晨,在乌兰巴托市郊牧场,主人发现一匹像野马一样的马在牧场
的旁边徘徊,想进来却又不敢的样子。经验丰富的牧马人即使有几百匹马,
只要是他的马,每一匹他都能认得。主人走到那匹马前仔细一看,认出这是
半年前送到前线去支援越南的那匹好马,惊喜得泪流满面。有研究者曾经

说,蒙古马一般会在出发前抬起蹄子对着家乡嘶鸣,眼望星象,这样就不会走不回来。但是,这匹被送往越南的蒙古马是用卡车、火车运到目的地的,它是怎么回来的?翻过多少山?跨过多少条河?实在令人难以想象。主人欣喜异常,大宴宾客,告诉所有邻居亲友,他的马从遥远的越南找回了家乡,并宣布从此以后任何人不准骑它,不能让它做任何劳务,只希望它永远在家乡的草原上自由自在地生活。有经验的牧人说,可能是北方的风、北方的气息引着马找到回家的路的,马嗅觉灵敏闻得出来。所以"胡马依北风,越鸟巢南枝"在20世纪仍有证明。

古印度流传这样一个故事。古印度的一个国家,一匹战马都没有,国王为此事很是担忧,生怕邻国强大的兵马攻来时无力阻挡。于是国王决定重金买马。很快,大臣们买来了五百匹高头大马,国王派专人对五百匹骏马进行训练。邻国的人得知此事,不战而退,甚至与其建立邦交,互派使节,表现出前所未有的友好,国王因此而非常得意,以为从此可高枕无忧了。和平的日子持续了几年,因为养五百匹马的费用很高,国王想出了一个节省开支、增加收入的办法,他认为敌兵已退,战马不用随军作战了,下令将五百匹马送去磨坊,用于生产劳作,日后若有作战需要,把马收回即可。于是,五百匹战马被分给国民役使推磨。不久,邻国再次派兵侵犯,国王急忙收回战马,亲自迎战。他看着自己强壮的兵马信心百倍,相信一定会大获全胜。很快,两军交锋,展开了激烈的战斗,国王的五百匹战马因习惯了旋转拉磨,在战场上一直转圈,骑在马上的将士用力抽打,越抽打,马旋转的速度越快,兵马于是乱作一团。邻国的军队见状,横杀直刺,把国王的军马打得落花流水,全军覆没。

五、关于马的谚语

马鞍套在驴背上——对不上号。

马背上打电话——奇闻。

马背上钉掌——离题太远。

马槽里伸出个驴头——多一张嘴。

马儿护虎儿——没那回事。

马儿伸腿——出题。

马过竹桥——难拐弯。

马缰绳拴羊头——路子不对。

马嚼子戴一牛嘴上——胡来。

马驹子拉车——上了套。

马笼头给牛戴——生搬硬套。

马屁股上的苍蝇——瞎嗡嗡。

马散笼头——自由自在。

马上耍杂技——艺高。

马尾巴拴豆腐——提不起来。

马尾巴绷琵琶——不值一谈。

马戏团的猴子——随人耍。

马戏团的小丑——走过场。

马长犄角骡下驹——怪事一桩。

第四章

中国现代体育中的马文化

很多人常常把现代赛马和马术等同起来,对于二者有何不同不是很清楚。的确,赛马和马术有诸多相似之处,诸如都是人马组合,都需要场地和装备。但是,赛马和马术在国际上是两个相对独立的运动,也是两个相对独立的产业,二者比赛内容不同,侧重点不一样。赛马一般包括平地赛马、简单障碍赛(障碍没有严格规定)、轻驾车快步赛,比的是马的速度,一般是在规定的时间、地点和路线距离里,第一个到达终点的是冠军。而马术则讲究骑手和马之间的配合和技术,要求多且比赛马要求更高,体现在除了速度要求外还要能跨越规定的障碍,而在马背上做体操表演则更多像是马上技巧。

赛马在世界许多国家和地区,包括中国香港是博彩业的重要部分。而现代马术则起源于英国,于 16 世纪传入欧洲大陆,1900 年进入夏季奥运会成为奥林匹克大家庭的一员,也是这个大家庭中唯一一个人和动物一起参赛的项目。比赛分为盛装舞步赛、障碍赛和三日赛三项。从比赛内容看,马术是展现马和骑师的协调性、马的灵活性以及马对骑师的驯服程度。盛装舞步赛在音乐伴奏下进行,展现人与马的完美英姿,被形容为马的芭蕾表演;障碍赛展示人与马的默契;三日赛是对马和骑手综合能力的考验,也叫全能马术赛。三天比赛完成后,罚分少、时间快者获得优胜,总分最多的团队、骑师和马,将成为最终的胜利者。若是马场马术则又不同,包括障碍赛、盛装舞步和西部马术等,马场马术就好像是国标舞,是需要舞伴的。速度赛马是比马的奔跑速度、骑手驾驭马的能力的一种竞技活动。另外,赛马时骑马的人叫作骑师(jockey),马术里骑马的人叫骑手(rider)。赛马是多名选手同时出发进行同场竞技,用时最短者胜出;马术是每对人马组合依次出发。不管是赛马还是马术,都有其独特的魅力,只是形式不同。

还有两个概念要在这里作以简单区分:都是骑马的人,骑士和骑兵有何区别?提到骑士人们总会习惯性地想到骑士精神:勇敢、荣誉、谦卑、牺牲、诚实、公证……的确,骑士是一个特殊阶层,早期是指欧洲中世纪受过正规部门正式训练的骑兵,后来演变为一种荣誉称号,代表一个社会阶层。骑士的身份不是继承而来,而是通过神圣的受封仪式获得的。在欧洲,受封为骑士是一种荣耀,很多贵族都希望获得这种无上尊贵。所以,骑士可以成为贵族,但贵族不一定都能成为骑士。而骑兵,是陆军中经过长期训练能够乘马执行任务的士兵。

第一节　中国现代赛马文化

世界各国广泛开展的赛马既是一项传统的体育运动,又是古老而年轻的时尚运动,被称为"国王的运动"。以速度和力量为主的役马时代已经结束,传统马业已经走向末端,着眼于人类娱乐和健康的现代赛马以体育娱乐性、经济性、社会性及国际化的特征进入人们的生活。

一、现代赛马文化的形成与发展

现代赛马发源地是被称为"赛马王国"的英国,在英国赛马已经成为仅次于足球的第二大运动。王室是英国赛马运动最大的支持者和庇护者,赛马和育马组织中的许多重要成员都是政界要人。但现代赛马并不是英国贵族或达官显贵的专利,早已从传统贵族活动变为全国各阶层均可参与的文化娱乐和大众社交活动,拥有非常广泛的群众基础。英国有几十个各具特色的赛马场,遍布全国各地。英国的赛马场多建于郊外,不仅景色宜人,交通也极为便利。每逢赛马日,亲朋好友聚集在一起,评论马道、交流马经和信息,传授经验。投注者赢了,不论钱多钱少,都收获一份喜悦,输了权当作了一次社会慈善,为赛马场增添了许多乐趣。赛马场既是文化和情感交流的场所,也是人们精神生活、社交文化的需求之地。更为独特的是,英国的赛马场已与时装服饰文化紧密结合在一起,凡重大的赛事活动都会成为名媛女士们争奇斗艳的服装展示会,为赛马增添许多靓丽和看点。皇家马场一年一度的肯·乔治杯比赛已经成了女士礼帽的选美大赛,可见,英国的赛马文化已经与时装服饰文化融为一体,彼此密不可分。

英国的赛马在世界顶级比赛中都能取得好的成绩,原因是英国重视对马的改良和纯血马的培育。英国从12世纪开始就着手改良马匹,同时积极开展各种形式的赛马活动。这种行为一直延续到18世纪,已经具备系统的赛事规则,且纯血马的培育、以商业为目的的现代赛马基本形成,并逐渐实现专业化。英国赛马文化最具代表性的特征是始终保留着绅士风范及高雅特征。英国马业已发展成为世界级产业,没有任何一个国家像英国马业那样富有多样性和挑战性。英国有各具特色的赛马场和最先进的训练设施以及最优秀的驯马师、骑手及育马专家,有独特的英纯血马检测机构,提供、培养出了世界上高品质的英纯血马,而这些马在世界各国的赛场上都有卓越的表现。赛事管理机构骑士俱乐部的出现、相关制度的制定完善和全国范围的推广,形成了现代赛马赛事规则的雏形。

随着现代赛马的不断发展,世界各国赛马业之间的交流逐渐增多且日益频繁,需要一个国与国之间相互交流的平台,于是1961年出现了国际赛马联盟,负责统一协调成员之间的育种、赛事等系列工作。各国马业的发展各有特色,如美国的马业以休闲骑乘为特色。

法国赛马业虽然比英国起步晚,但发展速度快,是世界赛马彩票的发源地。据载,1651年法国贵族之间的赛马博彩就已出现[1]。后来,拿破仑开始推广赛马运动,法国第一个赛马促进会还在尚蒂伊建立了赛马俱乐部,迄今为止,尚蒂伊仍是世界上最著名的赛马训练场。1870年,法国创造性地发行赛马彩票,这一做法逐渐被各国赛马博彩业所采纳。法国彩票种类很多,马彩为第一大彩种。一年当中几乎每天都有赛马,法国有专门的赛马电视频道和专门的赛马日报做宣传,当然其他的电视频道和报纸也会做一定宣传和介绍。法国的博彩和其他国家略有不同——没有赛马博彩经纪人,这是法国的特色。法国是世界上著名的养马大国,主要提供障碍跳跃比赛用马,世界级大赛中法国马获胜比例居各国之首。如今,赛马成为法国人日常生活中不可或缺的一部分,已经不只是一个经济话题,天性热情喜欢热闹的

---

[1] 杨成、夏博:《现代赛马运动》,北京师范大学出版社,2017。

法国人常常在周末漫步于马场或坐在酒吧,谈谈赛马经,填填彩票,俨然成为一种现代休闲方式,成为一种时尚文化。历史悠久的赛马文化已成为法国文化的重要特色。尤其是闻名世界的最大赛马训练场、欧洲最大的马球俱乐部"法国马都"尚蒂伊,其自然风光之美丽,古城堡之魅力,世上独一无二的活马博物馆上演着精彩的马术表演等,早已成为世界各地赛马爱好者的朝圣之地。

美国是世界马业超级大国,赛马业也相当发达。每年5月第一个周六的"肯塔基德比"赛、第三周的"必利是"大赛和6月第一个周六的纽约"贝蒙"大赛组成举世闻名的"美国三冠马王大赛"。马业在美国是个独特的行业,每个州都育有马匹,43%的马用于休闲骑乘。美国的赛马场门票价格低得近似免费,赛马对于美国人来说最大的意义不是展示财富,而是满足人们的精神需要,提高人们的生活质量,因此把马与其他家畜分离开来。美国赛马之所以稳步发展且经久不衰,不仅是因为美国国力雄厚,有大量的马场和优质马匹,更主要的是美国马业的经营模式和完整的马产业链。美国人将育种、饲养和调教工作多安排在村庄辽阔的牧场进行,拥有离开农业但不离开农场土地和马匹的富有阶级的马主群体,所以绝大部分的工作岗位位于城市之外。而竞技比赛、表演展示或其他一些相关活动则在大城市中举行,城市和乡村都有健全的体育活动和休闲娱乐习惯及相应的市场。产业链还包括生产马粮、马药、马鞍具饰品的行业,马匹保健医疗机构,同时拥有马教育、马科学、马艺术及新闻媒体宣传出版等文化产业,尤其是很多高等院校设有与马相关的专业培育专业人才。所以,赛马文化在美国根深蒂固且高度普及。另外,美国各州的政府设有专门的赛马管理机构,商业赛马会在各州拥有合法的地位,得到法律的承认和保护。美国马场的经营管理采用集约化,并提供与之配套的先进科学技术,马的品种培育、繁殖饲养、调教训练等均有严格规定,完全遵循科学规律并储存每匹马的电子资料档案,因而马匹谱系记载详细并可做后裔鉴定,竞技能力测验及时,马匹的质量处于世界领先水平,因此,培育出来的许多马匹都销售到国外。

日本人对马的喜爱近乎疯狂,马业的发展史常常被称为是赛马业的发展史。日本早期只有 7 种土种矮马,用以满足农业生产和交通运输的需求。20 世纪 60 年代以后,农业机械化的发展使体育和娱乐成为马业的主流,日本马业将育马视为重点,促进了赛马运动的蓬勃发展。赛马活动由日本中央赛马会和地方自治团体每年在全国各赛马场举行。赛事场次仅次于美国,与澳大利亚并驾齐驱。引进纯血马后饲养的主要品种为纯血马,大多集中在北海道地区,故而北海道被称为日本的"纯血马王国"。日本与美国和爱尔兰并称世界三大纯血马产区,拥有年生产纯血马约 8000 匹的能力,居世界第四位,排在美国、澳大利亚、爱尔兰之后。日本的赛马分为中央和地方两大阵营,日本中央赛马会是由政府全额出资的国营马场,各地方赛马会独立制定赛马条例,与中央赛马形成一体化的格局。日本的赛马有严格的《赛马法》和《日本中央赛马会法》作保障,举办赛马的同时通过骑马、马术活动普及马文化,并通过举办"亲马日""爱马日",建立马博物馆,让更多人认识马、了解马。

德国马术运动的最高组织是马协,马协遍布各个州县,在地方积极开展当地的马术运动。德国马术运动的成功缘于马术用马的成功繁育。不同血统的优良品种的马是马术繁荣发展的必备前提和资源保障。据资料显示,雅典奥运会 203 匹参赛马中就有 65 匹出自德国,并在 48 项比赛中取得 18 枚奖牌,在盛装舞步中表现最好的 15 匹马中就有 10 匹来自德国,参加障碍赛决赛的 46 匹马中有 14 匹出自德国。在德国,马术运动非常受女性欢迎,而且马协或马术组织中 70% 以上的会员是女性,这构成了德国马术文化的独特魅力。

俄罗斯马业是个特例,它不是以赛马或马术著称,而是马产品闻名,在此作为一个特殊案例作简单介绍。俄罗斯马产品主要是生产一种有丰富营养价值的食用酸马奶。酸马奶是俄罗斯民族的大爱,在许多地区大受欢迎。俄罗斯的酸马奶非常讲究且有严格规范:生产单位专门挑选产奶量高的母马,根据情况挤出 35% ~ 75% 的奶量,其余的留作马驹饮用;时间安排也很人性,一般都是白天挤奶,保证夜晚马驹可以与母马在一起。另外,俄罗斯的马产品中也包括马肉,俄罗斯有苏联时期培育的重挽马,随着农业机械化的普及,这些挽马便转向肉用,使俄罗斯成为马肉的主要出口国。

二、我国赛马文化发展现状及趋势

赛马文化包括传统和现代两部分内容。传统赛马文化主要是指在游牧民族集聚区与赛马活动相关的物质文化和精神文化的总和,包括赛马习俗、宗教信仰及其一切相关活动,具有鲜明的民族地域特征。现代赛马文化虽然没有统一的界定,但套用文化的定义,广义的赛马文化是指与赛马活动相关的物质财富和精神财富的总和,狭义理解为包含一切与赛马相关的育马繁殖、赛事规范、礼仪习俗、法律法规及制度的总和。我国是个多民族的国家,传统民族赛马在少数民族中始终保持着旺盛的生命力,因而,他们对民族传统赛马的认同远高于对现代赛马的认同,也导致现代赛马的发展速度比较缓慢。仅就内蒙古而言,各盟市都有自己的地方马种和特色赛马习俗活动,如:呼伦贝尔有中国三大名马之一的三河马,在瑟宾节等自己的节日中举办赛马活动;科尔沁草原号称"中国的赛马之乡",一年一度的"8·18大赛马"活动影响很大;锡林郭勒有"中国马都"的称号,不仅有乌珠穆沁白马,还有阿巴嘎黑马,各种赛马活动多姿多彩;还有赤峰的铁蹄马、鄂尔多斯的乌审马等。各地根据当地传统习惯每年开展着各种赛马活动,只是这些活动几乎都与现代赛马无关。

我国虽有着几千年的养马历史,马文化已经渗透到文化、体育、休闲、娱乐、旅游等社会生活的方方面面,但现代赛马业的发展还处在比较低的水平。影响我国现代赛马发展的原因是多方面的,有理念问题、资金问题、政策问题、管理问题、运作方式问题等。尽管很多业界人士一再解释马彩与赌博不同,主张开展现代博彩性赛马,但亚洲多数国家的文化传统与欧美存在很大的差异,大部分亚洲国家还是不能欣然接受马彩。目前,我国现代赛马主要依靠政府和私人企业家投资,没有国外马彩、门票、转播权和纪念品等多种经营方式,严重制约着赛马运动的发展;受众方面,中国现代赛马的群众基础薄弱,赛马文化与民族文化交融的缺失、远离平民大众的生活等因

素,造成公众接纳障碍,无法被认知和继承。

20世纪90年代广州赛马场的商业赛马是20世纪末我国赛马业的一次大胆的尝试,留下很多的经验和教训。广州赛马场成立于1993年,是全国第一家具有博彩性质的有奖赛马场,每周二、四、日开场,一个赛马日有8～10场赛事,入场观众最多时可达3万人次,还有103个场外投注站,设置了电话购票系统和卫星转播系统,会员3800位,马主580多名,马1220匹,马场员工3000多人,骑师、驯马师、练马师、操马员、喂马员、钉蹄师、马医等分工明确。1999年底《人民日报》发表国家明文规定禁止博彩性赛马的文章,广州赛马场停赛。内蒙古马术学校学生、中国首位平地赛马女练马师王慧杰认为,只有博彩才能真的让赛马行业活起来,把马术和其他马产业都带动起来。

现代赛马文化的发展需要理论探究、制度法规的制定及健全、经济支撑、人才保障、马匹改良及赛马实践技能水平的提高等综合性的协调发展。随着现代赛马文化与传统民俗赛马文化的融合等问题的解决,我国现代赛马业一定会探索出适合国情的经营方式和竞技形式,借鉴国外赛马产业化的成功经验,大胆创新,使其与旅游产业结合起来进行多元发展,并促进赛马运动向平民化、大众化方向发展,尽快使现代赛马繁荣发展壮大。

打造品牌赛事,建立中国自有的赛马赛事品牌。目前,民间已建立起很多马场和骑乘俱乐部,仅北京近郊就有50多家,深圳、广州、上海、江苏、成都、武汉、内蒙古、海南等地分别建起了规模不等的现代化马场,已呈现出比较稳定和良好的发展势头,逐渐朝着竞技、娱乐、休闲为一体的体育健身运动方向迈进。我国具有繁殖和养育马的有利条件,有丰富的马种资源,可最大限度地开发马的潜力,尽可能提高马的价值,不仅满足我国马业发展需要,还可以为开展赛马但不具备育马、繁殖、调教条件的国家和地区补充赛马。所以,扩大马匹出口,勇于加入并努力争取占领国际市场是我们的一个大胆选择。除了培育赛事用马,还可以培育俱乐部一般骑乘和娱乐用的马匹。赛马一直被称为赛马产业,所以,我们需要更新观念,改变思路,让中国丰富多彩的赛马文化成为赛马产业的助力,将我国从马匹生产大国变成马

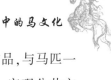

匹出口大国,同时,开发中国马文化特色的马具、马衣及相关饰品,与马匹一同走向世界,让中国丰富的马文化走出国门、走向世界。另外,实现公共文化服务均等化,丰富体育产业内涵,使现代赛马产业与文化融合,与科技融合,与时代发展同步。

三、世界四大赛马节

西方的赛马是一项既古老又享有盛誉的马背狂欢运动,许多国家都有自己独具风采的赛马节,传承着百余年的赛马历史及文化,其意义已不在比赛本身。马术赛场已成为名流集中的地方,时尚界各大品牌也都会设计以马为元素的作品,旅游、餐饮、酒吧等到处充满着浓浓的赛马文化、复古情怀。英国利物浦大马赛、美国肯塔基赛马节、法国凯旋门大奖赛和南半球最大的盛事——澳大利亚墨尔本杯赛马节被公认为世界最负盛名的四大国际赛马节。

(一)利物浦大马赛

于 1839 年开始的英国利物浦大马赛是世界最著名的马赛之一,并且被称为世界上难度最大的越野障碍赛马比赛。大马赛于每年 4 月的第一个星期六举行,参加比赛的骑手要和自己的坐骑在赛道上狂奔 4 英里、飞跃 30 个近 2 米高的障碍物以及水沟等多重险阻,比赛异常激烈且极具竞争性和感染力。

英国人的礼仪文化和绅士风度是众所周知的,从言行举止到衣着打扮都有自己的习俗风范。遇到赛马这样的国家盛事,自然更为考究。来自各地的名流名媛、骑士先生们绝不会错过展示其礼仪的大好时机,尤其是热爱赛马的太太团们极尽所能展示服饰的独特和帽子的夸张。为此,为了给女士们提供表现的平台,且感谢她们为赛马大会带来的靓丽风景,比赛第二天设有专门的"淑女日",要求女士们展示自己最美的一面,重要的是要戴一顶独特的帽子!"淑女日"除了赛马照常举行外,还会为女士们颁发一项时尚

大奖。骏马和美女让 4 月的利物浦流光溢彩!

(二)墨尔本杯赛马节

创办于 1861 年的墨尔本杯赛马节是澳大利亚最著名的赛马盛典,是南半球最大的盛事,也是目前世界上知名度最高、历史最悠久且奖金丰厚的一个国际性赛马节。每年都会吸引大量来自世界各地的骑师、骏马参加比赛,吸引数十万人来到弗莱明顿赛马场现场观看,同时,还有 120 多个国家进行现场直播,为墨尔本带来了巨大的经济效益。赛马节从每年 11 月的第一个星期二在弗莱明顿赛马场举行,从一百多年前开始,每年的这一天被定为墨尔本的公众假期,全城放假,男女老少都会停下手中工作,享受这场盛大的狂欢。其他城市的澳大利亚人也会进行抽签下注,或通过电视、网络下注。赛马节期间,整个澳大利亚都沉浸在赛马节气氛中,澳大利亚人甚至自称赛马节为"让举国屏息的赛事"。

赛马节一般举行四天。正式开赛之前一日,中央商务区都会举行墨尔本杯游行,即将参加比赛的马和骑师都会出现在游行队伍中,盛装的女士和儿童也会参加,游行一般持续 2 小时,其后是一些免费的娱乐活动。

赛马节首日为墨尔本杯日。当天还会举行时尚比赛,选出着装(主要是

看帽子)最特别、最时尚的女士。周四是橡树日,这一天的精彩来自梅尔现场时装赛的总决赛。赛场浓浓的典雅气氛,让橡树日被称为"女士节"。周六是墨尔本杯嘉年华的开幕日,最后一天是"家庭日",小朋友们会被打扮得像王子公主一样来到赛马场,参加为各年龄段儿童准备的免费活动或娱乐表演。第二周周六是大奖赛日。

墨尔本赛马节期间,除了马赛事,最令人瞩目的就是与古老贵族比肩的时尚活动。有人做过统计,每年参加赛马节的人大约有33万,半数以上为女性。女士们换下现代的休闲便装,重回维多利亚时期,她们身穿礼服,头戴别出心裁、神秘而又充满风情的帽子,仅 2014 年比赛期间的一周观众就买了 52000 多顶帽子。

　　男人赛马,女人秀帽,"绅士淑女"们构成了赛马季一道最亮丽的风景。这一切与其说是单纯的赛马比赛,不如说是追溯 150 多年前的文化盛典。墨尔本赛马节从体育赛事到时装美酒,再到商业社交,盛会中该有的元素都被完美地整合在一起,像一次超大规模的开心派对,成为一个和亲朋好友盛装聚会、欣赏时尚表演、享受户外阳光的最好机会,因此,赛马节对澳大利亚人来说已经远远超过了赛马本身,而更像是一个热闹的节日。除了赛马节本身外,弗莱明顿赛马场内还有澳大利亚最大的公共玫瑰花园,赛马节期间正好是开花的高峰期,超过万株的玫瑰竞相绽放,壮观而绚烂的花海也成为墨尔本杯赛马节不可或缺的独特美景。

(三)肯塔基赛马节

　　肯塔基赛马节创立于 1875 年,140 多年来每年一届从未中断,已发展成美国最负盛名的国际一级赛之一,于每年 5 月的第一个星期六在美国肯塔基州路易斯维尔丘吉尔唐斯赛马场举办。全世界跑得最快的纯种骏马都汇集在一起展开竞逐,为期一个月,也成为肯塔基州首府路易威尔的狂欢赛马节,有"赛马界奥斯卡之称"。赛马节从比赛开始前一周的周六开始,就有航空表演、焰火表演等揭开序幕。比赛开始前,所有人会同唱《我的肯塔基故乡》。

节日期间会吸引世界各地的旅游爱好者前来观赏。比赛从马的选种、培育到骑手的要求,从规则到场地精心设计,都非常认真。因为比赛用时只有两分钟,所以这场比赛常被称为"所有运动中最激动人心的两分钟"。作为传统,最终获胜的马匹都会被披上由564朵红玫瑰编制的花毯。

肯塔基赛马是美国持续举办历史最悠久的体育盛事。在赛马节当天,许多人都会参加赛马会派对,出席赛马节盛会的男士们身穿西式套装,女士都必须着华丽盛装并佩戴奢华的大帽子。帽子、礼服已经成为约定俗成的礼仪,为比赛增添了几分历史的厚重感。每年赛马节期间,大规模的庆祝活动有70多个,全市所有学校都会放假,每个学校或社区都有自己的小游行和派对。

赛马节的传统活动除了吸引眼球的帽子时尚还有特色的饮食,其一是薄荷朱利酒,一种用肯塔基波旁威士忌、薄荷和普通糖浆调制的饮品,成年人在赛马节期间都会畅饮;其二是大多数人都爱吃的用巧克力和核桃烘烤的赛马会甜饼。近年来,随着科学技术的发展,赛马盛况利用VR直播,观众在家里就有身临其境的体验,对一直以传统方式看直播的观众来说充满了刺激与新奇,为现代赛马增添了新的看点。

(四)凯旋门大奖赛

凯旋门大奖赛创办于1920年10月3日,是世界一级速度赛马平地赛,每年10月的第一个周日,全球精英骑士、最优秀的纯血马均会汇聚法国,角

逐凯旋门大赛。这一精彩的赛事如今已成为最重要的国际平地赛,吸引了全球最多的赛马爱好者及巨额赌注,位居世界纯血马一级赛事第一名。凯旋门大赛是一个制造国际赛马明星的地方,每个马主都想来实现一场明星梦,因此,也成为所有速度赛马冠军梦寐以求的终极舞台。

大奖赛的观赛入场券数量有限,买不到票的赛马爱好者只好收看电视转播,所以,凯旋门大奖赛期间,"赛马酒吧"应运而生。酒吧里的热闹气氛说明他们对赛马的热爱和不可或缺,甚至感染到移居巴黎的外地人。法国凯旋门大奖赛是代表法国最高水平的赛马,观看赛马的盛装并非仅指漂亮的服饰和妆容,更是指充满仪式感的优雅生活态度。除了骑手的飒爽英姿,女士的帽子也是赛马场上令人难忘的风景线。

第二节　中国现代马术文化

前文我们在探究古代马文化时已经知道,古人使用战车作战时,为了提高马在战场上移动的准确性和精确度,常常对马进行各种协调性及相关技巧的训练,后来就发展成为马术比赛。据考证,在公元前 7 世纪古希腊举行的古代奥林匹克运动会上有四匹马驾车的竞技比赛,多年后,比赛改由骑手驾驭进行。马术最初只是作为一种选育优良马匹的手段(只有那些在赛马场上表现出色的马匹才能用于繁育),随着时间的推移演变成单纯的体育赛事。

一、马术运动困境与前景

马术运动要求人和马成为一个整体,要求骑手驾驭马的技术与马的能力相结合。简单地说,就是人与马之间形成的特定的驾驭关系。马术,是世界各国人都喜爱的一项体育运动。现代马术起源于英国,因其竞赛方式比较先进和科学,所以影响比较深远,被视为一种贵族阶层的高尚活动。新中国成立后,我国政府开始重视马术运动,1953 年 11 月 8 至 12 日在天津召开的全国首届少数民族传统体育运动会上有马术表演项目,包括马步舞、轻乘、乘马斩劈、超越障碍、平地赛马和马球六项内容。参加马术表演的有中国人民解放军、火车头体育协会、内蒙古队、东北区、华北区、西北区、华东区、中南区、西南区九个代表队。[1] 1959 年,第一届全运会在内蒙古首府呼和浩特市举行,其中有盛大的马术比赛。继内蒙古之后,专业马术队逐步增加,从新疆、西藏、青海到山东、广东、上海乃至首都北京等都成立了马术队。1960 年,全国马术马球锦标赛在内蒙古呼和浩特市成功举办,11 个代表队、25 个比赛项目、6 人 8 次打破全国纪录。这次比赛也凸显了马术发展的最大问题——马源紧缺,培育优良马种的问题摆到马术运动的议事日程上。

中国马术协会成立于 1979 年,1982 年国际马术联合会正式接纳中国马术协会为国际马联的第 80 个团体成员。自 1984 年以来,全国马术锦标赛每年都会隆重举行,并于 1985 年开始参加国际马联的 C 组通讯赛。1990 年,按奥运会规则举行了场地障碍赛、盛装舞步赛和三日赛,这标志着我国的马术运动开始向奥运会迈进。但是国内缺乏高质量的竞赛用马,马术水平也与国际水平有很大差距。现代运动用马一般使用高质量的竞赛用马,包括用于盛装舞步赛、超越障碍赛和三日赛的马匹,具有骑乘型的结构气质,兼用型的体质,力量速度兼备。引进国外优秀运动用马杂交改良或者从我国优良马中进行选育,成为培育现代运动用马的主要途径。除此之外,马术运动人才和赛马场建设都是有待积极推进的重要工作。

马术运动在我国有着悠久的发展历史,但现代马术俱乐部在国内的发展时间并不长。我国现代马术尚处于初级发展阶段,尽管各地马术俱乐部的数量在不断增加,但受诸多因素的制约,整体运营管理水平还比较低。一匹经过良好训练能够掌握一定竞技技能的马的培养需要很长的时间,它的培育除了需要训练师以外,还需要饲养员、马房、兽医、修蹄师,再加上骑手、

――――――――――

[1] 张彩珍:《中国马术运动史》,武汉出版社,1994。

马主人组成一个参赛的基本单位,这些条件决定了马术运动所需的背后力量远远高于其他运动。而我国马术运动尚未形成成熟的产业链,无法形成规模效应和良好的经济收益。而且马术运动不像其他体育运动那样有广泛的群众基础,也缺乏优秀的教练员、骑手及马术行业技能水平比较高的人才。尽管越来越多的人进入马术圈,喜爱马术的人群也在扩大,但真正懂马术、愿意献身于马术事业的人还只是少数,也直接影响中国马术走向世界的速度。

当然这并不是说中国的马术前景一片黑暗,纵观历史,马术在中国具有良好的传统优势,尤其是在新疆、内蒙古等少数民族聚居区,马术得天独厚的优势尚在,这些地区的民间马术活动依然传承着并日益丰富多彩。虽然这些活动并未与奥运项目接轨,但是游牧民族具有广泛群众基础的马术传统还在,农牧民饲养优质马匹的热情尚存,辽阔草原上马匹生存的自然环境和丰富的饲养资源加上国外优质赛马的引进,马匹改良技术的提高,为现代马术的突破性发展提供了坚实的基础。高校马术相关专业的设置、马术专业人才培养和教育基地的创建,内地与沿海及京津沪等各大城市的积极配合,突破了地域及自然环境的束缚,马术这个中国的朝阳产业已成为产业新秀,取得了突破性的进展,开创了新的局面。如成都金马国际体育城 2012 年举办的中国马术节,吸引中外马术人才同场竞技,进行了一次高水准的国际赛事,国际马联场地障碍世界杯中国联赛成都站、中国马术节场地障碍大奖赛、中国速度赛马俱乐部联赛等顶级赛事均在此落户。[1] 内蒙古农业大学设置了运动用马的驯养与管理专业,天津体育学院与武汉商业服务学院联合培养马术专业硕士,武汉体育学院开设马术运动与管理专业等,高校相关专业的设置为马术人才的培养开辟了道路,为马术运动的发展提供人才保障。

---

[1] 管慧香:《中国马术发展的困境及前景研究》,《辽宁体育科技》,2013(8)。

二、马术运动的种类

现代马术运动发展与过去相比呈多样化发展趋势,在世界各地普遍流行的可以概括为以下三类。

首先是竞技类。马术比赛中最著名的就是奥运三项:盛装舞步、场地障碍赛和三日赛。盛装舞步又称"花样骑术"或者"马场马术",源自法语"训练"一词,是欧洲文艺复兴时期骑兵训练马匹的一种方法。骑手和马高度配合,表演精心设计的一系列优雅舞步,有规定动作和自选动作,根据原地快步、后退慢步、变换跑步、斜横步等规范动作在规定时间内的完成情况来评定等级,故而常常被形容为"马世界里的芭蕾舞表演"。盛装舞步赛非常讲究比赛礼仪,骑手们需穿燕尾服高雅挺拔端坐于马上,戴着高高的礼帽、手套;盛装舞步马不仅外形优美健硕,步伐轻盈协调,而且性情温顺,俨然一位彬彬有礼的翩翩君子。在骑手的指令下,它自然、大方,步伐紧凑而有节奏感,它的风度姿态、表演的技巧以及与骑手的默契,给人一种高贵的感觉和极美的艺术享受。与优雅的盛装舞步完全不同的是极具爆发力的场地障碍赛,骑手们前倾的姿态,人马合力腾空跨越障碍的瞬间,观赛者由惊心动魄到轻松愉悦,仿佛从激烈竞争的体育赛事变成了高水平的艺术欣赏。这种比赛对骑手的要求也很高,着装礼仪、比赛路线等都有明确规定。三日赛也叫"综合全能马术比赛",有个人和团体两个项目。第一日盛装舞步测验马的调教程度和参赛者驾驭马的能力,第二日是较量速度和耐力的越野能力赛,第三日为障碍赛。三日赛是奥运马术项目中难度最大、最艰苦、最能考验骑手和马的项目,充满挑战和刺激。

除上述奥运三项外,现代马球也属于此类。现代马球传入我国是在鸦片战争之后,随着外国使馆的建立、通商口岸的开放进入我国。1848年,在上海英租界筹建的第一个赛马场开始组建马球队,后来天津英商赛马场也出现了马球队,还建了豪华的马球场看台、餐厅、舞厅等设施。比赛虽然只限于西方人,但设施还是为中国现代马球的发展奠定了基础。据张彩珍的

《中国马术运动史》记载，为中国近现代马球的兴起做出贡献的是一位叫聂保的俄裔华人，他在北京开办骑术学校，一方面招收学员教授骑马、打马球和跨越障碍，另一方面他承包喂养外国马匹兼做马匹买卖。国民党三十二军进驻北京后，聘请聂保担任马球教练，于军中训练马球队——这是第一支由中国人自己组建的马球队。训练一年后，聂保引荐三十二军马球队与北京外国联队比赛，三十二军在战术和技能方面都高于洋人，大获全胜，从此打破外国马球队在中国的垄断。三十二军比赛时骑乘的是中国三大名马之一、发源地为内蒙古的三河马。马球运动不仅可以提高军中将士的综合素质，还可以通过马球的竞技和交流促进与外国使节的沟通和联络，增进国与国之间的了解和对话，成为一种外交手段。遗憾的是，抗日战争的爆发使马球队的训练终止。值得庆幸的是三十二军马球队主力队员和部分骑兵学校的人员马匹一起来到内蒙古军区，从此内蒙古军区成了新中国马球队的摇篮，开办了新中国第一个马球试点训练班，为日后的马球运动的发展打下了良好基础。1952 年，在中国人民解放军建军 25 周年体育运动会上，内蒙古军区的马球被列为大会表演项目，毛泽东、周恩来等国家领导人出席开幕式并检阅全军体育健儿。内蒙古马术队以绝对的优势囊括比赛项目的全部名次，马球队的精彩表演不仅得到广泛的赞赏，掀起了马球热潮，而且这次活动结束后还举办了全军马球马术训练班。第二年，在全国少数民族传统体育表演及竞赛大会闭幕式上，内蒙古军区马球队与解放军马球队进行了精彩、激烈的表演。在国家体委的要求和指示下，内蒙古承担编写马球、赛马及障碍赛等比赛规则，经国家体委领导审定后由人民体育出版社出版，同时国家体委还委托内蒙古举办全国马球教练员训练班，内蒙古派出教练员为其他省市马球队的组建做出了无私的援助和奉献。1959 年，全军第二届体育运动大会上，马球成为正式比赛项目。同年，第一届全运会上马球也被列为正式比赛项目，这也是新中国成立以来规模最大的一次比赛，来自北京、上海等地的 14 支马球参赛队、226 名运动员、293 匹马参加了本次马术马球比赛,其中参加马球比赛的有 12 支马球队、96 名运动员、192 匹马,[1]内蒙古获得马球比赛第一名。20 世纪 60 年代初,国家体委对进一步发展全国马球运动充满信心,依旧在内蒙古呼和浩特市举办了全国马球锦标赛,各队还举行了经验交流会。为进一步开展马球马术运动,国家体委组织全国人力编写马球、马术教材,只是教材在"文化大革命"中丢失,成为马术发展史上的一件憾事。马球队和马场从 1972 年起在周恩来总理的关怀下得到陆续恢复,但是,内蒙古马球队、马术队重新组建后只是一枝独秀,没有了其他省市的比赛对手,先后承担了若干场次的马术表演(仅 1975 至 1985 的 10 年间为 30 多个国家及考察团等表演 120 多场),通过出访、接待来访发挥马球所具有的社会价值和在国家外交中的积极作用。马球这一富有民族特色、有益身心健康的体育活动,不但能够培养人的机智灵活、团结合作,还能促使人勇敢进取并且奋发向上,但是终因不是国际奥运比赛项目,加之巨大的资金投入,曾经有过辉煌历史的内蒙古马球队,最终在 1993 年难逃第二次解散的命运。2005 年,北京举办了国际马球公开赛及研讨会,热爱马球的人开始重新探究马球在中国的发展问题,此为新世纪马球运动的新起点,形成了城市马球俱乐部和少数民族自然环境中的马球运动。

目前,全球共有 80 多个国家开展马球运动,水平较高的国家是阿根廷、美国、英国、法国、西班牙、澳大利亚、加拿大、意大利等。阿根廷被誉为"全球马球圣地",被称为"马球王国",是世界上马球运动水平最高的国家。这里有世界上顶级的马球手和最专业的马球俱乐部。现代马球赛事也比较多,著名的有阿根廷巴勒莫马球公开赛、威斯特切斯特杯、美国马球公开赛、瑞士卡地亚圣莫里茨世界杯、英国温莎公园草坪上的三大赛事(皇后杯、皇家温莎赛、阿奇·大卫赛)、皇家礼炮杯马球赛等。马球是一项集速度技术、策略思考和团队合作为一体的运动,是独一无二的业余球员与职业球员可以同场比赛的团队运动,但是,对许多人来说,打马球过于昂贵。所以,后来出现了一些深受年轻人喜爱的马球变种运动,如骆驼马球、大象马球、牦牛

---

[1] 张彩珍:《中国马术运动史》,武汉出版社,1994。

马球、自行车马球等。回顾古代马球的发展历史,最辉煌的时期是在唐朝,那时的马球由官府直接管理,无论是训练军中将士还是百官娱乐均不以营利为目的,现代马球则是以俱乐部的形式走体育产业化的路,自负盈亏。

除竞技类马术以外,还有民间表演类马术,通常带有浓厚地域特色且以娱乐为主。我国少数民族地区各种大型庆典活动都会有此类传统表演娱乐性质的马上竞技项目。城市的马术俱乐部中也出现了一些有现代特征或欧洲风格的马术表演,如江苏江阴海澜马术俱乐部,既有马术综合训练馆,也有马术比赛场馆,同时还有马术表演馆,是国内首家集马术训练、表演及健身休闲度假于一体的标准型、国际化表演运动场所。每周例会有大型盛装舞步秀。还有一类是休闲马术,包括旅游度假景区的旅游马术和在公园特定区域出租马匹的文化休闲娱乐马术,近年还兴起了城市中心大型商场里的幼儿矮马马术。人们已经发现骑马不仅可以健身强体,还有一定的心理治愈作用,所以有很多国家和地区出现了医疗马术。经常骑马可以缓解精神压力,培养勇敢和自信的品质,与马儿沟通还可以使社交有问题的儿童得到一定程度的纠偏。总之现代马术越来越多地出现在人们的生活中,当人们在享受现代社会生活的同时,没有忘记人类最忠实的朋友——马,马儿在与我们一起分享现代文明,续写新的历史。

三、内蒙古马术队简介

内蒙古马术队是一支训练有素的少数民族为主体队员的传统马术运动队。其中马术场地障碍班成立于 1959 年,在国内马术比赛中获得过近百次冠军;速度赛马班成立于 1959 年,原本是参加全国民运会比赛的一个项目队,从 1999 年正式设为全国比赛项目队,在 2001 年全国第九届运动会上获得一枚金牌。马术表演队表演项目有:马上技艺单人单马、马上拾花篮、马上射箭、马上技艺多人多马等。内蒙古马术队代表内蒙古参加国内外各类马上体育活动,培养了大批专项能力过硬的优秀骑手,在国内外马术比赛中获得过近百次冠军,为内蒙古乃至中国在各大体育竞赛中立下了赫赫战功。

其中,孟克、刘同晏、李帅、乌兰格日乐、张睿、达日玛、韩丰等人荣获"内蒙古自治五一劳动奖章"及"内蒙古自治区五四青年奖章"等荣誉。

(一)比赛马术队取得的优异成绩

1959年,马术场地障碍队参加第一届全国运动会,获得男子障碍赛马团体第一名、女子障碍赛马团体第二名。1983至1989年,中国先后5次赴日本参加"亚洲国际超越障碍赛",其中最好成绩是内蒙古达斡尔族运动员哈达铁获得1985年度比赛的第二名。1985年,参加香港赛马会骑术学校马术比赛,乌云娜获得第二名,孟克获得第三名。1987年,在广州第六届全国运动会上,内蒙古代表团获得团体冠军,朝鲁获得场地障碍个人冠军。1997年10月,在上海第八届全运会上,内蒙古马术队获得场地障碍团体第二名,孟克获场地障碍个人第一,张河获第二名。同年,在韩国举办的第一届亚洲马术场地障碍锦标赛上,来自14个国家和地区的骑手参赛,代表中国参加比赛的内蒙古选手张河夺得金牌,这是中国运动员首次获得洲际马术比赛的冠军。1999年10月的北京全国马术锦标赛上,内蒙古马术队获得场地障碍团体第一名,巴根获得场地障碍个人第一名,刘同晏获得场地障碍个人第三名。2000年10月的全国马术锦标赛上,内蒙古马术队刘同晏获得场地障碍个人第一名。2001年5月的全国马术锦标赛上,内蒙古马术队获得场地障碍团体第二名,刘同晏获得个人第二名。2001年11月的第九届全国运动会上,内蒙古马术队获得场地障碍团体第一名。2002年6月的全国马术锦标赛上,内蒙古马术队获得场地障碍团体第一名,刘同晏获得个人第二名,孟克获得个人第三名。2002年9月,第十四届亚洲运动会在韩国釜山举行,代表中国参加比赛的内蒙古选手刘同晏与国家队队友配合,获得场地障碍团体第五名。2003年9月的全国马术场地障碍锦标赛上,内蒙古马术队获得场地障碍团体第三名,刘同晏获得个人第一名,达日玛获得个人第三名。2004年10月的全国马术场地障碍锦标赛上,内蒙古马术队获得场地障碍团体第二名,巴根获得个人第一名,刘同晏获得个人第二名。2005年5月的全国马术场地障碍锦标赛上,内蒙古马术队获得场地障碍团体第二名。2005年10月的第十届全国运动会上,内蒙古马术队获得场地障碍团体第三名。2006年7月的全国马术场地障碍锦标赛上,达日玛获得个人第三名。2009年9月的全国马术场地障碍锦标赛上,内蒙古马术队获得团体第三名。2011年10月的全国马术场地障碍锦标赛上,内蒙古马术队获得场地障碍团体第二名。2012~2013年,刘同晏代表中国队两次摘得国际马联场地障碍世界杯中国联赛总决赛冠军。2013年5月的全国马术场地障碍锦标赛上,内蒙古马术队获得团体第二名,达日玛获得个人第三名。2013年的第十二届全运会上,内蒙古马术队运动员刘同晏、张睿、达日玛、韩丰用优异的比赛成绩为自治区获得了荣誉,时隔十二年再次夺得全运会团体比赛金牌,达日玛获得个人铜牌。2015年9月的全国马术场地障碍锦标赛上,内蒙古马术队获得团体冠军。2015年,刘同晏代表中国队获得国际马联场地障碍世界杯中国联赛总决赛亚军。2016年11月的全国马术场地障碍锦标赛上,内蒙古马术队获得团体冠军,刘同晏获得个人冠军,张睿获得个人亚军。2017年5月的全国马术场地障碍锦标赛上,内蒙古马术队获得团体季军,达日玛获得个人冠军,刘同晏获得个人亚军。2017年,达日玛代表中国队获得国际马联场地障碍世界杯中国联赛分站赛冠军。

(二)速度赛马队的成绩

1959年的第一届全国运动会赛场上,赵希贤分别获得速度赛马1000米、5000米个人双料冠军;斯木吉德巾帼不让须眉,获得速度赛马2000米个人冠军。1999年,速度赛马队被正式设为全国比赛项目队,在2001年第九届全国运动会上获得一枚金牌。巾帼骑手乌兰格日乐在2000年第二届全国速度赛马锦标赛1000米项目中获得冠军,在2003年第五届全国速度赛马锦标赛1000米项目中获得冠军,在2003年第七届少数民族传统体育运动会上获得速度赛马1000米冠军,在2004年全国速度赛马锦标赛12000米中获得冠军,2005年的第十届全运会上以唯一一名女性选手的身份战胜了诸多强手夺得12000米速度赛马比赛桂冠,在2007年全国速度赛马锦标赛中获得1000米冠军。多次在重大比赛中力斩金牌的骑手李帅豪迈遒劲,在2001年全国第九届运动会中获得速度赛马 1800 米冠军,在 2000 年至 2003 年的全国速度赛马锦标赛中获得 4 枚金牌,在 2012 年鄂尔多斯国际那达慕赛马比赛中获得 3000 米冠军,在 2015 年中国速度赛马大奖赛第一站中获得 1.4 米以下蒙古马组 1000 米冠军,在 2015 年第二届内蒙古马术节上获得速度赛马项目 1.4 米以下蒙古马组 1000 米冠军。2015 年 9 月 5 日,在山西玉龙赛马场举办的中国速度赛马大奖赛第三站,骑手斯日古楞获无限定马组 1000 米亚军,额尔顿图获 2 岁马组冠军。2015 年 10 月 20 日至 10 月 25 日,在武汉东方神马赛马场举办的全国速度赛马锦标赛上,内蒙古队骑手获得无限定马组 1000 米冠军,2 岁马组 1000 米冠军和第五名,3 岁马组 1000 米第三名,3 岁马组 2000 米第七名,无限定马组 3000 米第五名和第七名。2016 年 6 月,在兴安盟举办的中国速度赛马大奖赛第二站中,斯日古楞获得无限定马组 1000 米、无限定马组 2000 米双料冠军。2016 年 9 月,在山西举办的中国速度赛马大奖赛第三站中,陈志明获得无限定马组 3000 米冠军。2016 年 10 月,在武汉举办的全国速度赛马锦标赛中,斯日格楞获得 3 岁马组 1000 米、4 岁马组 1000 米双料冠军,陈志明获得 4 岁以上马组 3000 米季军。

(三)表演马术队成绩优异

内蒙古表演马术队始建于 1953 年,建队以来多次为中央首长和国内外来宾进行专场表演,得到了高度的评价。20 世纪 80 年代,内蒙古马术队还先后参加了《木棉袈裟》《垂帘听政》等多部影片的拍摄。1993 年,飞赴祖国宝岛台湾表演三个月;1998 年 8 月,应香港马会的邀请为新马季开锣仪式做精彩表演;1998 年 10 月,应广州马会的邀请为"98 中国杯"全国速度赛马公开赛开幕式表演,并获得一等奖;1999 年 9 月,在第六届少数民族运动会主会场做精彩表演,获表演一等奖;2003 年,在宁夏银川举办的第七届全国少数民族运动会中获表演一等奖;2003 年 10 月,参加在武汉举办的第五届全国速度赛马锦标赛开幕式的表演,受到当场观众的热烈欢迎;2007 年,在全国第八届民运会上获马上表演项目金奖。在 2011 年的第九届全国少数民族传统体育运动会上,表演马术队分别获跑马射箭二等奖,跑马拾哈达二等

奖、三等奖,跑马射击三等奖。在 2014 版《千古马颂》演出中,起到重要作用,成功参演 22 场。2015 年,在鄂尔多斯举办的第十届全国少数民族传统体育运动会上,获得马上射箭、马上拾哈达两项冠军,并获得 4 个二等奖和 4 个三等奖,圆满完成了第一、二届内蒙古马术节及第三届内蒙古(国际)马术节的参演工作。

第五章

不同形态艺术领域的马文化

第一节　造型艺术中的马文化

纵览中国美术史、中国工艺美术史和外国美术史，中外艺术家们用不同的艺术形式将马文化表现得淋漓尽致，马的形象在国画、油画、版画、雕塑（泥塑、雕刻）、壁画、书法、工艺美术（金银器、皮雕等）、民间艺术（剪纸、布贴、刺绣、手工艺等）作品中，占有十分重要的地位。这些作品不仅表现了不同的"马"的造型，还将马文化渗透到艺术创作的方方面面，给我们留下了丰富而宝贵的遗产。

一、书法、绘画与雕塑中的马文化

马，在中国人心目中不仅是人才的象征，还是民族精神的象征之一。以马为题材的艺术作品种类繁多，无论是绘画还是雕塑，无论是陶瓷还是青铜，无论是现实主义手法，抑或是浪漫主义创意，其优秀的作品总能跨越时空的限制，将马的神情和内在风貌表现出来，得到中外人士的青睐和赞美。从表达原始人生活内容的阴山岩画到传播佛教故事的唐卡，从秦始皇陵出土的挽车陶马到造型优美的唐三彩马，从西汉骠骑将军霍去病墓上的马踏匈奴石雕到唐太宗李世民昭陵的六匹石刻骏马，从唐代著名宫廷画家韩干的《牧马图》到宋代杰出的画马名家李公麟的《五马图》，从意大利传教士郎世宁的《百骏图》到现代美术大师徐悲鸿的《奔马图》……从古至今，以马为主题的绘画与雕塑杰作不断，其数量繁多而又经久不衰，在历史的长河中熠熠生辉。

（一）书法中的马文化

汉字为表意文字，其形体结构承载了极其丰富的历史文化内涵。汉代许慎的《说文解字》中收录了 115 个"马"部字。通过对这些字进行分析可以发现,"马"部字对与"马"有关的方方面面进行了阐释,形成了以"马"为中心的"马文化圈"。《说文》"马"部字从多个角度对马进行了描述,如马的特征、马的种类、马的功能等。例如其中有 39 个字,从马的颜色、年龄、性别、形态等方面对马分类:"騮"(liú),指黑色鬃毛黑色尾巴的红马;"騧"(guā),指黑嘴的黄马;"驠"(yàn),指屁股上有白毛的马;"馬""駒"分别表示大马和小马;"驕"(jiāo)"騋"(lái)是说马的大小、高度;"馶"(zhī)是说马强健;"駫"(jiōng)是说马十分肥壮等。通过对《说文》"马"部字的研究,我们可以对中国古代的马文化以及相关的社会生活有一定的了解。

中国书法经历了一个漫长的发展过程。在几千年的汉字的演变过程中,"马"字经历了由象形到符号化、由不定型到定型的演变过程。目前发现的为学术界所公认的中国最早的古汉字资料是商代中后期的甲骨文和金文。从商代后期到秦统一中国,汉字演变的总趋势是由繁到简,这种演变具体反映在字体和字形的嬗变之中。西周晚期金文趋向线条化,战国时代民间草篆向古隶发展,都大大削弱了文字的象形性。但是,书法的艺术性却随着书体的嬗变而愈加丰富起来。近现代书法家对"马"字的书写是借助象形文字的字体结构和书写方式挥笔而就的。现在"马"字

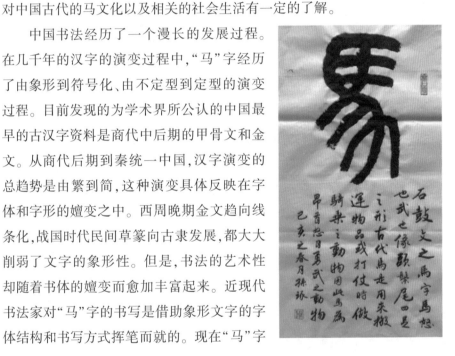

的书法,我们暂时用社会流行叫法将其分为托古涂鸦型、画字派、狂涂派、以字代画派、日本现代派。

以内蒙古书法家协会会员、内蒙古金融书法家协会常务理事、内蒙古金融书画院特聘书画师孙琢的代表作品为例,其"马"字的小篆仿佛是昂首怒目的马,将马的勇武以独到的笔触展现出来,同时马文化所寓意的精神内涵也在这方寸之间慢慢化开。

(二)绘画中的马文化

国画是中国传统画种,画面表现特点是散点透视,画面处理手法是平面化。作画工具包括水墨、砚台、毛笔、宣纸、绢等。国画里以马为题材的名作不胜枚举,散见于各朝各代,下面就代表作品展开介绍。

著名的马王堆汉墓帛画于 1972~1974 年先后在湖南省长沙市马王堆出土,共 5 幅,创作于汉文帝时期,是迄今发现的汉代最早的独幅绢绘画作品。古人大都在绢和宣纸上作画,在绢、宣纸上用线勾勒细致的画叫工笔画,在生宣纸上用墨粗犷或泼洒的画叫写意画。写意或工笔是两种不同的绘画技法,我国古代画作以工笔画为主。遗留下来的关于马的名画大多是工笔性质的画,比如唐代画马名家曹霸(韩干的老师)、陈闳、韩干和韦偃等人的画作。今天有作品传世的,唯有韩干,他是唐代著名宫廷画家,他画的马体态多肥壮、矫健,其代表作为现存于台北故宫博物院的《牧马图》和现存于美国纽约大都会艺术博物馆的《照夜白图》。《牧马图》中的马在当时被称为“胡种马”,又叫作“汗血马”或“天马”,原产于西域大宛国,在今中亚费尔干纳盆地。宁远国王向唐玄宗献“胡种马”两匹,唐玄宗将这两匹马命名为“玉花聪”和“照夜白”。《照夜白图》中,这匹浑身雪白的照夜白被拴在木桩上,四蹄腾越,昂首嘶鸣,生气勃勃,欲挣脱缰索。此面用笔简练,线条织细有劲,马身微加渲染,雄骏神态既已表现出来。此画作于盛唐时期,反映了当时的审美观念。

李公麟是宋代杰出的画马名家,他的代表作是《五马图》。李公麟在技巧上善于运用精细的线条清晰地表现马的精神面貌,尤工于马的光泽、质感。《五马图》中的马是西域进贡的五匹名马,它们安静地等候画家为它们写真,牵马人流露出赞赏和自豪的神色。画中的马躯体柔软、持重,有一种庄严而朴素的美,这与宋代的审美观念分不开,因而与唐代的马形成了鲜明的对比。

赵孟頫是元代著名画家,他擅长画马,独具特色地将书法用笔融入绘画。《秋郊饮马图》是赵孟頫晚年人物鞍马画的代表作,画中牧马官驱骏马数匹驰逐于野水长堤、绿波红树之间。此画在构图上讲究藏露,在近、中、远景中表现出露地不露天,林木、坡石、绿岸、丹枫、红衣、人马置于右半部,人马向左方走,把来处藏于画外;左方只露出树干和溪水,把树干和远山远水藏于画外。堤岸、溪水向左方延伸,通过岸上两马的奔逐,点出画外尚有无限景物,画尽而意未尽。画中的马神态各异,或奔腾追逐,或徐步缓行,或低首就饮,或引颈长鸣,妙逸并具而形神兼备。

郎世宁是清代宫廷十大画家之一,代表作有《乾隆皇帝大阅戎装图》《满洲骑兵图》《十骏图》《八骏图》《爱乌罕四骏图》《百骏图》等。郎世宁是意大利人,1715 年以传教士的身份远涉重洋来到中国,被重视西洋技艺的康熙皇帝召入宫中,从此开始了长达五十多年的宫廷画家生涯。在绘画创作中,郎世宁以西方技法为主,融中西技法于一体,注重物象的解剖、光影效果及立体感,形成精细逼真的效果,创造出新的画风,因而深受康熙、雍正、乾隆器重。尽管如此,郎世宁

也必须遵守作画前绘制稿本,待皇帝批准后再"照样准画"的清宫绘画制度,保留在美国纽约大都会博物馆的郎世宁《百骏图》稿本就说明了这一点。《百骏图》是郎世宁 1728 年所作,画面表现了郊原牧马的场面,画作主要描绘一群原地活动的马,它们或立或卧或角斗或觅食或翻滚嬉游,自由舒闲,聚散不一,令人充分领略到郎世宁融合中西艺术而创造出的独特的艺术风格。1739 年,乾隆亲临南苑检阅八旗军的队列及各种兵器、火器的排练活动,以壮军威,鼓士气。《乾隆皇帝大阅戎装图》即绘于此时,这幅画作是乾隆皇帝戎装像,是郎世宁的盛世佳作。郎世宁还将欧洲的绘画技法传授给中国的宫廷画家,使得清代的宫廷绘画带有"中西合璧"的特色,呈现出不同于历代宫廷绘画的新颖画貌和独特风格。

在西方油画历史中,也有众多表现马的画家,他们既画人又画马,题材

基本上是人、马、故事的结合，其特点是摹写自然的肖似，有着明显区别于我国绘画艺术的特色。

常玉是我国近现代著名画家，代表作品是《曲腿马》。马对于常玉而言，有着特殊的含义，因为他的父亲以画马闻名，对马特别偏爱，母亲的名字玛素与马在发音上也极为相似，父亲将母亲昵称为 Ma。

1930 年，常玉创作了《曲腿马》。画中的主角是一匹正在玩耍或休憩的马，被艺术家以近乎白描的简单笔法画在一块黑底木板上。白色的马左前腿弯曲，右前腿微微向前伸展，在构图上形成整体向左倾斜的动势，然而马儿的头部却又仿佛正在从前腿之间向后看，以向画面右方回望的姿态平衡了整体的画面结构，且马的两条后腿稳稳站在地面，加强了整体姿态的稳定感。色彩上，虽然是黑底白马的强烈对比，但在白马的身躯点上了粉红色斑点，并用看似逸笔草草的飞白笔法描绘出马的尾巴和鬃毛，红色的马鞍和马辔更是在整幅画里起到了画龙点睛的作用。简单的造型和主题，让人觉得饶富意趣而百看不厌，画中的马仿佛要使出浑身解数来博取观者的喜爱。《曲腿马》所展现的是百看不厌的隽永和耐人寻味的意境——洁白的马匹，独自存在于深邃的空间中，却又自娱自乐地流露出闲散安逸的姿态。这幅画作所表现的已经不单单是马这一动物本身，而是带着作家的感情色彩和时代色彩，上升到一种人与马之间独特的文化关联。

水彩画是用水调和透明颜料作画的一种绘画方法。水彩马技法最突出的特点就是"留空"，如马鬃的一些浅亮色、白色部分，需在画深一些的色彩时"留空"出来，或用针画出。水彩颜料的透明特性决定了这种作画技法，即浅色不能覆盖深色，而不是像水粉和油画那样可以覆盖并依靠淡色和白粉提亮。在中国，水彩画只有百年历史，单独画马的水彩作品少之又少，直到现代才出现以人马结合为主题的水彩马。

油画棒是画家画草图或小色彩稿时用的工具，也是最适合儿童使用的绘画工具。它具有涂色方便、色彩艳丽、覆盖能力强等特点,可通过反复涂抹来丰富色彩的变化。由于它质地松软,易于涂色,能有效地锻炼低年龄小朋友手部小股肌肉群的力量。民族地区的老师和儿童非常喜欢把马作为绘画对象,创作了很多关于马的作品。

色粉画,其创作工具由颜色、用途各异的色粉笔组成。德加、威雅尔、卡萨特等大师把色粉画这一古老而又年轻的画种推向艺术的高峰,并留下了许多不朽之作,如印象派大师德加的《赛马》。色粉画表现力强,色相非常鲜艳、饱和,有的还有些荧光的效果,闪闪发亮,这是其他颜料所少有的。

早于以上几种绘画形式的是岩画,它是一种石刻艺术,在世界各地广泛分布,其中包括以马为题材的岩画。可以说,原始岩画中的蛛丝"马迹"是古人对其生活形态的最早期记载。世界上发现岩画最多的国家之一是法国,其中马的形象占有突出地位,在拉斯科洞穴中甚至还发现了"中国马"的形象,其形态酷似我国的蒙古马。此外,西班牙、蒙古国、中亚、西伯利亚、非洲等地也发现了色彩斑斓的马岩画。马岩画主要有马与其他动物混杂的岩画、以马为主体的岩画、猎马岩画、牧马岩画、骑马岩画、马车岩画、马蹄印岩画等,涵盖了人类在狩猎、放牧、战争、生殖、信仰等生产生活各个方面的内容,生动地记录了人类最初与马的接触与生活状态。中国境内最早记载马岩画的是北魏地理学家、散文学家郦道元,他在《水经注》中记录今宁夏回族自治区、内蒙古自治区等地的马岩画:"河水又东北迳浑怀障西……河水又东北历石崖山西。去北地五百里。山石之上,自然有文,尽若虎马之状,粲然成著,类似图焉,故亦谓之画石山也。又北过朔方临戎县西。"岩画中有很多马与牛、羊、鹿等动物相混杂的图像,其中马的形象一般被刻画得高大俊逸,十分突出。

阴山岩画和贺兰山岩画中也含有丰富的马图像。尤其是阴山岩画,以数量众多、造型生动、想象丰富的特性向人们展示着独特的文化内涵。它不仅反映了阴山地区先民的信仰、认知审美,同时让我们对当时的游牧生活有一定的了解。岩画中有很多物种,马不是岩画主体,由此可以判断当时的自然地理环境。阴山岩画记录了先民的生产生活方式、原始宗教信仰、种族繁衍生息等丰富的内容,可以说,岩画是马文化的最初表现形式。

《礼记·礼运》载:"山出器车,河出马图。"唐以前的画家常将马附于人物画中,比如表现主人出行的车马图、狩猎图等。自唐代以后,画家开始侧重描绘马本身,如《浴马图》《舞马图》等作品。这一时期的马往往被画得华贵肥壮,以马为主角的作品极为丰富,出现了王绪、王弘、曹霸、陈闳、韩翰、韦偃等画马名家,涌现了许多优秀作品。不仅如此,由于唐代皇帝对马球的喜好,还带动了社会上马球运动的盛行,也创作了关于马球运动的画作。1971年,在陕西省乾县唐章怀太子李贤墓中发现一幅极其珍贵的《马球图》壁画,人们据此推测:唐代的马球竞赛方式是球场场地一端竖有两根木柱间嵌满木板的球门,木板下部开一圆孔作为球室;参赛者分为人数相等的两队,称"两棚",两队着不同颜色服饰以示区别,而后参赛者各骑一匹骏马上场,为防止马尾巴缠绕球杖,马尾巴要扎成结;参赛队员左手执缰,右手握一根长数尺、上端如偃月形的球杖,双方在策马飞驰中争击一个"状小如拳"的木质空心彩球,将彩球击入球门下之球室者为胜。《马球图》壁画画面上绘有20多个骑马击球的人,他们穿着各色窄袖袍,头戴幞巾,足登黑靴。五名骑手正在奋力击球,一位骑枣红色马的骑手冲在最前面,高举球杖,侧身向后击球,身手矫健,姿态优美,后面的几个骑者正在驱马争抢。整个画面气势宏伟,再现了唐代贵族马球活动的精彩场面。除此之外,还有五代著名的《卓歇图》,它表现的是契丹贵族在游猎后休息或待客的情景。"卓歇"即"支起帐篷休息"的意思,贵族们席地而坐,旁边有侍女及舞乐者,再远处有马匹。整幅图场面广阔,人物众多,深刻传神,十分壮观。

与岩画出现时间大致相同的是装饰画,它的起源可以追溯到新石器时代彩陶器身上的装饰性纹样,如动物纹、人纹、几何纹,都是经过夸张变形、高度提炼的图形。洞窟壁画、墓室壁画、宫殿装饰壁画艺术对当今装饰画的影响也非常大。装饰画的价值在于为人们的家居生活服务,是用于满足人们装饰需要的艺术作品。装饰画马由于生产上有工艺性,而装饰部位、装饰面积对所画内容形式又有所要求,有所制约,有所超范,从而给装饰画马规定了造型、布局、变化的规律,进而促成了装饰风的产生。而正是这种制约促使装饰风格在其基础上不断发展,并在人们思维中生根,逐渐形成我们民族独有的美学观念。装饰画马运用高度概括的美学语言,体现作者意识和审美观念的艺术形式,使人们在具象和抽象的广阔视野里,探求大胆运用形式美的规律,用夸张、变形等手法对自然物象进行加工,美化社会,美化人们的生活。现代美术工作者也越来越重视对造型艺术的追求,装饰画马恰是连接绘画与工艺装饰的桥梁,它既可使绘画向工艺装饰趣味方面延伸,也可给工艺装饰注入绘画的生动性。

唐卡,源于印度,唐代传入我国西藏,"唐卡"是藏语音译,泛指供奉在藏传佛教寺院内的各种佛画,内容以佛像、佛教故事为主,也有少数传说题材。唐卡构图严谨,笔力精细,风格华丽,尤擅肖像,善于刻画人物的内心世界。也正因为它用笔细腻,构图饱满,线条精细,着色浓艳,所以属工笔彩的画法。唐卡中的马多和佛教故事有关,唐卡的

图式里有马,那一定是独特的民族风格、质朴淳厚的地方特色和佛教相结合的一幅画作,体现了佛教故事和各民族的绘画精华。

根秋江村就善于将两者结合。江村拥有二十八年的唐卡画龄,从师父那里继承到了嘎玛嘎赤画派的风格和绘画技法。其作品将汉地青绿山水融入唐卡中,空间感突出,画面施色淡雅、对比强烈、富丽堂皇。在多年的绘画实践中,江村还逐渐形成一套独特的颜料制作与使用技法。嘎玛嘎赤画派是西藏传统绘画的三大画派之一,讲究构图布景,勾勒的精细生动,每一笔每一道都是用特制的画笔精心勾勒而成。以江村代表作品《八马财神》为例,其中马王真识护法位于西壁,居中,白色身,一面二臂,头戴五叶冠,高发髻,耳后系红色束发缯带,浓眉大眼,双目圆睁,连腮胡须,嗔怒相;头后有绿色圆形头光,肩披青色帛带,身着铠甲,脚蹬战靴,左手持吐宝鼠,右手持蓝色弯刀,身后饰褐色祥云,跨骑在白色战马背上,战马伴随着此神的形态奔跑,马尾和马鬃随风飒飒飘起,极富动感,整个画面庄严而和谐。马在宗教中的展现方式独特而精彩,作为神的坐骑,马无疑对神起着烘托作用,其形体、神态的刻画都最大限度地将马文化一道融入主题之中。

壁画,在中国古代一般出现在有信仰的群居场所和墓室。例如敦煌《赛马图》,该图绘在莫高窟北周428窟里,图中两位骑手在山林中低俯着身体,紧握缰绳,催动骏马昂首扬蹄腾空飞驰,描绘了一场紧张而热烈的赛马场面。此外,莫高窟的唐宋石窟里,有许多表现马术表演的壁画,如《佛传故事屏风图》,是莫高窟最完整的描绘佛教创始者释迦牟尼传记故事的壁画,画为屏风式,从燃灯佛授记,乘象入胎,直到佛涅舍利止,共计33幅,近80个场面。这些画既有连续性又可独立成画。其中有6幅是表现马术、武术、射箭等练习场面的。画中远处有山林河流,近处有草坪广场,在一处开阔地中有几十匹骏马在骑手们的驾驭下往返奔跑,表演各种马上动作:有的在奔马背上做燕式平衡,有的飞骑而过"镫里藏身"拾起地上的绳子,有的站在奔马上或举重物或端火盆,有的在马上做出射箭动作、开硬弓表演等,还有的在四匹并排奔跑的马背上翻筋斗。

马球,在敦煌莫高窟壁画和遗书中也均有反映。晚唐156窟甬道西壁绘有一幅形象极其生动的打马球图。敦煌遗书中的马球资料更为丰富,其中一首诗中,极其详细而生动地描述了唐代举行马球比赛的场面。此外,书中还记载了敦煌郡设有专供打马球的场地和器材的史实。可以说,马作为一种动物,在古代发挥的已不仅仅是代步或者征战工具的作用,在娱乐比赛中也是必不可少的"朋友"。人在方方面面离不开马,人与马一起谱写的故事渗透在生活的方方面面,如此,马文化才得以在日常生活中逐渐生成。

现代壁画中关于马的创作非常多,手法多样,什么材料都可以用。利用现代科学技术,如金属、木料、石材都可以表现马,其手法多样,不拘一格,各显不同的审美。在现代社会,壁画多运用在会所、酒店或公共场所,这一画种和多种画种结合,跨界综合创作出不同形式的壁画马。

版画是一门独特的艺术,具有自己特殊的艺术语言和表达方式。版画马也就是用版画这一特有的形式表现马。中国版画有着悠久的历史,它的诞生可以追溯到汉朝,从其发展来看,被称为中国版画雏形的是汉代画像石砖,它虽是一种建筑物上具有装饰性的艺术品,但由于它以石砖为地,以刀代笔,显见版画的某些属性,后人以纸拓印,便是精彩的"版画"。随着雕版印刷术的产生与发展,版画也迅速壮大起来了。明后期,版画马也只是少有的在群体故事中出现。到20世纪20年代,鲁迅先生把木刻版画从国外介绍到中国并加以提倡,我国的版画艺术才得以进一步发展。改革开放后,版画的表现形式及艺术手法变得千变万化,呈现繁花似锦的局面,在技法工具上有专业的版画刀和各种工具。在西方也有锌板画马,即用金属板刻画再拓印,现代有丝网版画马、锌板画马、纸版画马,等等,跃然于版画之上的马生动活泼,极具观赏性。

在中西方绘画的历史舞台上,随着各类画种的拓展,马的形象有了更多

更充分的表现形式，马文化才得以在更多的画种里开辟出新的内涵底蕴。随着时代的推移，那些承载着马文化的画作也许能幸运地保留至今，也许不幸消失于历史长河之中，但马文化的精神内核却能超越时空的限制，影响代代画家，影响整个人类社会，成为我们人类积累的最珍贵的财富。

（三）雕塑中的马文化

雕塑，是凝固的艺术。中西方有许多关于马的雕塑作品，但二者有很大的不同，为更好比较二者的差异，这里先对西方的雕塑作一简单介绍。

西方的雕塑，按时间大致可以分为三种：史前雕塑、古典雕塑、现代雕塑。史前雕塑存在的时间较长，其演变反映了史前人类文化逐渐丰富的过程，在这一时期没有明显的地域分别，所以它标志着整个人类文明的最初探索。西方雕塑发源于古希腊和古罗马。这一时期的雕塑"马"都是出现在一个故事或神话里。希腊被罗马帝国征服以后，西方的文化艺术中心由希腊转移到了罗马。罗马人大量地复制和学习希腊的雕塑艺术，今天所遗留下来的一些古希腊雕塑都是罗马时期的摹制品，罗马雕塑沿袭了希腊雕塑追求"真实之美"的传统，但比希腊时期的雕塑更加世俗化。中世纪时期宗教对雕塑的影响很深。艺术中的宗教精神倾向在中世纪达到顶点，所以这一时期马的雕塑只有在神话或群雕里出现，只有在后来强化个人英雄主义时才能看到单纯的人马结合的雕塑。古希腊罗马时代的雕塑马，大多是直接

在大理石上制作,比较注重写实,强调结构的理解和认识及现实的真实感。

比如:雅典帕特农神庙拉皮泰族与半人马族的战斗,总体坚持写实的原则,所以马的表现和现实非常接近,强化造型的结实、有力。到了文艺复兴时期,米开朗琪罗创作的马都是直接在大理石上雕刻。有了学院后,为了更方便地传授技法,基本上是先做模型。雕塑马的制作过程是先做好所要表现对象的骨架,在上面用泥塑型,再翻模具,最后用模具或直接造型修理打磨成型。现代雕塑马,有写实圆雕马和浮雕马或抽象马等,形式多样,同时,以张扬艺术家个性为特征,艺术的地域性和民族性差异逐渐削弱。所以,在西方,雕塑马的表现方式越来越丰富,也越来越能彰显人文关怀。

中国雕塑历史悠久,始于先秦西周时期,流传已 3000 多年,具有民族和地方特色,比较注重"意象"造型观,不讲写实、结构、解剖等。秦代以后,中国的泥塑艺术渐趋成熟,出现了许多以马为题材的作品。代表我国古代雕塑最高成就的当属秦始皇陵马俑,马俑和真马一样大,比较写实,当然这只是和传统形象比,若和西方雕塑比,还是意象的。这些马俑身材矫健、活灵活现,马俑的躯体采用泥条盘筑雕塑造,头像则运用模制加手塑的方法制作。每匹马的细微动作和姿态被着力地刻画,它们或昂首扬尾,或张口嘶鸣,给人以欲奋蹄飞奔的画面感。其主要艺术特点是崇尚写实,雕风严谨,个性鲜明,形象生动,在总体布局上,形成排山倒海的磅礴气势,令人难忘,表现了中国意象造型高超的塑造艺术水平。

除秦陵马俑外,1969 年出土于甘肃省武威县雷台汉墓的铜奔马亦是声名远播。铜奔马俗称"马踏飞燕",为东汉青铜器。形象圆润、身姿矫健俊美,三足腾空,右后足踏一飞燕之上,小燕子吃惊地回过头来观望,表现了骏马凌空飞腾、奔跑疾速的雄姿。大胆的构思,梦幻的想象以及浪漫的手法,在海内外享有极高的知名度,被誉为"中国雕塑艺术作品的最高峰",达到了形神兼备的境界,更是于 1984 年被确定为中国旅游的标志。

汉代雕塑马优秀作品众多,咸阳附近一座西汉初年墓出土了3000件彩绘兵马俑,反映出当时军队正由车骑马并用向以骑兵为主力的转化。甲骑的骑士和战马较为高大,68厘米,骑士多数身穿铠甲手执戟。轻骑的骑士和战马较矮小,50厘米,不披铠甲,手执弓弩背负箭囊。战马强壮而高大,立体而又真实,看到它仿佛置身于当时行军作战的阵前。马尾高扬,彰显着以民族自信为内涵的马文

化,即使受千年风雨洗礼,也会使观者充满斗志,耳旁响起嘹亮的战歌。

1981年,陕西兴平县(今兴平市)茂陵阳信长公主墓陪葬坑出土的一匹鎏金铜马,是目前所知唯一一件经科学发掘的大宛马金铜造像,现藏茂陵博物馆。宋膺《异物志》描绘:"大宛马,有肉角数寸,或有解人语及知音舞与鼓节相应者。"张廷皓考:"这件金马有一特征很值得注意,即在两耳间生有一角状肉冠,比马耳还高。这表明该鎏金铜马就是依遐迩闻名的大宛汗血马的特征铸造的了。"雕塑马不仅在汉代用作陪葬,更有着彰显丰功伟绩的意义,比如马踏匈奴。霍去病去世后,汉武帝下令为他筑冢,并雕刻马踏匈奴、跃马、卧马等石人石马雕像,立在冢前,以彰其功绩。马踏匈奴描绘了一匹象征胜利者的骏马,足下踏着战败了的匈奴首领。马的造型舒展,神态自

若,衬托主人当年征战沙场的飒爽英姿,为马文化注入了歌颂名将的现实意义。

唐代是中国历史上艺术水平高速发展的时代,浮雕技艺令世界称奇,代表作品如昭陵六骏。六匹骏马均是唐太宗生前的坐骑,以高浮雕手法创作,以简洁的线条、比较准确的造型,生动传神地表现出战马

的体态、性格和驰骋疆场的情景。

清代,欧洲传教士郎世宁主持设计的十二生肖铜像是体现中西方文化交融的艺术珍品,具有极高的艺术价值和鉴赏价值。郎世宁用中国民俗文化中的生肖形象取代了西方喷泉设计中常用的人体雕塑。生肖铜像高50厘米,都是兽首人身,其中马铜像的头部为铜制,身躯为石制,且身着袍服,其铸工之精细,连头上的褶皱和绒毛等细腻之处都清晰可见。十二生肖喷泉是按照十二生肖设计的喷泉时钟,每到一个时辰,属于该时辰的生肖钟就会自动喷水,正午十二点时十二生肖会同时喷水。铸造兽首所选用的材料为红铜,色泽深沉、内蕴精光,历经百年而不锈蚀,堪称一绝。不幸的是在1860年,圆明园被英法联军抢劫并焚烧,马首一直流落海外,2007年被港澳商人何鸿燊以6910万港币购回并捐赠给国家。

鎏金舞马衔杯纹银壶亦创作于唐代,其两侧有舞马衔杯纹饰。舞马体态丰满,颈系锦带,口衔金杯,前肢挂地,后肢蹬地,振鬃扬尾,仿佛在垂首衔杯以敬酒。银壶造型饱满,舞马形象写实,结构比例准确,打制手法简洁,气势宏大。古代社会生活中,连日常银壶都会用上马元素,可见马文化对日常生活的渗透。

马雕塑不仅繁荣于古代,在当代亦有传承。中国马文化艺术研究院秘书长、中国工艺美术学会雕塑专业委员会会员、北京美术家协会会员夏阳,将平面马主题绘画塑造成三维立体雕塑,通过他的作品诠释和再现了中国马文化历史,得到了国内外的关注。他的作品结构精准、神态雄骏,主要有《牧马》《虢国夫人游春》《击鞠》《嘉里》《马超龙雀》《天马来兮》《天马》《马舞芭蕾》《丝绸之路——玄奘西行》《丝绸之路——唐太宗六骏》《曹操与汗血宝马》等。中国当代杰出的画马大师、徐悲鸿先生关门弟子刘勃舒先生对夏阳的作品给予高度评价:"夏阳的作品源于生活,融汇中西方文化的精髓,是当代马艺术的佳作。"

蒙古族被称为"马背上的民族",其关于蒙古马题材的雕塑艺术是多元的,蒙古族雕塑家从审美观念到材料技术,乃至形式、风格等方面都在尝试突破旧有程式,反映更为自由的艺术心境。例如蒙古族雕塑家、内蒙古美术家协会会员萨其日拉图的代表作《人·马》入围 2010 年内蒙古雕塑学会飙风蒙古马展。他说："我沉默寡言，不善言辞。但是，我会细心地观察生活，也会细心地体会人与人之间、人与动物之间、人与大自然之间纯洁的爱，也时常被这些爱感动。仿佛，我的内心有一根琴弦，被感动的那一刻，它会弹奏出旋律。这时，我脑海里会出现一个隐隐约约、模模糊糊的剪影。或许，这就是所谓的灵感吧。"他将蒙古马雕塑的当代艺术实践植根于北方草原民族丰厚的文化土壤，善于从中国传统

美学中获取创作经验和灵感并化为当代传承与创新的基因，大力拓展国际化艺术视野，广泛关注前沿艺术动态，以艺术创新思考与诠释支撑自己的审美创造，凸显蒙古马造型的地域性、民族性、时代性、社会性。同时以蒙古马精神为引领，以三维的艺术形态探究人类本真的心灵，虔诚地寻访未知的艺术世界，深沉地思索生存与生命的意义，以雕塑艺术的立体与多维诉说无尽的情怀：探寻远古、表现当代、逐梦未来。

在当代社会艺术创作多元化的环境中，表现马的艺术形式和观念皆已发生天翻地覆的变化，传统的艺术种类已经不能全面适应当今的社会需求。当前艺术马的创作呈现出跨学科、跨门类、跨领域、跨文化，融会贯通，交叉融合的态势。作为艺术表现载体的艺术材料已然跃升为艺术表现的主体，艺术材料到材料艺术的转化，说明了艺术观念的拓展，审美精神的更新。无论是传统的还是现代的，当代的或后现代的艺术无不体现了相应时代的艺术家的审美情操，但马文化所蕴含的人文关怀始终充斥其中，这种人与马的天然的联系割不断，舍不掉，也正因为这种联系，马文化才能得到传承并不断创新。

二、视觉传达设计中的马文化

(一)招贴设计中的马文化

招贴设计也叫海报设计,其特点是形象醒目、主题突出、风格明快、富有感召力。马作为有着积极意义的形象,自然也被吸收进招贴设计中,形成了独具现代特色的、以招贴设计为承载方式的马文化。

海报是人们极为常见的一种招贴形式,多用于电影、戏剧、比赛、文艺演出等活动的宣传,它并非现代才出现,在古埃及时期既已有之。考古学家在埃及废墟里残存的墙上发现了壁画,这种壁画用来通知群众某些事情,可以称得上是最早的海报。到了罗马时代,海报的运用则更为普遍。每当竞技场上有比赛、决斗之前,到处都会张贴海报来宣传。发明印刷术之后,海报的形式更多样,不仅可以张贴,还可以手传。1796 年平版印刷术的面世,给海报添加了色彩与图案,增添了宣传效果。以马为主题的电影或戏剧自然不会放过招贴设计这一宣传方式,例如电影《战马》的海报,它醒目地标出电影名字,虽以战场硝烟为背景,却不以灰色调这种冷色调加持,而是用橘色红色的暖色调渲染出温情的一面。马与主人公在画面中被前后布置,二者眼神同步,体现了人与马之间的高度和谐。同电影内容一致,海报中的马被赋予人性,懂得艰难岁月要互帮互助,同时这幅海报弱化了战争的主题,而是诉说着世人之间那种超越民族的勇气、力量及处处散发的人性的温情。马的形象多出于主题需要在招贴设计中被选用,多起到抓人眼球的作用,因而马在招贴设计中的作用独具特色。

(二)连环画、漫画中的马文化

连环画俗称"小人书"或"小书",兴起于 20 世纪初的上海,是以文学作品或现实生活为简明的文字脚本,并据此绘制多页生动的画作。有关马的连环画非常多,有《雪白马》《收白龙文马》等。这些作品也在传递着马文化。

漫画是一种用简单而夸张的手法来描绘生活或时事的图画。其"漫"字,与漫笔、漫谈的"漫"字用意相似,通过比喻、象征诸法来表现精炼的内容,对社会问题、人文现象等作出思考。在我国,漫画马几乎没有出现在历史中,只有讲一些成语故事比如老马识途、马到成功时附带漫画马。改革开放以来,漫画创作与时代同步,进入一个新的时期,大批优秀作品脱颖而出,在读者中产生了广泛影响,也有了关于马的漫画作品。

(三)动漫马中的马文化

动漫,是动画和漫画的合称。如图所示,由内蒙古农业大学职业技术学院赵利娜副教授主持的内蒙古社会科学联合会项目马文化公益动漫作品《草原骏马》,以三维动画制作方式为主,时长4分钟,可以是完整的一集,也可分为六集播放。画面以绿色的大草原为背景,远处的蒙古包在群山、蓝天、白云的映衬下清新而自然,主人公小马身着蒙古族服饰,手捧哈达做欢迎状。小马的原型是蒙古马,它传递着吃苦耐劳、一往无前、不达目的绝不罢休的精神。这部作品表达了蒙古民族热情好客的性格,对弘扬蒙古马精神、倡导草原生态文明建设、宣传草原旅游起到了良好的推动作用。

(四)邮票中的马文化

在我国发行的邮票中有许多马的形象。1973年11月20日发行的《"文化大革命"期间出土文物》邮票12枚,其中第6枚的图案是"铜奔马",也被称为"马踏飞燕"。1978年5月5日,中国邮电部发行了由刘顶仁设计的徐悲鸿《奔马》邮票1套10枚,邮票选取的是画家创作于1939年~1953年间的10幅代表作。这10枚邮票不仅展示了马的10种奔跑姿态,亦记录了时代的变幻风云。1982 年 8 月 25 日,中华全国集邮联合会第一次代表大会发行了小型张邮票,选用的图案是甘肃省嘉峪关魏晋时期墓室壁画《驿使图》。图中驿使骑在红鬃马上,一手持缰,一手举木牍文书,飞奔传递。1983 年,我国发行了一套《秦始皇陵兵马俑》邮票 4 枚,小型张邮票 1 枚和小本票 1 本。1990 年 1 月 5 日,中国邮电部发行了由邹建军设计的 1 套 1 枚《庚午年》特种邮票,画面是一匹既可爱又稚拙的小黑马,其大红的长鬃及富有装饰性的马褡子和披挂在翠绿底色的衬托下引人注目。1990 年 6 月 20 日,发行了《秦始皇陵铜车马》2 枚邮票和 1 枚小型张邮票。2001 年 10 月 28 日,发行了《昭陵六骏》特种邮票 6 枚,图案是根据唐太宗的六匹战马石雕设计的。2002 年 1 月 5 日,中国邮政局发行了由马虎鸣设计的 1 套 2 枚《壬午年》邮票,邮票的名称分别是《马到成功》和《壬午大吉》。

　　台湾发行的古画邮票中,也有多套以马为图案。如 1960 年 8 月 14 日发行的第一套古画邮票 4 枚,有 2 枚是马的形象,取自唐代韦偃所绘《双骑图》和韩干所绘的《牧马图》;1970 年 6 月 18 日发行的清代郎世宁所绘《百骏图》,全套 7 枚;1973 年 11 月 21 日发行的《骏马图古画》一套 8 枚和小型张邮票 1 枚,每枚邮票绘一匹名马,分别为雪点雕、如意骢、红玉座、霹雳骧、大宛骝。

　　香港于 1978 年和 1990 年发行了马年生肖邮票 7 枚、小全张 1 枚。1978 年 1 月 26 日,发行戊午马年生肖邮票,图案是奔马。

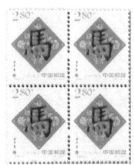

邮票在方寸之间，常体现出一个国家或地区的历史、科技、经济、文化、风土人情等特色，因而具有一定的收藏价值。我国历史上发行的有关马的邮票也是不计其数，这也足以说明我们国家对马这种动物的独特情感，马文化也伴随着情感的酝酿传播开来。

（五）文创产品中的马文化

文创产品是源于文化主题经由创意转化而具备市场价值的产品。

近年来，文创产品飞速发展，故宫文创产品伴随着综艺、网上购物的推广而受到消费者的追捧与喜爱。其中就包含有关于马的产品，如乾隆皇帝大阅兵笔筒。它的创作取材于《乾隆皇帝大阅图》。笔筒将乾隆皇帝骑马的画面动漫化，再立体地呈现出来，背景中的山被挖空做兼具实用价值的笔筒，受到青少年消费者的追捧。文创产品浴马图水晶镇尺，以元代赵孟頫的传世名画《浴马图》为蓝本，结合莹澈通透的水晶玻璃，将原画作夏日疏林间奚官在水塘为骏马洗浴纳凉的情景表现得淋漓尽致。将其置于宣纸、书页之上，或可于行笔会心之间，感受乾隆皇帝诗中"碧波澄澈朗见底，十四飞龙浴其里"的气韵。

内蒙古农业大学职业技术学院敕勒川设计艺术研究中心的师生同样在为宣传蒙古族马文化做着努力。他们研发了许多马文化文创产品，代表作品有《骥足》《戎马》《印迹》《蒙韵》《一品鞍》《木涩》。

其中，《蒙韵》将蒙古马形象与蒙古族图案相结合，以丝巾的方式表现出来，颜色选取苏勒德的黑色和禄马风旗的五种颜色，以期让更多的人了解蒙古族的色彩和传统图案。

中国北方草原民族的马烙印使用历史悠久，以蒙古族的马烙印文化最为发达，而苏尼特蒙古族马烙印文化又是其中的典型。蒙古族马烙印文化不仅是研究北方草原民

族牧马业发展的重要内容,也是研究蒙古族社会管理、道德风尚、文化艺术、宗教信仰的重要资料。《木涩》即吸收了马烙印文化,以马蹄铁为原型,与蒙古族图案相融合,做成 U 形枕等生活产品,既美观又实用,大大提高了人们日常生活的审美情趣。文创产品让古文物或民族文化活跃于日常工艺品之中,更好地宣扬了我国古代传统文化和民族文化,对于增强民族自信有着明显的推动作用。

从 18 世纪莱辛在《拉奥孔》中开始用造型艺术这一名词,它就与“摹写”的含义分不开,从古至今,从中国到西方,人类从未停止探索造型艺术的步伐,范围更是囊括世间万物。其间对马元素的运用远及岩画,近及海报、雕塑等,从二维到三维,人类不断模仿,不断创造,使得马文化的精神内涵也在这过程中不断延展,不断沉淀。今天,我们透过这些真实存在的艺术作品,不仅能与古人、与世界对话,更能赋予马文化以无限的可能,让马文化生生不息,无限绵延。

第二节　工艺美术中的马文化

工艺美术是指工艺品的造型设计和装饰性美术,通常十分精美,具有实用性。其包含了各种手工技术如金工、木工、编织、裁缝、塑料造型以及雕刻、版画制作和绘画,相比于造型艺术,工艺美术中的生活元素更多,所以工艺美术中的马文化也更易被人所捕捉,其表现形式更别具特色,熠熠生辉。

一、皮画中的马文化

皮画马,即在皮革上画或用皮革创作的马。皮画色彩艳丽,没有经过染色的真皮是淡黄色的,略微泛红,在上色的过程中真皮本身对颜料的特殊融合使得色彩更加鲜明。对经过立体装裱后的图案的线条进行雕刻,会产生特有的浮雕效果,与鲜明的色彩相配合,使马的造型生动逼真,质感无与伦比。人类对皮质材料的使用早在狩猎时代就已经开始,以羊皮地图、简单的装饰画最为常见,还有皮革制的生活用具,如烟袋、酒壶等。辽代和蒙古汗国时期,游牧民族和中原汉族交流往来比较频繁,游牧民族在皮革中融入了汉族的元素,不但能制作熟皮,制作各种带图案的服装,还把汉族剪纸艺术融入其中,用皮质材料剪成各种动植物图案,如回纹、卷草纹、云纹、鹰、马、骆驼、蝴蝶等,并将其粘贴或缝制在服装、马具和毡帐上,以达到吉祥、驱邪、醒目、装饰、美化的效果。

借助现代科技,人类把皮质材料分成各种皮层,并采用各种技术创造出不同质地的皮质艺术品,立体全方位地展现皮质审美文化。目前,在皮质工艺品市场上可以看到描绘皮画、粘贴皮画、挤压皮画,这些皮画中绘有各个时期、各种形态的马,除保留古朴韵味外,还融入了现代民族工艺技法,成为

一种难得的馈赠佳品和高雅的室内装饰品。皮质造型还是草原民族最早的特色工艺之一,不同时代的皮质造型工艺在社会生活变迁中被赋予了不同的时代审美内涵和艺术特性。

二、唐三彩中的马文化

唐三彩是盛行于唐代的一种低温铅釉陶器,在汉代铅釉陶的基础上发展起来,又在南北朝时期有所发展,表现为在白釉或黄绿釉挂上了绿色彩带,至唐代初期一般是黄彩或绿彩单彩釉。武则天当朝后这种工艺出现了一个飞跃,即在同一器物的胎体上,同时使用多种颜色,形成了"三彩"器。所谓"三彩"也不仅限于三种颜色,除白色(微带黄色)外,还有浅黄、赭黄、浅绿、深绿、蓝色、褐色、翠绿等多种颜色,其实是一种"多彩"。因这种彩釉陶器盛行于唐朝,故后人称为"唐三彩"。它以色釉的淋漓酣畅、绚丽斑斓,造型的淳厚饱满以及浓郁的浪漫情调在中国陶瓷史上写下了辉煌的篇章。

唐三彩陶器中,马是最常见的作品,被称为"三彩马"。三彩马一般是随葬品,在唐代非常盛行,曾出现高度在1米以上的三彩马。唐朝末年,由于国力日衰,三彩陶器的生产开始逐步缩减,包括三彩马在内的器物质量大不如前。宋辽时期各地仍有三彩作坊存在,但工艺和装饰已与唐代三彩器有了明显的不同。

三彩马形体硕大、构造复杂,无法使用普通手工拉坯法来完成,而是多采用模制法。虽然是合模制作,但所有三彩马都各具特点,几乎找不出完全一样的三彩马。从现存三彩马可以看出,唐代三彩匠师们不仅对马的外形特点十分熟悉,而且对马的神态、秉性也有深入的了解,因此塑造起来得心应手。他们不仅在三彩马的外形上做到了逼真,而且充分发挥了艺术想象力,恰当地运用了艺术夸张的手法,把马的内在精神表现得淋漓尽致。

从唐代三彩马的造型看,大致可以把它们划分为五类。一是奔马俑,如腾空奔马俑;二是提腿马俑,通常是三蹄落地,仅右前蹄抬起;三是马上人俑,是三彩马中的重要品种,三彩马上人俑的坐骑一般都立姿状态;四是马拉车俑,这种品种较罕见,拉车马体形虽然不大,但造型格外逼真;五是立马俑,是唐三彩中最常见的品种,马的四腿直立于长方形底板之上。作为中国艺术瑰宝,唐代三彩马多方位地折射出唐文化的绚丽光彩。如《对马》,该作品展现了唐代三彩马的神韵,也反映出时代的特征,每个马的形体十分生动传神,处处给

《对马》

人一种内在的、真实的美感。三彩马的造型,一般头比较小,头颈比较长而且十分硕实,体形肥壮,其身体各部位的肌肉强劲有力,马的细节比如眼睛、耳朵、筋骨、肌肉等部位刻画得十分细致,不管是静止的马还是运动的马,都如活生生的现实生活中的马。唐人爱马,所以才有这绚烂多姿的三彩马。代表唐代人匠心工艺的三彩马穿越千年历史,将唐时马文化活生生地展现在世人面前,色彩依旧,精彩依然。

三、工艺品中的马文化

工艺品来源于生活,来源于心灵对美的追求,创造了高于生活的价值,它是人类智慧的结晶,充分体现了人类的创造性和艺术性。各种材料的工艺品中都有人们喜爱的骏马形象。

木雕马,即木制工艺品马,泛指以木头为原料的马造型工艺品,做工精细、风格各异、寓意深刻,是一种独具风格的工艺品。汉墓出土的动物木雕作品有马、牛、狗等,这些四足动物造型生动,都是用分部雕制再黏合而成的方法制作的。木雕马是艺术创作中最为形象生动的一种工艺作品,它需要的技艺非常简单,只要你有一双巧手便能雕刻出来。如今,工艺品技艺取得长足发展,现代科技把木雕工具完善了,雕刻手法已经到了出神入化的地步,木制工艺品中马的种类十分丰富,已经被广泛地应用在我们的日常生活

当中,比如马灯饰、马茶几、马挂件等,这些木制工艺品让我们的生活更加优雅。到了现代,木雕艺术审美呈现世俗化倾向,包括当下的木雕马。(下图木马,黄淑洁拍摄于德国)

除木雕外,民间艺术创作者还善于运用各种材料制作风格各异的马匹形象。例如柳条编马,它是用杞柳条制成的工艺品,由一种现代工艺品发展而来。杞柳亦称"红皮柳",丛生灌木,主要产地为河北固安及江苏北部、山东南部一带。杞柳枝条韧性强,适于编织各种生活用品,也能编出马的造型,或编织好再在上面画上马。还有用玉米皮编马的,因为玉米皮质地柔韧,可编织各种生活用品,且结实耐久,是新中国成立后北方新发展的一种工艺品。此外,还有草编马和竹编马,草编即利用草编成各种生活用品,主要种类有河北、河南、山东的麦草编,上海嘉定及广东高要、东莞的黄草编,浙江的金丝草编,湖南的龙须草编及台湾等地的草编,属于民间广泛流行的一种手工艺品。竹编,是一种用竹篾编制的工艺品,先将竹子剖削成粗细匀净的篾丝,经过切丝、刮纹、打光和劈细等工序再编结成各种精巧的图案。竹编的主要产地是浙江东阳、嵊州,福建泉州、古田,上海嘉定,四川自贡等。

工艺品的材质中,比较珍贵的是水晶石。连云港市东海县被誉为"水晶之乡"，其矿藏水晶面积达 1280 平方公里，储藏量大约在 500 万吨以上，储量、质量皆为全国之首。还有被誉为"中国水晶第一镇"的扬州宝应县西安丰镇，近几年水晶行业发展迅速，已经成为当地的知名产业。水晶分为白水晶、紫水晶、紫黄晶、黄水晶、茶黄晶、茶晶、墨晶、粉晶，主要制成水晶饰品和工艺品，如白水晶马。它由白水晶做成，被称为晶王马，民间用其镇宅、辟邪。

久享盛名的景泰蓝又名掐丝珐琅，因盛于明代景泰年间，且作品釉色以宝石蓝为主调，因此得名。其制作以铜胎为主，将细面扁平的铜丝掐成图案焊在胎上，再填入各色釉料，经烘烧、磨光而成，具有浑厚凝重、富丽典雅的艺术特色。景泰蓝马形态生动，色泽艳丽，具有独特韵味，其艺术特点可用形、纹、色、光四字来概括，给人以圆润坚实、细腻工整、金碧辉煌、繁花似锦的感受。大国不但重"形"，更重"器"。景泰蓝已成为大国重器的形象担当，频繁亮相国际舞台，用它厚重的文化肌理彰显中华民族的时代风貌，传递华夏儿女在浩瀚阔土上成就的传奇佳话。

烧瓷同景泰蓝一样，在我国有着悠久的历史。它是一种传统工艺，又称画珐琅或铜胎画珐琅。清康熙年间欧洲彩绘珐琅工艺品传入宫廷，为帝王们所喜爱，康熙五十七年宫廷在内务府养心殿造办处下设珐琅作坊，法国匠师格拉沃雷担任技艺指导。康熙、乾隆时期的烧瓷多为宫廷贡品，其图案立意新颖，色彩明快，点焊匀实、天衣无缝，其中以金银为胎的作品更显华贵。工艺美术大师郭俊能的作品《盛世舞步》，于 1976 年创作，2013 年被重新制作。为了追求舞马翩翩起舞的韵律动感，必须保留较大的连接空间，因此增加了制作难度。这匹马借用马术比赛中最优雅高贵的项目——盛装舞步的美誉，取了个美好响亮的名称——盛世舞步。它新颖、简洁、律动优美，含蓄而富有激情，内敛又不失奔放与洒脱。舞马造型的空间

增加了窑内热焰流动,使黑釉油黑锃亮,红结晶也出现缕缕似翎的血丝和繁花缤纷的效果。该作品汲取中外雕塑艺术之所长,不拘泥于一般写实,而是突出音乐与舞蹈的优美节律,展示了运动中的美感,诠释出一种独特的造型美。

铁画,是以铁为墨,将民间剪纸、雕刻、镶嵌等各种艺术的技法融为一体,采用中国画章法制作。铁画盛行于北宋,至清康熙年间,安徽芜湖铁画自成一体,并逐渐享誉四海。在当代,中国铁艺发展比较好的地方仍属安徽芜湖。芜湖铁画历经340多年的传承和发展,在传统尺幅小景、画灯、屏风基础上,又创有立体铁画、盆景铁画、瓷板铁画和镀金铁画,形成了座屏、壁画、书法、装饰陈设和文化礼品五大系列200多个品种,以其与众不同的艺术风格和魅力,在艺坛上独树一帜。芜湖铁画曾参加法国巴黎世界博览会、匈牙利布达佩斯造型艺术展,并赴日本、科威特、意大利、尼日利亚、沙特阿拉伯等20多个国家和地区展出,铁画马是其中的一部作品。

云南地区的工艺品在我国工艺品发展史上占据着重要地位,包括斑铜和锡制工艺品。斑铜,作为云南特有的特色传统工艺品之一,距今已有300多年的历史。斑铜工艺品的制作复杂而严格,材料采用高品位的铜基合金原料,经过铸造成型、精工打磨以及复杂的后工艺处理制作而成。它"妙在有斑,贵在浑厚"。斑铜马褐红色的表面上离奇闪烁、艳丽斑驳、变化为妙的斑花,有独特的艺术趣味,深得人们厚爱。锡制工艺品,是被誉为"锡都"的云南个旧市的传统工艺品,其光如镜、色似银,造型精巧玲珑,且具有防潮、保温、耐酸、耐碱等特点,造型多为各种动植物,种类包括酒器、香炉、烛台、餐具、花瓶等。锡马有锡材料特有的质感魅力,套用当下的时尚用语就是"低调奢华有内涵"。

金银细加工,中国金银器制作工艺中最完美的技艺之一,传承至今已有3000多年的历史。中国金银器制作工艺起源于商周,盛于汉唐,宋代以精美的金银酒具为主,至明清两代,金银器制作运用编、织、盘、辫、码、拱等多种技巧,发展到了典雅华贵的顶峰。金银摆件传承中国古代金银器工艺技术,并不断创新发展,"一秀天仪""地动仪""九龙酒具"和"鹿拉风车"等金银摆

件享誉海内外。在这些金银摆件中,也可以看到造型精美的马,这些马摆件制作精美,姿态各异,誉满全球。银饰在苗族服饰中特别是在妇女盛装中占有十分重要的位置,其中银饰马是必不可少的饰物。银饰马利用压、刻、镂等工艺,制出精美的马纹样,再焊接或编织成型。银饰的种类较多,有银冠、银角、银梳、耳坠、项圈、手镯、戒指等80多种,其中马坠造型独特、生动、玲珑精美。

花丝镶嵌,又叫"细金工艺",由花丝和镶嵌两部分组成,需要将金、银细丝用堆垒、编织技法制成工艺品后,再嵌以珍珠、宝石等做装饰。春秋时期花丝镶嵌工艺品初具雏形,至明清两代已达到历史上的巅峰阶段,名品不断涌现,很多成为贡品。花丝镶嵌工艺品声名远播,尤以北京、成都以"胎透空镶底法"创作出的"花丝镶嵌马"最负盛名,它构图严谨,玲珑剔透,富于变化。

四、民间工艺美术中的马文化

(一)剪纸艺术中的马文化

剪纸是中国传统的民间艺术门类,历史悠久,风格独特。民间剪纸的图案,多采用中国民俗图案,具有吉利、祥瑞或驱邪等寓意。在优秀的剪纸作品中不乏以马为题材的作品,剪纸马不讲写实造型,更多的是突出装饰趣味性。同时,在马身上可以看到团花图案,这些图案主要起装饰作用,充满艺术魅力。

中国古代不乏关于剪纸马的优秀作品,比如《对马团花》是1959年新疆吐鲁番高昌古城遗址出土的南北朝时期的剪纸之一,以黄色纸剪成,外廓锯齿状,中间为六角形,六角形内的圆心部分是几何形花纹,每一条边上有两匹相背的马。仔细看的话,马匹昂首翘尾,四足直立,强健有力。该作品利用万马奔腾的形象,表现生活欣欣向荣的景象,表达了古代人的美好愿景。在现代的民间剪纸艺术作品中,《秦琼卖马》《骏马》《走马》《两匹马》等也是以马为题材的优秀之作，蕴含着丰富的马文化。

蒙古族的剪纸艺术和剪皮艺术极为丰富，是最贴近人民群众的一种艺术形式，是北方游牧民族和蒙古族文化的重要组成部分。农村牧区的妇女或艺人经过长年累月的反复实践，积累了丰富的剪纸创作经验，已形成一套比较完整的程式化表现方法。2008年，内蒙古和林格尔剪纸被列入第一批国家级非物质文化遗产扩展项目名录。剪纸经过1500多年的沿袭和发展，逐渐形成具有地方特色的艺术形式，内蒙古涌现出了众多优秀的剪纸艺术家。

例如，内蒙古乌兰察布市商都县的我国当代著名剪纸艺术家刘静兰，是国家级非物质文化遗产项目"包头剪纸"的代表性传承人。她一方面从民间传统的剪纸艺术汲取养分、搜集、整理、复制了许多传统民间窗花，甚至抢救了一些即将失传的剪纸图案；另一方面，注

重了解民俗风情，善于捕捉生活中情趣，结合现实生活创造性地创作了许多作品，如喜花、生肖、寿花、团花、灯笼花、"全家福"等题材的剪纸艺术作品，多次在国内外获得大奖。她的代表作品《草原吉祥》获中国民间文艺最高奖"山花奖·民间工艺金奖"。马是北方游牧民族最为喜爱的动物，刘静兰对马有着特殊的情感及爱好，用剪纸的方式创作了不少马题材作品，比如《马上有福》。该作品以高度简约的表现手法、精雅细腻的艺术品位、热烈奔放的情感完美地塑造了一个以剪纸马为载体的独具内蒙古草原生命气息的精神世界。

中国当代著名剪纸艺术家、内蒙古剪纸协会会长段建珺，在长达三十余年创作实践中开创了独特的剪纸马艺术，其作品被誉为"中华剪纸第一马"。作品中所表现出来的是充满生命张力，充溢着浓烈的草原上的独特生命气

息的艺术之美,以动荡流逝的瞬间状态集中表现着运动加力量的视觉美感,具有强烈的艺术感染力。段建珺还被誉为中国十大"神剪",被冯骥才先生赞誉为中国新生代剪纸代表人物之一,代表作品有《马背祝福》《马背放歌》《草原三骏》《万里草原春光好》。另外还有一位极其优秀的非遗传承人薛金花,至今勤剪不辍,近年来更是新品倍出,尤其剪纸人物作品栩栩如生,出神入化。作品《万马奔腾草原梦》也是以草原为背景,"万马"在作者的一刀一剪中活灵活现,精神勃发,透过"万马"的雄姿,展现出草原人民奋发向上的心态和建设美丽大草原的美好愿景。

(二)年画中的马文化

年画,是我国一种古老的民间艺术,是中国民间美术中一个较大的艺术门类,它反映了人民大众的风俗和信仰,也寄托着人们对未来的美好希望。年画曾经有过颇为兴盛的发展时期,约始于五代,其渊源却可以上推至秦汉或更早历史时期中的驱鬼、避邪之类的守护神门画,旧称"纸画""纸片""画张"等。年画经历早期的自然崇拜和神祇信仰,逐渐发展为寓意驱邪纳祥、祈福禳灾、欢乐喜庆及装饰美化环境的行为,表达了向往美好生活的愿望。年画是我国传统艺术文化宝库的重要组成部分,不仅对民间美术的其他门类产生过深远的影响,而且与其他绘画形式相互融合成为一种成熟的画种,具有雅俗共赏的特点。最早发展起来的年画是民间木版年画,是我国传统绘画的一个独立画种,多为年岁时节而作。年画起源于一个故事。相传有一次唐太宗生病,梦里一直听到鬼叫,不能入睡,十分痛苦。大将秦叔宝和尉迟恭闻知后披挂上阵,骑着马手执兵器守卫门旁,这一夜唐太宗没有梦见鬼,病也好了。唐太宗既想长期平安无事,又不愿叫两位大将夜夜辛劳守卫,于是命令画工画了他俩的骑马像,贴到门上,称作"威武门神"。以后人们就仿效这种做法把"威武门神"贴在门上,以除鬼灾。关于马的年画很多,我国民间流传最广的《关公》《杨六郎》《八骏图》《穆桂英挂帅图》都与马相关。在与传统节日的汇合中,马文化走进千门万户,成为传统文化中不可或缺的一部分。

（三）刺绣中的马文化

刺绣,是中国优秀的民族传统工艺。中国则是世界上发现与使用蚕丝最早的国家,据《尚书》载,4000多年前的章服制度,就规定"衣画而裳绣",至周代,有"绣绩共职"的记载,后因刺绣多为妇女所作,故又名"女红"。宋朝时,崇尚刺绣服装的风气在民间广泛流行,这也促进了中国丝绣工艺的发展。明清时封建王朝的宫廷绣规模很大,民间刺绣得到进一步发展,先后产了苏绣、粤绣、湘绣、蜀绣,号称"四大名绣"。我国的少数民族如维吾尔族、彝族、傣族、布依族、哈萨克族、瑶族、苗族、土家族、景颇族、侗族、白族、壮族、蒙古族、藏族等也都有本民族特色的刺绣。在长期的历史发展过程中,苏绣在艺术上形成了图案秀丽、色彩和谐、线条明快、针法活泼、绣工精细的风格,被誉为"东方明珠"。双面绣《马》就是苏绣的代表作品之一,绣马过程中最难的是那对马眼睛,需用20多种颜色的丝线才能把马眼绣得炯炯有神、栩栩如生,难得的是该作品无论从正面或反面都可以看到马眼活泼的神态。在双面绣的基础上,苏绣又发展成双面异色样绣,为刺绣工艺开辟了新的途径。

（四）蜡染艺术中的马文化

蜡染,是蜡画和染色的合称,是我国少数民族古老而独特的手工绘染艺术,与绞染、扎染一起被誉为中国古代三大纺染技术。在历史文献中有关蜡染的记载很少,直到宋代才对蜡染有明确的提法,学界比较一致的意见是,宋代由于印花蓝布的成本低、工艺简单而大为盛行。此后,蜡染在中原逐渐消失,而在西南的少数民族地区代代传承,至今不衰。从传世和出土的蜡染实物看,蜡染盛行于唐代,北京故宫博物院所藏的三色蜡染、日本正仓院所藏的"对树象羊蜡缬屏风",都是唐代遗物。蜡染马具体的制作方法是用特制的铜蜡刀蘸蜡液把马图案绘于白布上,待蜡凝固后,将织物在土靛染液中浸染,然后晾干,再用沸水煮去蜡质。这样,白布上的马因有蜡防染而未着色,便形成各种美丽的蓝底白花纹样马,大块的蜡质防染处,由于靛蓝浸入

蜡的裂痕中而形成冰裂纹的马造型。所以，每一块在刻意却不确定中产生的蜡染布料，都是世上独一无二的作品。贵州蜡染，以安顺、镇宁、黄平、丹寨所产独具特色，被誉为"正宗"，这些地区也被称为"蜡染之乡"。

　　总之，民间工艺品对马文化有着最广泛的传播，透过一张张剪纸、一幅幅漫画和一件件刺绣，马这一文化符号得到了最广泛而又深刻的充实，它是希望，是祝福，亦是传承。每一件工艺美术品都凝聚着艺术家的情感，饱含着他们的匠心，在新时代下，我们提倡"工匠精神"，也是要将这种匠心传奇续写下去。马作为工艺美术作品中的创作元素从古至今都不曾消失过，相信当代和未来的艺术家将会吸取更多素材，更深刻而全面地诠释马文化，让承载马文化的工艺美术作品不但能走出殿堂，还能走进寻常人家。

第三节　歌舞音乐中的马文化

　　以马作为主要元素的歌舞音乐自古代已有：从唐宋时期茶马古道上的《赶马调》到元朝已成熟发展的马头琴乐曲，从流行于唐代的舞马表演到当代民族舞蹈《蹄印》带来的震撼，从蒙古族婚礼中的《赛马歌》到草原那达慕盛会的《赞马歌》，带有马元素的音乐和舞蹈总能在特定场景里给人带来特殊又难以忘怀的感受。

一、歌声中的马文化

　　马是人类最亲密的伴侣和最忠实的朋友，因而出现了很多歌颂马儿的赞歌。

　　《赶马调》是流行于云南的经典民歌之一，其曲调流畅悠扬，歌词随歌者自由发挥。赶马人不但在运输途中骑在马上唱《赶马调》，放马夜宿野外时也唱。千百年来，在云南滇西高山树林之间的蜿蜒道路之上，一群群马帮踩踏出旋律动人的民歌,从某种角度上来说,它是一部赶马人的家庭史、生活史、爱情史,不仅表现了云南地区传统民歌特色、云南人自由奔放的情感,而且承载着茶马文化的历史人文内涵。茶马古道有三大马帮:汉族马帮、藏族马帮、纳西族马帮,因此《赶马调》的音乐形态分为汉族马帮《赶马调》、藏族马帮《赶马调》、纳西族马帮《赶马调》。汉族马帮《赶马调》主要在云南大理地区流行,其与山歌类民歌相像,因此其既有茶马古道的文化内涵,也有当地民歌风采,如其经典歌词"砍柴莫砍葡萄藤,嫁女莫嫁赶马人"。该曲调旋律反差极大,时而豪放、嘹亮,时而温婉、含蓄,时而自由欢乐,时而哀婉惆怅……这一张弛有度的方式淋漓尽致地传递出赶马之人在崇山峻岭之间的喜怒哀乐。藏族马帮的《赶马调》是茶马古道云南段音乐的重要组成部分,其音乐表现形态丰富多彩,有歌唱茶叶、马帮生活、沿途自然风光等的山歌;有表达男女爱情的歌,被称为情卦类;还有藏族特有的歌舞形式的曲调,被称为锅庄类。纳西族马帮《赶马调》主要流行于丽江地区,通过歌唱马、茶叶等来表达人与人、人与自然的和谐,及民族与民族之间交流与融合。

西藏地区的门巴族对马有一种特殊的爱恋之情,他们把这种崇仰、膜拜之情化成偶像和神灵,一遍遍地歌唱着、赞颂着,比如赞美马的"萨玛"酒歌:我们新市上的西宁马/驰骋如同春季里的风/金鹿、母鹿,任我驾驭!

马,是蒙古族带给门巴族的,是两个民族进行文化交流的使者,传递着各民族之间的深情和友谊。在许多门巴歌谣中,用无比深厚的情谊赞美着来自青海的"西宁马"就是这种文化交流和友谊的见证:啊来!街道上的好骏马/小伙子驾驭碎步如轻风/驰骋又如快鹿飞跃光闪/啊来!碎步如风的好骏马/羡慕啊,好骏马驰骋如飞跃光闪/啊来!街道上的好骏马/姑娘们驾驭碎步如长虹/驰骋又如云天空电掣雷叫/啊来!碎步如虹的好骏马/羡慕啊,好骏马驰骋如电闪雷鸣!

马作为文化传播的使者,给门巴族人民带来的还有"内地镂花瓷碗""内地白玉瓷碗""犹如彩霞般的丝线""闪亮的墨绿绸缎",还有"清香的茶叶""绿色的烟草""金制的烟袋",及用金银铜铁等制作的各种工具和器具等。门巴族所在地区的达旺和茶马荣两处是"麝香之路"上著名的市场,每年春

秋两季,来自内地、藏区、不丹和印度的商人云集,货物堆积如山,人头攒动,而马则是市场上的主要角色,带来天下商客,载来四海珍奇。一首短短四行情歌生动地再现了市场上讨价还价的热闹场面:西宁镂花瓷碗/岂能亏交换/不丹商人面前/掂量尊物价钱。

除此之外,马元素中诸如马鞍、鞍垫、马缰、马镫、肚带、马圈、母马、马驹、马队、驮帮、马夫等,已成为门巴族诗歌中的意象符号,用以表达和塑造诗的抒情意象,渲染某种情态意境。门巴族是一个富有诗情歌意的民族,有"情歌之乡"的美誉,在门巴族情歌中就有许许多多以马元素为象征符号,表达和抒发生活哲理、人生体验、命运多舛和男女之恋等情感。通过门巴族歌谣洞悉门巴族与门巴族文化,从中可以看到马带给门巴族的民族精神:开放、豁达、豪迈、钟情、机敏、睿智。

蒙古人给予骏马很多美誉,"腾格里"——天赐之马、"毕力格"——智慧之马、"吉日木图"——重义之马、"别日古楞"——伶俐之马、"吉日嘎朗"——幸福之马……由此可见蒙古人爱马的情愫。蒙古男儿宁愿抛弃毡帐,也不会丢弃坐骑。蒙古人对马的赞颂有着悠久的历史,翻开有关蒙古族民歌的书籍,马的赞歌不胜枚举,在蒙古族谚语、民歌、乌力格尔(说唱艺术)、英雄史诗、叙事诗、祝赞词、民间故事中,骏马的形象千变万化。

蒙古族民歌因地区不同而风格迥异,锡林郭勒草原的长调民歌,声音嘹亮悠长,其中《小黄马》《走马》等流传甚广;呼伦贝尔草原的长调民歌则热情奔放,其中《盗马姑娘》为代表作。这些长调歌曲都从不同角度表现了马形象与旋律的完美结合,例如《蒙古族婚礼歌》中的《赞马歌》,是祝词家献给新郎的歌。迎亲的马队中,新郎牵着用彩绸装饰的骏马走在最前面,马身上描金的银鞍分外华丽。新娘家的祝词家按照古老的习俗,把喜庆的酒杯高高举起,沿着日月运转的方向旋转一周,将碗中的奶酒向马背,洒向天空,洒向大地:"雄狮一般的脖颈,星星一般的双眼,猛虎一般的啸声,麋鹿一般的矫健,精狼一般的耳朵,凤尾一般的毛管,彩虹一般的尾巴,钢蹄踏碎千座山。这就是我们新郎的骏马,来迎亲的坐骑,汗水洗过一般哟,腾起坚硬的四蹄,踏开幸福的开端!"

《蒙古族婚礼歌》中的《赛马歌》是迎亲路上的一首进行曲。在送亲途中，人们唱着《赛马歌》，尽情地催马奔驰，相互追逐、嬉戏，在阵阵歌声中完成"抢帽子""逗新郎"的游戏。《蒙古族婚礼歌》中《你是我的兄弟》是新郎在迎亲路上献给骏马的歌。

草原盛会那达慕上，赞颂骏马的歌声与景物交融，成为安抚灵魂的歌唱。这些民歌回荡在广袤浩瀚的草原上，赋予蒙古人别样的美。牧人与骏马为伍，唱着高亢的长调，构成一道迷人的风景，使天空更加高远，使大地愈加宽广，那宽阔辽远的声音是人类情感世界中最真实、最坦荡的诉求。草原上的祝词家在那达慕盛会上所演唱的传统的《马赞》，能连续唱几十分钟且不重词、不重句。蒙古人天性豪爽，热情奔放，历来有崇尚诗歌的传统和出口成章的本事，并且形成了一种特有的民间文学形式，即蒙古族祝赞词，蒙古语称为"仓"，其中不乏一些称颂马的名篇。蒙古族民歌在中国文化史上占有重要的位置，是草原上一条美丽而特殊的文化带。在民歌中，马、草原、人，完美交融。很多民间歌手和艺术家在草原的歌海里采风，使蒙古族民歌得到整理、保护和传播。内蒙古大学蒙古学学院苏尤格教授说："多角度、多层次挖掘蒙古族马文化的内涵是很有必要的，特别是蒙古族民歌中的马匹是艺术内涵和思想性的结合，是向往美好生活的象征，亟待加强保护和进一步挖掘、整理。"

二、器乐中的马文化

长期以来，浪迹天涯的游牧民族与自己的坐骑相濡以沫，感情笃深。蒙古族自古以来就以能歌善舞著称，蒙古人善于用音乐和舞蹈淋漓尽致地表现牧人的生活，表达牧人的美好情感。蒙古族的代表乐器马头琴更是体现出蒙古族人民对马的钟情与爱恋。马头琴那低沉婉转、激情奔放的旋律打动了所有草原人民的心。在此即以蒙古族乐器——马头琴为代表，展示器乐中的马文化。

（一）马头琴的来历与传承

马头琴的历史悠久，从唐末时期拉弦乐器"奚琴"发展演变而来，成吉思汗时已流传于民间。据《马可·波罗游记》载，12世纪鞑靼人（蒙古族前身）中流行的一种二弦琴，可能是其前身。明清时期，马头琴被用于宫廷乐队。由于流传地区不同，它的名称、造型、音色和演奏方法也各不相同。在内蒙古西部地区被称作"莫林胡兀尔"，而在内蒙古东部的呼伦贝尔等地则被叫作"潮尔"，其他地区还有"胡兀尔""胡琴""马尾胡琴""弓弦胡琴"等叫法。

马头琴是蒙古民族的代表性乐器，不但在中国和世界乐器家族中占有一席之地，而且是民间艺人、牧民都很喜欢的乐器。马头琴演奏的乐曲具有深沉粗犷、激昂的特点，体现了蒙古民族的生产、生活和草原风格。除内蒙古外，辽宁、吉林、黑龙江、甘肃、新疆等地的蒙古族也流行使用马头琴。马头琴在蒙古族牧民的生活中有着很重要的地位，它是最适合演奏蒙古族长调的乐器，能够准确地传达出辽阔的草原、呼啸的狂风、悲伤的心情、奔腾的马蹄声、欢乐的牧歌等。在草原文化背景下，马头琴已不再是一把简单的乐器,承载的也不再是一个人或一匹好马的悲喜,而是一个豪迈不羁的民族的象征,成为蒙古人心中一种永远的印记,成为马背民族的一个符号、一种文化标识。

(二)马头琴的传说

马头琴的问世有很多动人的传说,广泛流传的动人故事就有十几个版本,这里介绍其中的一个传说。察哈尔草原上一个叫苏和的牧童从小与奶奶相依为命,他白天出去放羊,早晚帮助奶奶做家务。一天傍晚,苏和在放羊归途中看见一匹刚出生不久的小马狗,苏和怕它被狼吃掉,就把它抱回家中。日子一天天过去,小白马长得美丽健壮,成了苏和的家人及最亲密的伙伴。深夜有狼出现在羊圈旁时,小白马就担负起替主人保护羊群的任务。有一年春天,王爷要举行赛马大会,为女儿选一个最好的骑手做丈夫,谁得到第一名,王爷就把女儿嫁给谁。苏和在邻居的鼓动下,牵着小白马去参加比赛,小白马没有辜负众人的期望,得了第一名。王爷见第一名是一个穷小子,便心生反悔之意,不但不提招亲的事,还想用三个元宝买下马。苏和生气地说:"我是来赛马的,不是来卖马的。"王爷恼羞成怒,打伤了苏和,又将马强行带走。邻居们把被打得遍体鳞伤的苏和救回来,苏和却因为想念白马一直郁郁寡欢。王爷得到了好马异常兴奋,择吉日良辰请亲友们观赏,小白马终于有机会被牵出来。王爷刚跨上马背就被小白马摔了下来,然后小白马挣脱缰绳,逃离了王府向着苏和家的方向飞奔。王爷命家丁追赶,并下令实在追不上就用箭射死它,就在小白马要跑到主人苏和身边时,被后面的追兵连射数箭,倒在苏和的帐前。听到声音,苏和走出来,看到地上奄奄一息的白马,顿时悲愤交加,痛哭不已。失去了心爱的伙伴,苏和非常伤心,一直沉浸在忧伤的情绪里。见到主人如此忧伤,一天晚上,白马给主人托梦。梦中,白马依附在主人身边,低低哭泣,满眼眷恋地说:"主人,你若想让我永远不离开你,还为你解除寂寞的话,就用我身上的筋骨做一把琴吧!这样我们就永远不会分离了。"苏和相信那是马的灵魂在诉说,他含着眼泪,用白马的躯骨做杆、尾骨做弓、长筋做弦,做了一把琴,并在琴杆上雕刻了白马的样

子，取名马头琴。而琴的声音也始终像那匹离开主人的马的哀鸣。从此，马头琴低沉苍凉、婉转深情的旋律传遍了辽阔的草原……

（三）马头琴演奏家

当今马头琴艺术第一人当属中国马头琴学会会长齐·宝力高。他是杰出的演奏家和作曲家，从事马头琴艺术五十余年，不仅接受传统民间音乐的熏陶，娴熟地掌握了马头琴的演奏技巧，还研习了小提琴等西洋乐器，"古为今用，洋为中用"，为马头琴的改革、创新、提高、发展以及使马头琴立于世界艺术之林做出了不可低估的贡献。1974 年，出版了历史上第一部蒙汉双语马头琴演奏法；1979 年，马头琴独奏《万马奔腾》一举夺得作曲银奖和演奏金奖；1986 年，创建了世界上第一支马头琴乐团——齐·宝力高野马马头琴乐团，结束了以往马头琴只能独奏的历史；2001 年，国际马头琴艺术节上，带领千名马头琴手齐奏《万马奔腾》，创吉尼斯世界纪录；2008 年，被文化部与全国文联分别授予非物质文化遗产传承人，同年获得内蒙古党委和政府共同颁发的"终身艺术奖"。马头琴随着齐·宝力高从东亚到南亚，从非洲到欧洲、美洲，从美丽的家乡科尔沁草原到世界音乐的最高殿堂维也纳金色大厅……他创作了近百部经典马头琴独奏曲、协奏曲，占当今马头琴曲目总数的 80% 以上，其中诸多曲目成为金曲，为世人所赏誉。

另外一位著名的马头琴演奏家、音乐教育家名叫色拉西（1887～1968年）。他生于音乐世家，祖父、外祖父、父亲都是马头琴手，母亲是民间歌手。他自幼受家庭熏陶，九岁起学琴，掌握了娴熟的马头琴演奏技艺和科尔沁音乐质朴苍劲、深沉凝练的演奏风格，出神入化，扣人心弦，具有极强的艺术感染力。他的演奏曲目十分丰富，既有大量的蒙古族民歌与英雄史诗，又有从民歌脱胎而来的民间乐曲及汉族乐曲。1950 年 10 月，参加国庆晚会时为毛泽东、周恩来、刘少奇等党和国家领导人演奏。1957 年，他调到内蒙古艺术学校任教，将自己丰富的艺术经验和演奏技巧毫无保留地传授给下一代，是一位继往开来的传承者，为国家培养了许多马头琴演奏人才。他精心培育的马头琴传人始终按他的教导传承着马头琴这个具有独特的声音、独特魅力的乐器。

（四）中国马头琴文化之都

鄂尔多斯歌舞之乡乌审旗把打造"中国马头琴文化之都"、建设中国马头琴文化传承基地作为提升城市文化品位和地区综合经济竞争软实力的战略举措。这里的马路上点缀着马头琴造型的路灯,这里的城市景观文化工程马头琴湖公园已经竣工,这里创办了首届马头琴音乐培训班,开办了第一家马头琴乐器制作厂。该厂集传承、保护、推广、普及、人才培训和生产制作于一体,成为中国第一个马头琴生产、制作、销售基地。乌审旗拥有多家马头琴制作企业,年产能力已经达到6000把以上,成为中国最大的马头琴制造基地。每个苏牧乡镇都有业余表演团体,注册成立了中国马头琴协会乌审旗分会,建立了马头琴音乐厅、马头琴博物馆和马头琴文化广场……一把普通的马头琴已被乌审人升华为民族的大艺术、大品牌、大文化,马头琴如绵延而生的沙地柏,在九曲黄河三面环抱中见证着传统文化的根脉,马文化则因这把琴而更加丰富多彩。

三、舞蹈中的马文化

英国人类学家泰勒在其《原始文化》一书中给"文化"和"文明"下了一个定义:"文化或者文明,就其广泛的民族学意义来说,乃是包括知识、信仰、艺术、道德、法律、习俗和任何人作为一名社会成员而获得的能力和习惯在内的复杂整体。"舞蹈作为一种以人体为载体的艺术形式,是一种文化形式,也是一种以身体为语言作"心智交流"的表达艺术。舞蹈具有多元的社会意义及作用,在运动、社交、求偶、祭祀、礼仪和娱乐方面都十分重要。中国在5000年以前就已经出现了舞蹈,而真正的起源则是奴隶社会时期,发展到秦汉之际已形成一定特色。马这一元素,也经常出现在舞蹈里。从古至今,我国各个民族都将其自身的特色融入本民族舞蹈创作中,表达着对马的热爱,演绎着丰富多彩的马文化。

（一）茶马古道舞蹈中的马文化

茶马古道舞蹈作为西南少数民族特有的艺术形式，实现了茶文化与少数民族艺术之间的融合发展，形成了一种独特的艺术表现形式。

茶马古道舞蹈是一种以茶文化为主题的地域性舞蹈，主要流行于四川、云南和甘肃等地，不同于其他地区的茶马古道舞蹈，它通过服饰、动作和音乐等元素，生动形象地展现了西南地区的民族风貌和文化特色。茶马古道舞蹈是在南方采茶舞的基础上进行的改编，在传统的舞蹈形式基础上增添了少数民族舞蹈的特色，使节奏、动作、配乐等都更具西南风情，节奏也更加明快，更适合当地人的审美需求，也满足了来往客旅的观赏需要。其中，最具代表性的是甘南地区的舞蹈，其舞蹈故事更强，舞蹈动作更加洒脱，不仅形象地展现了当地人民的生活状态，也满足了大众对舞蹈的审美需求。茶马古道作为一条贸易要道，具有人口多、流动性强的特点，因此，舞蹈内容也受到了不同民族的影响，既融入了汉文化的元素与特色，又真实地再现了当地人民的文化生活，且融合了少数民族与汉族文化各自特点，成为民族融合的最好体现。

（二）龟兹乐舞中的马文化

古代的龟兹地区拥有广袤的草原，创造了不少模拟草原上动物的舞蹈，如马舞。西域盛产骏马，马舞即是效仿其不同形态而创作的舞蹈。早在1960 年，考古工作者于吐鲁番阿斯塔那 336 号墓中发现了一件彩绘舞马俑，它形象地再现了骑马的勇士坚强、快乐的心态。

龟兹乐舞中的马舞通常由三个人表演，其中两人假扮为马，头戴马的装饰物，像马一样驰骋，身上套上马的一些修饰物品，而另外一人则佩戴对应的修饰帽，骑在马上，右手拿鞭，左手执缰，昂首挺胸，跟着音乐的旋律，模仿马的习性舞动不同姿态，编唱和马有关的歌调和词曲，略显搞笑诙谐，有着变幻莫测的神秘感。马的道具为众人展现西域人民的生产生活场景，音乐和舞蹈当中，敞开舞蹈表现的另一个维度。例如西域人日常生活中使用的套马杆、绕马杆及套马动作等生活原型,均作为舞蹈元素融入作品中,提炼出套马手的颤抖绕、勒马翻身转等动作,它展现了西域人几千年的历史文化沉淀。此外,还有一些来自西域的与战争相关的舞具,让舞蹈中的战争场面更加鲜活,更加具有触摸感,体现了西域人骁勇善战和不甘屈服的民族精神。在西域,无论是生产生活,还是战争,马都是当地人离不开的朋友,马舞借由马在舞台上的表现衬托了一个民族的历史文化和民风民俗,西域的马舞充分吸收了马文化养分,让马舞迥异于其他民族舞蹈,成为民族舞中的一朵奇葩。

(三)蒙古族舞蹈中的马文化

马是蒙古族舞蹈的主要表现对象之一。马舞是对蒙古族英雄主义审美文化的生动展现。蒙古族自古以来就以能歌善舞著称,善于用舞蹈淋漓尽致地表现牧人的生活和情感。蒙古族舞蹈形式多样,内容丰富,久负盛名,其最鲜明的特点就是节奏明快、舞步轻捷,在一挥手、一扬鞭、一跳跃之间洋溢着蒙古人的纯朴、热情、勇敢、粗犷和剽悍,如基本体态立掌勒马:上身左侧后倾,昂首挺胸,目视远方;右腿直立,左脚立掌,左手叉腰,右手胸前勒马,一副威武的骑士形象。又如典型的骑马蹲裆式动作:双手勒马,紧握套马杆,犹如驯服烈马;双腿蹲裆式,结实有力,好似勇士脚踏马镫,稳坐马鞍;上身向后倾斜,遥望前方,如英雄般威严凝重。再如扬鞭:单手向上将马鞭扬出,指挥坐骑的行进方向。蒙古族将马文化深深地融入舞蹈动作的一张一弛间,表现着他们开朗豁达的性格和豪放英武的气质,具有强烈的民族特色。

马文化融汇在内蒙古各族艺术家的血液当中,为他们的创作提供灵感,蒙古族的马舞自然佳作频出。由中央民族大学马跃教授创作的蒙古族男子群舞《奔腾》(图片来自内蒙古艺术学院舞蹈系)表现了蒙古族男青年在朝阳、绿草、夕阳下驰骋草原之景。舞蹈结构与音乐曲式紧密相扣,上身不同幅度的绕圆与硬肩配合下肢马步来表现轻、重、缓、急,展示骏马在"奔腾",舞蹈结构与动作动态使蒙古族草原生活中"圆"和"远"的意象更为突出,有

效地运用了马这一元素完成了对人与自然关系的表达。再如内蒙古大学艺术学院呼和创作的蒙古族男子独舞《米利嘎》（"米利嘎"为"马鞭"之意），舞者始终挥舞着手中的马鞭，不停变换着各种复杂的马步，腾跳翻转，活泼而生动；兴奋时策马扬鞭，安静时躺在草原上玩耍，激动时扬鞭腾空而起……作品也成为探索蒙古族马舞创作动作语汇的成功典范。还有内蒙古大学艺术学院的独舞《马背上的女人》，运用马鞍、套马等典型道具及动态技巧，从音乐设计到舞蹈表现，成功塑造了蒙古族女性坚强、勇敢的民族性格，展现了马背民族不畏艰难、昂扬向上的民族精神和新时代蒙古族女性的豪迈情怀。

传统的马舞，表现手法大都是写实，意在再现草原上牧马人的生活。2013 年，内蒙古电视台春节联欢晚会的压轴之作《烈马追风》吸取了现代主义的技巧，无论是在造型、动作、音乐、服装、节奏、格局、结构上，都有意用写意手法反映十八大之后全国各族人民全面建成小康社会的热情与信心，是舞蹈艺术方法走向多元化的成功之作，是内蒙古舞蹈的新收获。

关于马文化的歌舞音乐带着原始的淳朴流传至今，无可替代，无论是茶马古道上的赶马调还是马头琴乐曲，无论是龟兹乐舞影响下的舞蹈还是门巴族吟咏马的歌谣，又无论是蒙古族高亢的民歌还是奔放的舞蹈，它们都自始至终地带着马文化的烙印。这些歌舞音乐不但是各民族文化的结晶,也与世界乐舞有着紧密不可分割的联系,它们可以穿越国界与时间,带给今人不曾退却的历史厚重感,是我国甚至世界宝贵的艺术财富。

第四节 影视戏剧中的马文化

"影视人类学是以影像与影视手段表现人类学原理,记录、展示和诠释一个族群的文化或尝试建立比较文化的学问。"[1]自古以来,人与马之间有说不完的故事,讲不尽的传说……自从世界上诞生了电影,人马情怀与多彩的马文化就有了一个新的舞台去上演悲欢离合。戏剧作为一种舞台表演艺术,与电影一样向外界表现并传达着马文化,本节将立足中西不同视域,分析影视和戏剧中的马文化,也希望在新的时代背景下更好地继承和发扬传统马文化。

一、影视中的马文化

国内外影视战争片、西部片、草原片都有很多令人感动、发人深省的马文化的呈现,这些影片大都以马为母体,如《玉女神驹》《马语者》《黑骏马》《奔腾年代》《一代骄马》《战马》等,都是以人与马之间的情感为线索推进故事的讲述,又在讲述中渗透着浓浓的人马情,展现着丰富的马文化。

(一)国外电影中的马文化

国外有很多关于马的经典影片,如《马语者》《一代骄马》《战马》等。英国作家迈克·莫波格创作于1982年的儿童小说《战马》讲述了一个男孩与

---

[1] 庄孔韶:《人类学通论》,太原:山西教育出版社,2002,557页。

一匹马之间非同寻常的友谊。这部小说不仅被英国人拍成舞台剧走上戏剧舞台,还被美国著名导演史蒂文·斯皮尔伯格搬上了银幕,拍成了史诗级的经典电影。通过一匹马的遭遇及经历,展现西方人与马的情谊,表现了对战争的反思以及人性的回归等主题。通过马去看待和讲述一场战争,扩大人与马之间人性、生命价值的探讨,刻画了充满传奇的生灵形象,让人们感受到即使在残酷的战争中依然存在赤诚的情感。借一匹马来以小窥大,揭露与控诉非人道行为,马成为展示人内心真实情感的一个载体。

美国的另一部电影《马语者》将驯马的故事放到了一个更高的平台。它是根据英国作家尼古拉斯·埃文斯的同名小说改编,由罗伯特·雷德福执导并主演。小说一经问世,便位居《纽约时报》畅销书榜首,且热销全球千万余册,俨然成为图书出版的一大奇迹。故事从一个女孩骑马发生意外致人残马伤开始,通过抚慰挽救一只极富灵性的动物——马,揭露人性的弱点并诠释出一种哲理:不仅马需要马语者,人类更需要"人语者"。人与人之间的心灵沟通,人与自然的沟通,城市与乡村之间寻求彼此的平衡点。其实剧中格蕾斯爱马的名字"朝圣者"具有双关意义,既作为马的名字贯穿电影,更作为人的一次心灵朝圣之旅而伏笔全剧,而剧中的驯马对"马语者"来说已经不仅是一份工作,更多的是作为爱的使者,让人懂得对马像对自己深爱的人一样,而久久的抚摸是人与马靠近、彼此的心灵交流和接纳的过程。精妙、温情、诗意的电影语言以及舒缓、自然的叙事节奏,传达出影片清新高雅的格调,赋予影片深邃而丰富的意味。镜头与画面的完美结合,音乐与艺术的交融,让马文化的真正内涵表现得更为淋漓尽致,宣传效果也更加生动感人,令人久久不忘。

(二)国内电影中的马文化

影像传承马文化有其极大的优势和表现直观的天然特性,中国著名导演田壮壮拍摄的纪录片《茶马古道之德拉姆》用高清数字技术记录了滇西北茶马古道居民的生活现状。全景式摄像可以使空间覆盖得更为广阔。茶马古道作为著名的历史久远的国际商道,闻其名者多,见其实者甚少,这部影片串起了古道边不同的民族和国度,以叙事的影像语言展现出茶马古道的平民生活社会风貌,对其特色文化现象进行忠实的还原与阐释。"要理解一个民族的文化即是在不削弱其特殊性的情况下,昭示出其常态。把他们置于他们自己的系统中就会使他们变得可以理解,他们的难解之处也就消失了。"[1]影视音画的真实记录,便于人们理解本地的地域特征及当地人的思想特点。比如,通过马帮队伍出发时女人们进行的"拉孜"仪式,挂起风马旗,焚香,祭拜,祈祷,便能理解他们对马的崇拜,对自然的崇拜。这不仅是对古道地区文化的反映,还折射出边疆地区的经济现状和生存及发展模式。民间信仰融于当地文化反映出别具一格的地域风情和少数民族群体的精神诉求。

中国是一个多民族的国家,不同民族的生存环境构成了影片的民族特色,它在影片中并非是点缀或可有可无的东西,而是民族文化不可分割的有机组成部分。一个民族的形成及民族的精神品格和心理素质的养成,离不开其长期居住的环境状况、地形地貌、自然风光等生存环境的影响。马作为草原民族的文化象征,常常以自然意象出现在草原民族题材的电影中,形成了草原民族题材电影中具有特色的草原文化和马文化。

比如蒙古族电影《黑骏马》,该片以草原为背景,对马文化的表现达到了极致。它改编自张承志先生 20 世纪 80 年代重要的寻根文学代表作《黑骏马》,于 1995 年被谢飞导演拍摄为同名电影。与小说不同,电影是时间与空间相交织的复合叙事体。草原在电影中常被用来转换叙事时空,发挥情节纽带的作用。谢飞导演在电影中用了四个空镜头,儿时的白音宝力格追逐小马钢嘎·哈拉的那片嫩绿的草原、金黄色的草原及蜿蜒的河流、一群鸟在金黄色的草原上飞翔及一群马从金色的草坡上奔驰而下,马群中出现了青年白音宝力格追赶马群的身影。四幅草原的画面通过蒙太奇手段的组接,将故事时间从白音宝力格的儿时过渡到成人阶段,将故事空间从小索米娅与小白音宝力格同小马嬉戏的绿色草原过渡到已长成大人的索米娅在河边

---

[1]　克里福德·格尔茨:《文化的解释》,韩莉译,南京译林出版社,1999,18 页。

洗衣服、白音宝力格骑在马背上驯马的金色草原。此后的故事就进入了两个青年的情感世界，空镜头的草原既转换了叙事时空，又联结了情节的进一步发展，还向观众展示了草原春季和秋季的美景，极具观赏性。

塞夫、麦丽丝夫妇导演的《东归英雄传》《悲情布鲁克》《一代天骄成吉思汗》被誉为"马上动作片"，马背成了人物活动的主要场所，马上动作、人马融合成为影片塑造人物性格的主要手段。《东归英雄传》中土尔扈特骑士断桥与马同坠河流的胆量，阿布驾着燃烧的马车冲进沙俄兵营的气魄，蒙力克与沙俄头目戈里高力在一匹奔跑的马上上下翻腾、相互搏斗直至同归于尽的气概，都是在奔腾的马上体现出来的。《悲情布鲁克》中车凌从马背上跳下悬崖，车凌与扎那在马上比武，车凌被扎那骑着马拖在草原上驰骋以及车凌独自于马上醉酒，任马驰骋等马背上的镜头塑造了车凌刚强、勇敢不屈的性格。《一代天骄成吉思汗》中铁木真的成长过程可以说是在马背上完成的，马成就了成吉思汗流芳百世、统一蒙古草原的英名。影片多次用特写镜头展现铁木真所骑的战马，从容的步伐、奔驰的身影体现了铁木真勇猛、自信而又镇定的英雄形象。马在影片中已不仅仅是人物活动和征战的工具，而是与人融为一体，在故事情节中展现和塑造人物的性格。关于马的故事在蒙古族中有时是传奇，有时是真实的故事，马文化在蒙古族电影中不断地被传达，也正是因为电影，才让它跨越时空，得以完整地展现在世人面前。

二、戏剧中的马文化

作为一门综合性的艺术，西方戏剧和中国戏曲均可追溯到千年前，并且在艺术领域占据着举足轻重的地位，其中关于马的戏剧作品同样丰富多彩，深入人心。我们经常能够在中西方的戏剧舞台看到马形象，发源于西方并在20世纪流入中国后开始逐渐蓬勃发展的戏剧，和在中国土生土长的戏曲，都不约而同地少不了在舞台上展现马的形象姿态，但马在中西方文化中代表着不同寓意，所以中西方的马文化也有着不同的精神内涵。

（一）国外戏剧中的马文化

在西方古代战争中，马是一种必不可少的军事力量，同时在日常生活和工农业生产中又是不可或缺的有效劳动力。在西方，关于马的联想总是与忠诚、坚强、勇敢、宽厚相关，这种联想其实是西方一种典型的文化形象感。之所以西方人会对马有着如此的印象，要追溯到如今西方人的祖先所生活的那个时期。凯尔特人属于游牧民族，他们是现今英国人的祖先，早在公元前20世纪中叶时，他们就登上了欧洲的历史舞台，然后经过漫长的迁徙逐渐走入西欧、南欧和中东欧地区，从公元前800年直到罗马时期，凯尔特人就统治着欧洲的大部分土地，成为西方文化的主导力量。凯尔特人骁勇善战，善于骑马打猎，马在随着他们四处征战的过程中成了他们生死并肩的亲密朋友。在凯尔特时期，马已经成为地位和身份的象征，凯尔特民族征服和同化被征服国家的过程中，马文化也随之渗入了西方文化，成为如今西方文化中的重要元素。如今的英国人以及凯尔特人后裔依然保留的爱马传统，就是受其影响，因此在如今西方社会的经济社会政治文化中才会看到有马术、赛马、驯马、马车等关于马的一系列丰富的内容。

深厚的基督教文化是另一个重要的影响因素。在《圣经》中，与马相关的叙述频繁出现，不少于两百次。在这部典籍中，马的形象矫健、俊秀、勇敢且充满力量与速度，是速度、力量、战争、战马和战车的象征，这部典籍中与马相关的动人细节刻画均给其无数宗教信徒留下深刻印象，使之对马产生了深度的好感和敬畏之心。随着时代变迁，西方马文化不断发展，马在西方历史文化中逐渐形成一种特定的文化内涵，它代表着的是名誉、礼仪、坚毅、忠诚、虔诚、谦卑、骄傲的贵族文化精神，表达着强健、谦逊、包容、顽强不屈、向往自由的意志与向往和平、正义、法治的民主精神，象征着高贵而勇敢的骑士精神。

西方戏剧作品中关于马的作品比比皆是，比较著名的作品有《伊库斯》《奥尔菲》《战马》《骑马下海的人》。其中，《战马》原是一部由英国著名作家迈克尔·莫波格所创作的一部儿童文学作品。2007年，根据小说改编的舞台剧《战马》在英国首演后更是风靡全球,获奖无数。2011 年 3 月,舞台剧《战马》于美国的百老汇开始连续演出,轻松创下了美国百老汇年度最高票房纪录,并毫无悬念地获得了有"戏剧奥斯卡"之称的托尼奖。该故事是以一匹名叫乔伊的混种马为核心,以世界第一次战争为故事背景而展开的。围绕"逗马—买马—养马—驯马—卖马—救马—遇马"的这条主线,从一匹马的独特视角来展现战争的无情与残酷,表现了在战争中人与马之间的情感以及特殊情境下的一种人性的爆发。该剧贵在打破了以往一贯战争叙事的方式,让我们在更纯粹的生命度量中感受人和马之间的深厚情感以及在客观现实中被赋予人性的马之伟大,同时也让深藏于西方的马文化历久弥新。

(二)国内戏剧中的马文化

中国戏曲的剧种非常繁多,其中与马有关、表现马文化的作品非常丰富,如粤剧《刘金定斩四门》,评剧《三本铁公鸡》,京剧《盗御马》《红鬃烈马》《秦琼卖马》《火焰驹》《挑滑车》《十三妹》和《樊江关》,蒲剧《火焰驹》,越剧《孟丽君》,昆曲《吕布试马》《昭君出塞》《智取威虎山》,豫剧《人欢马叫》《马岱招亲》《马胡伦娶妻》《收马武》《斩马谡》《战马超》《收马岱》《墙头马上》《马前泼水》《马跳潭溪》《马踏青苗》,折子戏《挡马》《霸王别姬》《穆桂英挂帅》。这些戏目都使用了京剧的重要程式马趟子(趟马),即用丰富多彩的舞蹈动作,表现骑马飞跑和马不停蹄等情景,是京剧最重要的做功。京剧趟马还分为单人趟马、双人趟马、多人趟马,也有八人或十三人的趟马(马舞),如《盗御马》中窦尔敦单人趟马,《杨排风》中杨排风与孟良的双人趟马,《追韩信》中韩信、萧何和夏侯婴三人在互相追赶趟马,《大溪皇庄》中蔡金花等四人趟马,《昭君出塞》中番邦兵将集体趟马。京剧道具中最重要的马鞭也颇有讲究。文戏用硬杆三缕穗子的马鞭,武戏多用软杆五缕穗子的马鞭,并以马鞭颜色代指马匹,有红、黄、白、黑、粉等颜色。如《红鬃烈马》的红鬃战马,《罗成》的白龙马,《卖马》的黄骠马,《霸王别姬》的乌骓马,《穆桂英挂帅》的桃花马。马鞭作为道具也具有灵活性和时代性,马鞭应与演员的服装颜色一致,但也有例外,如白衣吕布和绿衣关羽骑赤兔马,用红马鞭;白衣黄忠和黑衣秦琼骑黄骠马,用黄马鞭。现代戏《草原英雄小姐妹》使用改良的马鞭,在鞭梢上扎束着一团红缨,在灯光下翻滚,展现牧民们跳动的火热的心。戏曲是表现人的艺术,马的戏曲作品固然多,但是马在戏曲中一般并非是一种意象,而是本体,它的作用一般是供演员表演,是为了衬托人而存在。

在传统京剧中,马文化还体现在很多地方,比如众多经典的唱词:"(西皮慢板)店主东带过了黄骠马,不由得秦叔宝两泪如麻。提起了此马来头大,兵部堂黄大人相赠与咱。遭不幸困至在天堂下,还你的店饭钱无奈何只得来卖它。摆一摆手儿你就牵去了吧,(摇板)但不知此马落在谁家?"可以说这是20世纪30年代的"流行歌曲",也是谭派名剧《秦琼卖马》的核心唱段。侯喜瑞代表作《盗御马》又名《坐寨盗马》,其中的御马就是清帝恩赐梁九章行围射猎的"日月追风千里驹",这也是京剧里唯一的御马戏。此剧对马的装扮作了细致地唱述:"(二黄散板)御马到手精神爽,金鞍玉辔黄丝缰。左右镶衬赤金镫,项下的提胸对成双。"京剧《火焰驹》(又名《宝马圆情》)中的火焰驹是一种西夏名马,"(白)此马名曰火焰驹,日行千里,小人日夜兼程,何愁不能按期归来""(唱)跨下了火焰驹四蹄生火,正奔驰又只见星稀月落。加一鞭且从那草坡越过,惊动了林中鸟梦里南柯"。曹禺先生的剧作《王昭君》中也有一段著名的《说马》,写得精妙极了:"臣说到,真正的好马,马头就是'王',要正要方;眼睛是'丞相',要神要亮;脊背骨是'将军',要硬要强;肚子是'城池',要宽要张;四条腿是'王的命令',要快要长;两耳像劈开的竹管,尖而刚;皮毛像太阳下的缎子,闪亮光。这样的马,不乱吃、不乱动,骑上去,它不狂奔、不乱跑。但是在宽阔无边的草原上,它驰骋起来,千里万里,像风也似地飞过,在它眼里,没有不能到的地方。这才真是生死可以相托的好马。"从早期的戏曲到近代的舞台剧,关于马的作品不计其数,无论是对衬托人物性格还是表现戏剧张力,马都做到了很好的调节作用,因而在戏剧舞台上马文化不断得到充实和发展。

蒙古族对马的热爱表现在戏剧舞台上也着实不俗。习近平总书记在

2014 年初考察内蒙古时指出:"蒙古马生命力强、耐力强、体魄健壮。我们干事创业就要像蒙古马那样,有一种吃苦耐劳、一往无前的精神。"以展现蒙古马精神为主题的舞台剧《千古马颂》,由内蒙古民族艺术剧院打造,在中国马都锡林浩特上演,为中国首次大型马文化全景式实景演出,它既填补了内蒙古文化实景演出的空白,也对将民族文化与草原旅游深度融合,打造出精美的艺术作品,做了积极有益的尝试。全剧分为四个部分:序《天降神驹》,上篇《马背家园》,下篇《马背传奇》,尾声《千古马颂》。整场演出以天、地、人、马的寓意为逻辑架构,借助真实的骏马及多种艺术形式,生动地演绎出蒙古民族与马相遇、相识、相伴、不离不弃、生死与共的情感历程,体现人、马、自然的和谐共存。这不仅是对马文化的艺术创新,更是对马文化当代价值的深层挖掘。毫无疑问,它将对旅游文化的拓展、舞台演出内容与形式的融合方式产生重要的影响,对艺术形式美的探索也将有开拓性的贡献。

影视戏剧不同于造型艺术与工艺美术,它能充分调动人的视觉、听觉,进而直击人心灵的最深处,另外,相比于歌舞音乐,它的受众也更多,运用的现代手段也更为多样。在表现马文化这一主题上,影视剧往往表现的是在人与马的关系中蕴含的一个民族(如蒙古民族)价值观。其中有人与马的和谐,也有人与人的和谐,这些不断出现的和谐便汇聚成了一首人与大自然的和谐"颂歌",令荧屏前、舞台下的你我为之感动,为之震撼。

第六章

蒙古马文化

第一节　蒙古人与马文化渊源

"马背民族"蒙古族,在其起源地域及其祖祖辈辈生产生活的土地都有蒙古马的印迹。蒙古人的历史就是在马背上书写的历史,是蒙古人与蒙古马共同创造的历史。蒙古人与蒙古马的古老结缘,在人类历史上造就了独具特色的蒙古马文化。

一、原始信仰与蒙古马

以狩猎和放牧为主要生活方式的远古蒙古人,对大自然既恐惧又依赖。恐惧来自于对大自然的无知和无力,而依赖出自本能的生存需要。由于对大自然中种种现象的不解,远古时代的蒙古人只能以"寄人篱下"的心态对其顺从和跪拜,以此求得其力量来保证自身的生存和繁衍。这样逐渐形成了他们的原始信仰,即崇拜大自然的一切并以"万物有灵"为主旨的萨满教。蒙古人认为"长生天"是萨满教的万能主神,会为它的忠实信徒赐予一切,包括运气和智慧。作为获得"长生天"保佑的最忠诚的信徒,草原上以狩猎和放牧为生的游牧民族从祖先开始,就不断接受长生天给予的生存所需的一切物质和精神的恩赐。然而原始时代的蒙古人最迫切而不可缺少的,关系到整个部落生死存亡之物,就是与其他动物较量的力气和速度。为了得到和拥有这种能力,蒙古人的祖先不懈地追求和努力下,最终在长生天的保佑和指引下发现并捕获了力气和速度合为一体的动物——马。据历史学家的考证,距今三千至五千年左右的年代,人类开始骑上马背,而且种种考古资料证明最先骑上马背的是蒙古高原先民之一的匈奴人。从那时起,草原上这一身强力壮并拥有神速的物种,便与游牧民族结下了永不分离的缘分。对于马来说,游牧人既是它的主人又是与它最亲近的物种;而在游牧人的心目中,马已经不是一般意义上的物种,而是与他们的生死存亡相连的圣物,是长生天所恩赐的"神马""天驹"。所以,在蒙古人的祭祀活动中,最高等级的祭祀是以纯色白马当供品的长生天的祭祀。在他们的信仰中,白色是最高尚的颜色,白马是萨满教的巫师在长生天与人之间往返行走时所乘骑的速度和力气合为一体的圣灵。纯色白马的肉体作为长生天的恩赐回到大地和人间,而其灵魂变回原形驮着身披白裙的巫师奔向长生天之圣地。蒙古人一致认为巫师随身携带的半面手鼓和马头拐杖(也叫作"木马")是合力送巫师到达目的地的"马",即长生天的"天马"。

正因为马在蒙古人原始信仰中具有特殊的地位,在现实生活中也得到了特殊待遇和尊重。在蒙古人对待马的各种禁忌中充分说明了这一点,举几个代表性的禁忌如下。(1)切忌打马的头部。马头是神灵降临之所,马及其主人的运气也在于此部位。平民打马头自己身亡,国王打马头则失去王权。(2)切忌剪掉种公马鬃毛。马群的灵魂气魄在于领头的种公马鬃毛,剪掉鬃毛就会使马群的威严衰弱。(3)切忌把乘骑马拴在蒙古包东侧。按照萨满教讲法,蒙古人相信"东恶西善",故而不能把长生天所赐圣物放到东边受凶恶之害。(4)切忌夫妻二人同骑一匹马,若非骑不可,必须中间夹芨芨草,以防玷污。(5)切忌宰杀吃其肉。宰杀马等于杀害自己的亲戚朋友。只有萨满教祭祀时可以宰杀当作贡品,使马灵魂升华进入长生天的圣地。总之,马是长生天赐给蒙古人的神圣而不可怠慢的生灵。

二、游牧生活与蒙古马

在人类历史上,若没有可乘骑的马,游牧经济方式不可能出现。美国人类学家马文·哈里斯(Marvin Harris)在他的《好吃:食物与文化之谜》里说:"这些游牧人的一切生活都在赖于马而延续。那不是把马仅当作食物而利用,而是由于拥有了马,牛羊可以在干旱青草稀少的特殊草地里放养。在风力强而又没什么挡风树林的环境里生活的唯一有效方法,就是把牛羊分别放养在广阔草场上,并经常不断地更换水草而移动。由于接近欧洲的西部地区相对雨水多青草茂盛,所以马背游牧人养牛比养羊多。然而越是往东戈壁盐碱地,养羊比养牛多。不管是哪一方,拥有游牧生活的一切可能性都归功于马。"[1]蒙古马与游牧生活的缘分,不是机械的撮合,而是游牧人与蒙古马自然的有机结合。蒙古马的身强力壮和神奇速度与草原游牧人的智慧和勇敢之心的相遇,不仅是生存技能上的互补,更能产生人与自然界里从未有过的神奇能量。这种能量正是蒙古高原上所有生存之物种所需要的能量,尤其是蒙古人的游牧生活必须拥有的技能和手段。所以,蒙古马与蒙古人的相遇,不仅为"自己"的种群找到了生存保障,更为蒙古人的游牧生活创造了根本条件和力量。

蒙古人在广阔草原上度过的游牧生活的年代里,蒙古马的作用主要体现在以下几个方面:

第一,驮着主人放牧家畜,即参与生产。蒙古人的游牧生产,是对驯化好的牲畜进行养殖的活动,但是这种养殖不是用人工饲草来喂养,而是按照牲畜的原始本能习性进行半野生状态的放养。牧民家养的"五畜"凭着各自的本能习性适应着季节气候的变化,在广袤的草原上自由逐水草而觅食。从这个意义上说,游牧生产方式不是人类的创举,而是人类从动物生活习性中学到的生存技能。自由放养的牲畜活动范围广,还会遇到暴风雪以及虎狼袭击的危险,所以,牧民一般都徒步跟着畜群,工作效率低还有生命财产受损的风险。而日夜相伴牧民的蒙古马,凭着它的速度、耐力以及对主人的温顺和对野兽的凶猛等品质,为人解除困难,保护牲畜财产的安全及其繁衍生息。在蒙古人游牧生活的历史中,蒙古马为保护主人及其牲畜群的安全,与猛兽拼死搏斗甚至付出生命的感人事迹以及传说故事数不胜数。

第二,帮主人追赶猎物,即参加辅助生产。蒙古人的游牧生活是从打猎演变而来的,狩猎成为游牧经济中最重要的一种辅助业。狩猎不仅使他们弥补了生活资料的不足,还凭借有规律的捕猎使草原达到生态平衡,又保护和扩大了家养牲畜的繁衍生息环境。蒙古人传统的狩猎活动一般在每年秋

---

[1] 马文·哈里斯:《好吃:食物与文化之谜》(日文版),岩波书店,1995,100页。

冬两个季节进行,要把春夏两季留给野生动物繁衍生息。成吉思汗建立蒙古帝国之后所颁布的《大札撒》中,专有一条内容:"禁止所有臣民在每年三月至十月间行猎,违者严惩。"蒙古族民间所流传的有关狩猎的谚语有"九月的狐狸十月的狼""春夏狩猎、秋冬饿死"等,都在提醒人们遵循自然法则,不能滥杀乱捕。狩猎对象主要是禽类和兽类,狩猎方式主要是有组织有规模的围猎和个人或数人的行猎。蒙古人这种代代相传的狩猎生产活动,"就是一场蒙古马竞技表演和准军事演习"[1],是蒙古马与蒙古人这一有机整体形成的最理想的演练。不管是禽类还是兽类的狩猎,不管集中围猎还是个人行猎,都绝对不能离开追赶猎物时有耐力有速度的蒙古马。在《蒙古秘史》里,蒙古诸部落选铁木真为可汗时,各部落首领发誓说:"我们把异邦百姓的美丽贵妇和美女,把臀节好的骟马,掳掠来给你!围猎狡兽时,我们愿为先驱前去围赶,把狂野的野兽,围赶得一个挨着一个"[2],以各自衷情和勇猛战马的合力为可汗敬重效劳。另在《多桑蒙古史》中记载,每当进行冬初的大规模围猎时,骑着快马的"先遣人往侦野物是否繁众"[3],而后猎手们(士兵们)骑着敏捷彪悍的马"设围驱兽,进向所指之地"[4]。因为,蒙古马强健的体魄、飞快的速度、极强的耐力、铁一般坚实的蹄子以及勇猛无畏的品性,构成了对虎狼等草原野生动物的威慑力,这样蒙古马为其主人捕获猎物创造了完美的条件,也是蒙古人固有尚马习俗的重要原因之一。蒙古人骑上马背,有了高度、速度和威力,从此改变了过去的生存方式,消去了曾经的恐惧和无能为力之感。这种革命性变化可以形容为"有马之前,常是野兽追人;有了马之后,这个关系颠倒过来,是人追野兽。人能成为万物之灵长,就因人在万物面前处于主动"[5]。

第三,陪着主人在广袤无垠人烟罕至的草原上往返迁徙。蒙古人依着牲畜群的生存习性,跟随季节、气候变化以及地形、水草长势等,不断地移动

---

[1] 芒来:《草原天骏》,内蒙古人民出版社,2012,138 页。

[2] 余大钧译注:《蒙古秘史》,河北人民出版社,2001,149 页。

[3] 多桑著,冯承钧译:《多桑蒙古史》,中华书局,2004,172 页。

[4] 同上。

[5] 孟驰北:《草原文化与人类历史》,国际文化出版公司,1999,151 页。

迁徙来调整游牧生产与生活空间和谐关系。蒙古人的这种游牧生活中,蒙古马的作用是关键性的,它承担着探险开路、保驾护航和驮物拉车等"重任"。蒙古人每当迁移营盘时,先前几天骑着马去勘探迁移路线和所要扎营的地方,确定目的地以及迁徙路线后,接牲畜群和蒙古包等奔赴新的放牧场地。迁移路途中的风雪灾害或猛兽袭击等风险,都因蒙古马的保驾护航而化险为夷。所以蒙古马就是蒙古人生产活动的最大保障。在长期不断的迁徙中,虽然有牛和骆驼作搬运"工具",但是很多急需用品和部落家族的贵重物品,必须用有速度的马来驮运或马车搬运。不管在白天黑夜的路程中,马总是寸步不离地陪伴着主人,保护他们生命财产的安全。马在游牧生活中发挥着不可替代的重要作用。

第四,游牧人的移动需要马的速度,散落在草原上的牧户之间的交流也需要马的速度。蒙古马加速了部落内部以及部落与部落之间的信息传递,在促进生产协作的同时降低了遭受灾害的频率和损失。在没有马之前,放养打猎活动都是单打独斗且收获微薄,更有分散在无边无际的大草原上的牧户孤立无援,一旦遭遇突如其来的天灾人祸,所受到的打击都是毁灭性的。自从有了马,游牧生活有了根本性变化,马成了那个时代最先进最重要的信息传播工具,不仅加快了信息传播速度,把蒙古高原的各个游牧部落连接起来,更巩固了整个蒙古部落的凝聚力和协作能力。甚至到后来,蒙古马连接了半个地球的国家和地区。

从以上四个方面,我们可以说,如果没有蒙古马的陪伴,蒙古人是不可能拥有悠闲自在的游牧生活的。

由于蒙古马的陪伴和助威,蒙古人成为草原勇猛无畏的主宰者。如果蒙古人没有与蒙古马结缘,他们不可能拥有悠闲自在的游牧生活,更不可能历练成勇猛、豁朗、机智的性格。

三、战争与蒙古马

蒙古马是蒙古人创造游牧经济生活的条件,也是他们拓宽生活空间的根本条件。随着活动空间的不断扩大，蒙古人有了与外界其他民族、部落或国家进行经济文化交流的机会，甚至发生冲突和战争。游牧经济就像现代商品经济，其发展和壮大必须依靠不断扩大活动空间，这是它与生俱来的、固有的"本性"。成为游牧生产中坚力量的马，为扩大这一空间需求充当着最有力的武器。那时的蒙古马，为保护家园或扩大疆域而冲锋陷阵，为蒙古人游牧生产提供足够广阔的生存空间。由于蒙古马的参与，蒙古人创造了人类历史上的战争奇迹。在那些动荡不安的战乱年代里，蒙古军队的战马，不仅是有速度有耐力并对敌人具有巨大威慑力的骑乘工具，还为蒙古骑兵提供营养丰富的乳汁以及营养。在冷兵器时代，"不与人战时，应与动物战"[1]的蒙古人，在任何战场上只要跨上马背，他们所拥有的能骑善射的技能就能发挥得淋漓尽致以至所向披靡。

欧洲长篇小说家罗伯特·马歇尔在他的文章中说："13 世纪在世界范围内掀起的大风暴，把亚欧之间政治性的边境线重新划定，把原有居民都赶走后，让他们散落在欧亚大陆的各个地方。那样不仅改变了各个地区民族的风俗习惯，同时从根本上改变了伊斯兰教、佛教、基督教三大宗教原有的威力和影响。从而更重要的是，蒙古人打开了从东到西的交通路线，扩展了世界知识，并且首次让人们接受只有一个世界的事实。"[2]日本历史学家冈田英弘认为："世界历史是从 13 世纪建立的跨越欧亚大陆的蒙古帝国开始。之前是前世界历史时代。世界历史'剧院'从 13 世纪蒙古帝国的出现开始筹备。世界历史就是从这里开始的。世界历史从蒙古帝国开始的依据是什么？到 12 世纪为止拥有历史的两个文明大国——中国文明和地中海文明从未接触过，想说都找不到有意义的相关事迹。……蒙古帝国统治从东亚到北亚，经过中亚，通往西欧、西南亚、南亚的《草原之路》，修缮并建立了和平和纪律，使人与物的交往和流通更加繁荣。其结果，东方的中国文明和西方的地中海文明以及与地中海邻近的西欧文明彼此之间首次连接起来，并出现了互相影响的现象。托蒙古帝国的福，到此时为止互为隔离存在的两大

[1]　多桑著，冯承钧译：《多桑蒙古史》，中华书局，2004，172 页。
[2]　罗伯特·马歇尔：《蒙古帝国之战争》（日文版），东洋书林，2001，10 页。

文明得到相互接触的机会,从此真正开始世界历史。"[1]

第二节　蒙古马驯养文化

　　蒙古人在他们的游牧生活中探索和积累的有关蒙古马的驯服和饲养知识极其丰富多彩,由于社会经济环境和地理气候环境以及获取方式方法等的不同,造就了与众不同而独具特色的蒙古马驯养文化。

一、"乌亚钦"相马和"驯马师"的驯马

　　蒙古马是食草动物,也是连老虎、狼等野兽都不敢轻易接近的动物,所以驯服它不是那么容易的事情。然而这般激烈的驯服过程,不仅需要力气和胆量,更需要灵敏的技巧和能与马通心之灵气。毋庸置疑,这种技能只属于那些狩猎或游牧民族。蒙古人驯养的马群是在广阔大草原上散养的半野生马群,对它们的驯服就是与野生动物打交道。蒙古人一系列神奇又娴熟的驯马是从马出生的那天起就开始的,甚至听说过去有些老练的乌亚钦或额莫讷格钦还会做"胎教"(因考证不成熟,暂且不谈)。

(一)"乌亚钦"相马

　　蒙古人驯马的最基本的前提工作是相马。蒙古人相马有着悠久的历史。冒顿单于被迫把自己父亲的千里马被迫送给东胡人这段历史,距今已有 2000 多年了,说明蒙古高原的游牧民族很早以前就掌握了相马知识。

　　蒙古族牧马人在每年春、夏、秋三个季节的剪鬃毛、打马印、骟马等大型行动时,专程邀请有资格而又名气大的"乌亚钦"来为自己马群相马,并在相

---

　　[1]　冈田英弘:《历史是什么》(日文版),文艺春秋,平成十三年4月10日第四版,154页。

马结束后马群主人向相马"乌亚钦"赠送比较贵重的礼品以表谢意。看得出"乌亚钦"的相马对他们的马群繁殖和发展壮大具有重要意义。

相马可分为科学技术型相马和经验技能型相马,这里主要讲的是经验技能型相马。蒙古族相马人"乌亚钦"都是祖祖辈辈过牧马生活并经验丰富的牧马人,所以,蒙古人的相马知识是由家族祖传"秘方"和从小牧马经验的积累构成,即经验技能型相马,它主要观察马的外貌气势、走势步法和体质毛色三个方面。

第一,相外貌气势。外貌气势能表现马的内在意志力的强与弱。意志力坚强的马,可驯化空间大、耐力强,驯化调教好后能为主人提神和助威,成为主人的精神力量。"乌亚钦"在相马时根据马的外貌气势特征,把马划分到各种飞禽走兽类别中,再以这些飞禽走兽的特征分析马的气势状态。蒙古马体形外貌有龙源、狮子源、飞禽源等多种根源,其中,龙源马有前额凸起、眼睛凸显、背脊平、脑颅宽大、腰椎骨宽、肋骨弓形、脖子长,整个身体壮又大而气势威风等特征,但是出这种马的概率很低;狮子源马有眼睛发红光、鼻孔大而喘气急、头部前倾、嘴稍张开托着走,不惧怕犬类动物,心重而竞争意志力强等特征;狼源马有嘴唇厚、耳朵长、鬐甲高、肩胛骨大、臀部和胸部窄、尾巴上粗下细,有韧性,机灵,可远距离奔跑等特征;兔子源马有胸部低、臀部高,后两腿明显比前两腿长等特征,所以走下坡路难,走上坡路又快又有劲;狐狸源马有头小、脖子细、耳朵小、脊梁直、驼背、腿短粗等明显的奔跑步特征;青蛙源马有臃肿的眼睛、头短、鼻孔方形又大、大嘴巴、前额宽、脊梁方形又平、肚子大,整个身体方形宽厚,像站起来的青蛙,身体最坚硬、力气最大,不过缺乏灵活性;飞禽源马有马头瘦小、背脊直又长、肋骨长弯度小、四条腿直而膝盖凹型等特征,跑姿有腾空飘逸感觉;麝源马像麝鹿一样小巧玲珑且关节细、前两腿正直、肌肉凸显、后两腿弯儿长,有独特的腾跃跑姿;鹿源马好惊跳、嘴唇软、喜欢仰头、眨眼快又频繁、四条腿正直轻快,有仰着头腾空跳跃的跑姿;羚羊源马整个身体呈椭圆状、头部腮帮子宽大、嘴鼻子凸显、眼睛大、嘴部硬、前额宽、眼眉凸显,有强劲的四条腿,给人一种有胆量并祥和的感觉;野驴源马头大、耳朵直前倾、嘴唇硬又大、鬃毛稀少、蹄子钝、屁股梁宽平、有敏捷轻快的跑姿;驼鹿源马头大、鬐甲高、整个身体瘦窄呈紧缩形、四肢关节长又紧挨、胸部宽又有完美感,有耐力和远程奔跑的体力;鹿源马骨关节长、大腿大又粗、腿弯形状好、胸部宽大、脖子长、耳朵大、四条腿粗又直,走路和奔跑时竖起耳朵高昂着头两眼直看远处等。不同外貌形象的马需配不同骑手和驯马师,才能更完美地显示出马与人的整体气势威风。

蒙古语里有一个词叫作"黑莫日","黑"是"飞翔腾达"的意思,"莫日"是"马"的意思,而翻译成汉语的大致意思是"运气"或"气势"。在蒙古人的精神世界里,人的命运是与其乘骑的马的气势凝成一体的,不管在哪里,与马同在还是各自独处,人与马的运气是分不开的。"黑莫日"好的人,是得到了长生天的"神马""天驹"的灵气,而且只有心地善良的人才能得到。在蒙古人的生活中的任何活动行为以及来世去向,都与"黑莫日"有着密切的关系,为此他们有一种为祈求好运气或吉祥幸福而在蒙古包里挂或在野外放飞"佛幡"的习俗。这面精致的小"佛幡"正中间,有的画着驮着太阳的马,有的是驮着火轮的马,还有的是驮着如意宝奔跑的马。这些都说明蒙古人的世界里,不管是现实生活中的马还是在虚幻信仰中的马,都是为他们提神、助威的精神支柱。

第二相走势步法。走势步法可以判断马是否有天生的"才华"和"特长"。每一匹马的走势步法都有各自的特点,没有走势步法完全一致的两匹马。蒙古人在游牧生活中归纳的走势步法有慢步伐、颠步、快颠步、奔跑步、跃跑、平稳快步、破对侧步或小走七种。一般情况下,走势步法是从马的父母遗传得到的,但是后天的调教可以使它们天生的"才华""特长"更加规范和强化,不仅让乘骑者舒服和愉悦,也能增添观赏性。其中,慢步伐是最基本的往前走路的步伐,没什么特点的慢步伐叫作跑慢步;颠步是后腿着落点尚未连接到前腿着落点的快速慢步态;快颠步是前后腿几乎同时启动或三条腿整齐着地的跑步态,远路行程上骑这种马,速度快又不怎么劳累;奔跑步是前两腿齐跃和后两腿齐跳的跑姿,这种跑姿跳跃得最长且速度最快,是战场上、狩猎场以及赛跑时候常用的步伐;跃跑是慢拍的奔跑步,有利于降低马的体力消耗;平稳快步(俗称"走马")是左侧前后腿和右侧两条腿轮换往前奔跑,并且骑手身子有水平线上平稳移动感觉的中速步伐,也是对乘骑者来说最舒服的步伐;破对侧步或小走可以说最慢速的平稳快步。20世纪60年代,在甘肃省武威市发掘的铜铸"马踏飞燕"的姿势,就是典型的快颠步跑姿。内蒙古鄂尔多斯市乌审旗有位牧马老人叫曹纳木,对走马、颠马等蒙古马跑姿特有研究,据他说"马踏飞燕"很有可能是东汉时期北方游牧人选送给墓主或被他抢掠的,以快颠步法的蒙古马为模特铸造,并因为生前受墓主人疼爱而成为随葬品。

第三相体质毛发。体质毛发能揭示马的遗传特征、内脏健康状态以及走法、跑法。马匹的体质毛色是最直观的相马依据,也是"乌亚钦"最能发挥其才华的"原材料"。他们相马时认真细致地观察马身上的部位,并对每一器官和部位进行经验性分析和判断,最终得出该马的性格脾气以及针对赛事的可调教潜能和方法。可调教的优等马的外观体质应该具备"眼睛凸出,眼光强烈;薄又硬的交错挺直的耳朵;腮帮大;尖嘴细长,嘴唇大又俊俏;前额厚,头干瘦,寰椎粗,脖子长又有很多毛旋,鬐甲高,浮肋有弯度;接蹄细骨短,后腿蹄子圆钝又长,筋肉凸,三叉骨宽,腿内侧饱满,胯宽,背脊微驼,腿直,尾巴坚韧,臀部干瘦"[1]等体质条件。乌亚钦认为"头近似骆驼的头,鼻子大得像寺庙喇叭口,嘴唇近似于驼鹿鼻子,牙齿近似龟齿,脖子像盘羊脖子一样圆满,喉咙近似公羊喉咙一样有凹槽,胸脯近似狮子胸脯,胸膛近似雄鹰胸膛,鬐甲近似犏牛的鬐甲,浮肋好像怀胎骒马的浮肋,腿筋像三股粗绳子,肚子像本巴瓶,腰臀像弯腰飞的雄鹰,弯脊梁近似艾鼬的背脊,四条腿像梁柱子一样垂直,大腿像公狍子的大腿,腿根内侧宽度能夹大盘,接蹄细骨像盘羊的接蹄细骨,腿踵像射箭手的扳指,蹄子像野驴的蹄子。具备以上特征的是难得珍贵的良马"[2]。蒙古人对蒙古马的选择和驯服,根据的是一种综合性"考核"数据和"因人施教"的理念和法则。

"乌亚钦"相马时,很重视对毛发的观察。因为马的毛发颜色、形状、长短软硬程度以及密度等,都能体现马的跑法、走法和吉凶运气。优等马的皮

---

[1]　特·那木吉拉苏荣:《马》(蒙古文),内蒙古人民出版社,2015,94页。
[2]　特·那木吉拉苏荣:《马》(蒙古文),内蒙古人民出版社,2015,95页。

毛像老虎的皮毛一样短又粗硬且紧贴身上,而劣等马的皮毛像牛毛一样长又柔软茂密;有腋旋肷旋和脊梁、肚皮正中间有旋毛的马运气不佳;前额中间有正方向旋毛的马运气好,若是种公马,马群数量能达上万匹;两肩上有正方向旋毛的马,在战场上不丢弃主人;尖嘴上有一双旋毛的马威风;两膝盖和两脚跟处有旋毛是快马的象征;四条腿上均有正方向旋毛的马,即使肚子刺破腿折断也能把主人送回家等。

从古到今,以马为伴的蒙古人,对马的一切习性、心态、繁衍生息以及生长发育特征规律等已经了如指掌,甚至古代蒙古人还能根据马的粪便、脚印和嘶叫声相马。

"乌亚钦"相马的主要对象是当年新生幼驹和去年的小驹子以及骒马、种马等。蒙古人认为,相马应从小马驹开始。小马驹——将来长成一匹好马的马驹应该是鬃毛卷曲、下巴有胡子、寰椎大、耳朵大、四蹄有光、嘴长、眼眉大、眼窝凹进、身上肉少的马;睾丸三条血脉从上而下非常明显,就会发育成为好马;牙齿整齐洁白为好马;幼年时有跳鼠形象、牛犊嘴唇、凸出的大眼睛、山羊耳朵、尾巴上翘、肋骨往外突出、四蹄有劲的一定能成为一匹骏马;体格高大并有像倾听地面的走势,安静、尾巴左右摆动着走的马,会越长越好;膝盖脚跟垂直于身子的细又瘦的马三岁后变瘦弱;站着生出来的马驹肯定会发育成一匹优等良马。相骒马时,生育优等马的骒马应该有膀大腰圆、臀部宽大、鬐甲高耸、整个身子椭圆丰腴、四肢整齐、蹄子后有光泽、胸部血管粗、肚子大、下唇厚、长鼻勒等特征。牧马人都有"地不肥难长谷物,骒马不壮难生骏马"的俗语。所以骒马的饲养,有很多必须遵循的不成文的规则。相公马,尤其是选择一匹优种的种公马,是游牧民族生产生活的至关重要的一项工作。在游牧生活中,代代相传下来的相马方法有:血统、习性和外貌体型三种。血统方面,主要看该血统下驹子的数量、奶量、坚韧性、性情、体形、走势步法、速度和耐力。习性方面,不易惊慌,与其他马关系温和,嘶鸣有清脆声音的为佳。外貌体型方面,优良的种公马有头部干瘦、前额平展、耳朵长又直、鼻孔宽大、眼角厚、眉毛长、胸脯宽阔、鬐甲高耸、肋骨弯度好、腰背直、背脊微驼、臀部宽敞等特征。好的种公马身上毛浓密并有很多旋毛,最多有九十六处旋毛。走路步态正直,蹄子紧缩型,蹄子边光滑又锋利,脚后跟厚又开阔,距毛直立,小腿粗,腹肚宽敞为最佳种公马。还有好的种公马表现为,肚皮两侧微凸,鬃毛浓密而分两侧掉落,顶鬃短,尾巴毛粗又韧劲。蒙古人对马的血统特别重视,不接受血统不清来历不明的种公马,民间有"频繁调换种公马就会失去马群""马群缺种公马,成不了群;天鹅缺头领,成不了行列"的说法。

(二)"驯马师"的驯马

蒙古马的驯服调教有很多程序,而归纳起来普遍适用的有:套母马拴幼驹、驯小驹子、骟马、驯生个子马、剪马鬃、吊马六次大型驯养行动。但不是说马的驯服调教仅仅通过这六次行动就完成,而是说这六次行动只是关键性的行动,真正的驯服调教是无时无刻进行的。

套母马拴幼驹,是抓来今年生驹子的母马进行挤奶制作策格(酸马奶)的启动仪式。因为,套住母马,其小驹子自然跟回来,同样套住小驹子,其母马也会乖乖地跟过来,即把两项作业合并为一项。按照传统每年农历五月十五日举行一次大型的抓母马套小马驹的行动,同时也是驯马的开端。这天前一日,套母马拴马驹家做好准备工作:主人按照选算好的吉利方向,地上打第一只木橛子,另一只木橛子打在指向生机盎然的方向的地上,而后把马鬃毛或驼绒编制的绳子连接起来做拴驹子的绳索;同一天晚上马主人把马群汇集到离家近处守夜,到当天日出前放烟熏香,并在拴驹子绳索跟前铺开地毯或毡子,上面放好桌子以及羊肉、酸奶、奶酒等献祭食品,桌子旁放好盛满牛奶的木桶,上面横放着绑着五种颜色哈达和顶部有九个小方块窟窿眼的木勺。拴小驹子当天,马主人邀请很多亲朋好友来帮忙,同时也是一次较大规模的集聚交流。套马手需要马主人慎重考虑、认真选拔才可以定下来,因为蒙古人认为,被套的马驹将来的性格脾气都随套住它的那个套马手的性格脾气。一般蒙古人根据套马手的驯马手段、技巧等,划分为下狠手的"硬手"和多采取技巧手法的"软手"。"硬手"驯出来的马老实又听话,没个性,但经常看骑手做出顺应或逆反的反应;而"软手"驯出来的马,有个性又

能和骑手配合。

套马驹开始前由特邀来的祝福者致祝词(大致意思),然后正式宣布今天的活动开始。头一个套住的,必须是一匹本年度最早生驹子的白马,因为白色是蒙古人最崇尚的纯洁、吉祥的颜色。只要白色母马套住了,就等于今年丰盛幸福的游牧生活开始了。应邀参加套马驹的牧马人各自带自家套马杆或套马绳,然而完成套第一匹的套马能手的套马杆或套马绳上系哈达的第一个上阵。还有,这名套马手必须是已到成人年龄的,兄弟姐妹、父母都健在,并且本人也是身体健康强壮的草原硬汉子。他套住第一匹幼驹后,其他套马手一同上阵,开始激烈又热闹的套马。把新生小马驹都抓完后,给每一匹马驹套上用骆驼细软绒毛编制的笼头,而后大家齐唱《马驹颂》。套马手抓完马驹唱完颂歌后,把套马杆整齐靠放在蒙古包后面,套马杆尖头必须朝南。一切都安顿平静后,大家开始边品尝拴马驹绳索跟前摆好的肉、酒、奶食品等,边议论和赏析每一匹小马驹。

驯小驹子,是驯马的关键工作。蒙古人驯服调教马的顺口溜:"一岁时拴住,两岁时驯服,三岁时宠着,四岁时打压,五岁时吊驯。"就是说,幼年时为了挤马奶要把它拴起来,一是为了挤母马的奶,二是让它习惯或认识牧马人的绳套工具;两岁时身体强壮起来,不过尚未强大到人类难以控制的程度,而且没到长牙补牙等痛苦时期,所以这一时期是驯养的最佳阶段;三岁是长牙补牙的关键时期,马吃草料咀嚼力不足而经常吃不饱、难受焦虑,所以身体状况软弱而容易受伤或得病,对它们应该给予充分的关心和呵护;四岁时候的马相当于人的青年阶段,不好控制,所以不适合初期驯服的剧烈手法,只能在原先基础上严加管教,不能让它任性地野性化;五岁时候的马进入成年,可以对它进行各种"技术性技能"的培养,如走马、快马、颠马的规范步法等的训练,若是参赛马,就应该在此时开始吊膘训练。总之,对草原游牧民族来说,把草原上半野生状态的蒙古马驯服或拉进人的生活领域的最佳时段是它们的体质不强不弱的两岁时期。在宿草出嫩芽,牛马开始掉毛的初春,趁马驹还没吃饱上膘的时候是驯服的最佳时机。而且,两岁时驯服的马,越长越是身强力壮,不易瘦削患病。因为马驹还在成长期,筋骨尚未成熟,所以驯马骑手应该为身手敏捷轻快的青少年。在有经验者的协助下,给马驹套马鞍、笼头以及嚼子后,让驯马小骑手骑上去,反复操作上下马、牵走、叫停、上马绊、拴马等动作来使马惯熟,但切忌让马往下坡路跑,因为会造成马的前腿和胸部的内伤。评价驯马师的标准不在于马背上的稳定性,而在于所驯服出来的马身上是否留下痫症、心里有无留下伤痕以及是否矫正好性情脾气等方面。《蒙鞑备录》"马政条"说:"鞑国地丰水草,宜羊马。其马初生一二年,即于草地苦骑而教之,却养三年,而后再乘骑,故教其初是以不蹄啮也,千百成群,寂无嘶鸣,下马不用控击,亦不走逸,性甚良善。日间未尝刍秣,惟至夜方始牧放之,随其草之青枯野牧之,至晓,搭鞍乘骑,并未始与豆栗之类。"[1]

骟马,也叫作去势、阉马,是指对三至五岁公马进行割除睾丸手术,以此消除其生殖功能。公马身带雄性激素性情较为暴烈,不宜于生产生活,不适合乘骑,而阉割后的公马性情变得比较温顺,适宜调教乘骑。骟马还有一个重要原因是,平衡马群中的雌雄马比例。因为马是"一夫多妻制"动物,一匹公马可以领着 10 到 30 匹左右的骒马。这样算起来,公马过多马群会发生"争妻夺妾"的争斗而不利于马群的繁衍生息,更不利于牧民的生产生活。所以,公马与母马必须以一比十至三十的比例进行饲养,在三至五岁之间选好做种公马的雄性马后,多余的公马只能采取阉割处理方法。在蒙古人的游牧生活中,马的数量一般不是按单匹马的数量,而是用种公马的数量计算,如,家有几匹种公马马群等。有关骟马,宋代彭大雅在他的《黑鞑事略》中这样写:"其马野牧无刍栗,六月餍青草始肥壮者,四齿则扇,故阔壮而有力,柔顺而无性,能风寒而久岁月;不扇则反是,且易嘶骇,不可设伏。"[2]"去势"完成后应邀前来帮忙的人们以及周边牧民聚集在一起,举办"查嘎宴"进行祝贺。做过"去势"的公马改称"骟马"。

驯生个子马。两岁时没能驯服或漏掉的马驹,到三、四、五岁时便长得身强力壮而野性十足了,驯服难度更大且有危险。而且,三岁时的马驹正好

[1]　转载自纳古单夫:《蒙古马与古代蒙古骑兵作战艺术》,《内蒙古社会科学》,1994(4),65 页。
[2]　转载自纳古单夫:《蒙古马与古代蒙古骑兵作战艺术》,《内蒙古社会科学》,1994(4),65 页。

在长牙补牙时期而缺乏营养，导致肌肉、骨骼等不结实，若进行激烈的套抓、绊倒容易受伤，所以只能在四或五岁时做驯服，牧马人把对这种身上从未接触过牧马人的套马杆或套马绳的马的驯服叫作驯生个子马。这是一种需要强大力气和高超技巧的作业，所以驯马师必须是具备这些条件的身强力壮又有胆识和技巧的年轻牧马人——额莫讷格钦。驯服生个子马，有很多禁忌，如过度抽打而丢失"魂魄"、过长的控肚而导致瘦瘠软骨症、跛脚、腿部积血、留鞍伤、伤肺留痼症等。驯服生个子马，不像驯服两岁时的小驹子，驯服不到位就会养成很多坏习惯和毛病，如恋马群、好惊跳、好尥蹶子等。蒙古马通人性，被什么样的驯马师驯服，它就听从那个驯马师的话，性格脾气也随那个驯马师。所以，蒙古人的马不会让性格不好、脾气古怪的人触碰的。尤其是自己驯服调教好的马，不会借给别人骑和触碰，因为那样做会使马脾气变坏。驯服生个子马的手法很多，每个驯马师都有自己的独门绝技，一般不会外传。经常看到的手法是，驯马师把看好的生个子马套回来后，首先吊拴一段时间让它身子骨以及肌肉、性情放松下来，然后慢慢接触并用心去抚摸其身体，梳理其身上的毛和鬃毛，牵着走并偶尔骑一骑，随后逐渐增多骑的次数。如此一周左右之后放回马群里，过二十来天后再抓回来开始真正的调教，即骑乘、驮东西、赶牛羊马群、认路认主人等，使它熟悉和习惯牧马人日常生产生活以及环境。之后再放回马群一个月左右，第三次抓回来时则训练它的奔跑技能和速度。训练时，最好和驯好的老马一起练，而且让老马让着它，这样既有激励功效，也能促使它快速进入角色。

打马鬃，也叫作剪马鬃。马鬃是马后脑勺到鬐甲之间长的长毛，有右下垂的，左下垂的，也有左右分开的。打马鬃是蒙古族传统游牧生产中牧马的一种常规作业，在悠久的历史进程中，逐渐成为蒙古人生活中必不可少的一种节日活动。每年草原上的积雪融化青草吐绿，牛马毛绒开始脱落的初夏季节，牧马人选定农历五月初的一个吉利日子，进行此项活动。打马鬃根据马群数量的不同持续的时间不同，一天或连续几天的都有。套马手们事先准备好若干个套马杆或套马绳，并把套马时乘骑的快马——贴杆马吊好。他们将马群围拢到主人事先选好的营地附近的草地上等候活动开始。首先聘请几位德高望重、剪技高超的老人掌剪。马群主人向掌剪人敬酒、献哈达，然后把托在盘子里的剪子交给掌剪人，并宣布活动开始。套马手们飞速进入马群中，各自追赶要套抓的马。最精彩的是套住那些未被驯服的生个子烈马，因为越是未被驯服的马他们越有兴趣挑战，一旦套住野性十足的烈马，强壮的牧马人奋勇上前揪住其两只耳朵或从身后抓住马尾巴，用一股巧劲将马摔倒在地，然后手持剪刀的剪鬃人把马鬃修剪得干净又美观。开启第一剪的剪鬃人接过鬃剪后，向第一匹剪鬃的马泼洒奶酒，在马的脑门上涂抹奶油，涂抹礼后开始剪鬃。同时致剪马鬃祝词：金丝般的鬃毛/一把再一把/银丝般的鬃毛/一束又一束/白兔褐骒马之驹/满月成龙驹/银鬃红骒马之驹/一岁成神驹/竖起长耳朵/瞪起大眼睛/昂起胸脯/挥飘着金色鬃/摆动着银色尾/韧劲的身姿/神龙的头/钢铁般的蹄子/每关节带金印/每根毛带把绒……第一剪剪下的马鬃送至牲畜的保护神——"吉雅其"的神龛前供奉。剪鬃结束后，马主人请大家在草地上举行欢宴，祝福马群兴旺。

　　关于吊马，蒙古人悠久的游牧生活经验告诉他们，对于参与各种比赛的马或准备长途旅程甚至要上战场的马，都必须要做控腹吊马的理疗。宋朝彭大雅《黑鞑事略》徐霆疏的注释中说："霆尝观鞑人养马之法，自春初罢兵后，凡出战好马，并恣其水草，不令骑动，直至西风将至，则取而控之，执于帐房左右，喂以些少水草，经月出膘落，而实骑之，数百里自然无汗，故可以耐远而出战。寻常正行路时，并不许其吃水草，盖辛苦中吃水草，不成膘而生疾。此养马之良法，南人反是，所以马多病也。其牡马留十，分壮好者作移剌马种外，余者多扇之，所以无不强壮也。移剌者公马也。"[1]。游牧人生活中用于生产劳作的马，若是吃喝的饱和状态应该吊膘一天才能乘用，而参加赛事的马则必须提前二十天就开始吊膘调理。如今，吊马成了参加各种比赛的马的专业化调教做法了。一般情况下，马的喂饮、草料、饮水和行动都不受限制。大强度比赛中马匹受伤是因为马平常活动得太少，体内和全身积累了很多脂肪。另外赛前饮水太多、吃的草料太多，比赛时马的腹部就

---

[1]　转载自纳古单夫：《蒙古马与古代蒙古骑兵作战艺术》，《内蒙古社会科学》，1994(4)，65页。

会肿胀,大强度比赛后体内的脂肪溶化太多马就会生病。牧马人的吊马理疗是根据当地水土、雨水情况和气温变化以及马本身的体质、岁数、膘情和多长时间内进行理疗等多方因素实施的,是一种系统的动物理疗。为参加比赛而吊膘时,应该选离住户人家五十米左右,无垃圾杂物、烟雾熏不到、远离狗窝以及孩童玩耍范围、不受路人嘈杂声音影响、土壤纯净又无浮土碎石的地方;饮水喂草方面更加注意,不能吃黄蒿、芦苇等硬叶草和腐烂的草,应该给羊草之类的细嫩的草。吊膘理疗做得好与否,主要看马身上出的汗水情况,比如年龄大的马20~25天的吊膘期间,4~5次出汗、5~6次出力、2~3次全力奔跑,但每匹马都不同。除此之外,吊膘理疗效果好的特征有:粪便不裂,眼睛里映出整像人体,日出前身上有光泽,手掐表皮时所出褶子开扩得缓慢,身上的汗水透明无味等。若是吊膘做得不正确或不适于马的自身特征,就会损伤马的五脏六腑,留下诸多终身伴随的顽症。吊膘出错的主要原因是:乘用出大汗时卸下马鞍、鞍屉等,不规范的饮水,时机不对的喂草,未做吊膘的乘用,秋季剧烈的跑动,人为的随意换草场等。对自己喜爱并已经完满调教好的马,会有各种赞美祝词:千万匹马群里/千万回才套住/骑乘它背上/飞上天空一般/浑身都是劲/四蹄皆是钢/起跑像起飞/跑姿像飞翔/天神的宝马/降临在我眼前/苍天上的神驹/显现在我家园/天神的恩赐/珍贵的宝贝/苍天的保佑/唯独的骏马。

二、遵循习性的牧马

《蒙古秘史》里札木合对铁木真说:"铁木真安答!咱们靠近山扎营住下,可以让咱们的牧马人到帐户里。咱们靠近涧水扎营住下,咱们的牧羊人牧羊羔人,饮食方便。"[1] 这段话说明放养马和羊的草场是不同的,表明蒙古人对五畜因地制宜养殖的聪明智慧。同样是养殖牲畜,但是马有适合它的草场,牛羊有适合自己的草场。这与动物的活动量及不同季节草场上生

---

[1]　余大钧译注:《蒙古秘史》,河北人民出版社,2001,135页。

长的草类有关系:山羊绵羊的草场一般距离主人营地1~2.5公里,马群的草场一般距离主人宿营地10~100公里,因为马不仅能跑远路,更重要的是马喜欢喝清澈干净的河水或泉水,吃动物没踩踏过的细嫩的青草;牛羊吃草时,用嘴唇揪着草尖吃,并不断地换地方,而马直接用上下门牙细嚼着吃,一片草地吃完再换另一片草地,不是频繁地换地方。蒙古马群在戈壁滩、荒野地带也都可以放牧,其中荒野地带最合适。在那无边无际的荒野地带,蒙古马有秋夏季节快速抓膘而进入寒冷又草少的冬春季节也不掉膘的生存能力。

在游牧生活中,蒙古人根据马的生存习性,积累了丰富又科学的牧马知识,以随季节更换放牧地和逐水草移动放牧地两种最为典型。不同季节,牧马的草场各有区别。春天气候多变,故牧马草场要频繁更换,天气较暖和时放牧地在有湿气、碱性又能避风的软土草地,风雪交加的天气时放牧地在山阳地和林木树丛暖和地带;夏天的炽热天气里,放牧地在凉爽的有丰沛水量的山麓、山梁和开阔草地;到秋天,放牧地在山北离水源不远而含碱的草坡上;冬天的放牧地也需要频繁更换,应在山阳地带,或暖和又有充足的隔年枯草的开阔草地。另外,草场也需要像农耕地区的"休耕"一样定期或不定期地"休牧"而迁移。这样做不仅有利于草的长势,更重要的是防止草地沙化和草的退化以及种类的减少。一般情况下,山区牧马人家夏天转移到湖水河流附近放牧,到了冬天又转移到山阳面过冬;戈壁滩的牧马人家夏天移动到湿地和低洼草地,而秋天返回温暖的避风草地。

第三节　蒙古马符号文化

一、蒙古马身上的符号印记

蒙古人与马之间形成了深厚的感情和精神力量,产生了标识彼此关系

的多种人文符号。德国哲学家卡西勒认为,人类是进行符号活动的动物。从人类社会历史的发展历程来看,原始人有意无意地制作和留下符号印记的目的不外乎两种:一是为了巩固记忆,二是为了传达自己的存在并进行交流。

关于巩固记忆方面,当前所发现的考古资料中最有说服力的实证是岩画。对此,研究人员有各自的见解和观点,如巫术说、神印说等。不管有多少见解,岩画最重要意义之一就是远古人类为了巩固当时所获取的信息的记忆。比如,以鹿为题材的岩画表示此地野鹿经常出没,一大堆牛羊马群的岩画表明此地是放牧牛羊马群的好去处,以老虎为题材的岩画表示此地经常有老虎出没,以后过往要多加小心等。当然还有其他目的,只是从古人的生产生活考虑,这样的解读是符合实际的。尤其对生活在漫无边际的茫茫草原上的游牧民族来说,为了牢记放牧或打猎的好场所,在岩石或树林等自然实物上做符号、打印记的做法毋庸置疑是古老的生活智慧。只要没有地震、火山爆发等自然灾害,岩石是最不容易损坏和移动的,其上面所刻画的花纹也会在长期的风吹雨打中保存下来,所以聪明的古人选择用这些特殊材料作为自己记忆的载体,由此留下可世代相传的永恒记忆。使用符号印记方法,是古人和一些高级动物共有的特点,其目的是为自身及子孙后代留下生存所需的技能。第二种目的是向他人传达自己的存在并以此标识自己的生存空间或权利。比如,有些岩画的制作者把自己的活动范围或所拥有的财产的符号印记传达给周围其他部落人员,以此防范相互之间不必要的矛盾和冲突。这种符号印记的使用是古人智慧大幅度增长的表现,也是古人私有观念逐步强化的表现。由于社会生产力的发展以及人类自身的不断进化和完善,人们对自己所处的空间环境以及自身的认识不断得到深化,由此对自己生存环境以及物品的占有欲望不断强化,符号印记也由此被引用到私有财产的所有权关系中。蒙古人与马之间生成的人文符号种类多,归纳起来有以下三类。

第一类符号是"马印"。马印是蒙古族游牧生活中由来已久的传统习俗,是在马身上留下的最古老的人文符号。关于蒙古族马印文化行为的历史记载及其研究者很多,对此可以从以下几个方面进行简要介绍和分析。

首先,关于中原地区马印的记载。在战国时期,《庄子·马蹄》记载:"我善治马,烧之,剔之,刻之,雒之。"[1]其中"雒"就是"烙"的意思,"烧""刻""雒"就是给马匹打烙印的过程。还有在《北史·高车传》里有关北方游牧民族生活的记载是:"其畜产自有标识,虽阑纵在野,终无妄取。"[2]各家所养的家畜的"标识"中包括马印、牛羊耳记[3]等。正因为有了"标识"印记,所以不会发生认错马群的事情。

其次,蒙古族史诗《江格尔》中有这样一段诗词,说英雄江格尔的奴隶脸上印有"宝木巴红印"的标记,其骏马右大腿上有"宝木巴金印"的标记,用以辨别江格尔部落与其他部落地域、家畜以及家奴。

第三,拉施特《史集》里有关马印是这样描述的:"最好是(及时)给每人分别规定头衔、方位和名号,使每个人有固定的标志和印记,好让它们将这些标志和印记,各自加在(他们的)命令、府库、马群、牲畜上;使任何人都不得互相争吵,并使他们的后裔子孙每个人都知道自己的名号和方位,这样就能使国家巩固,他们的美名长存。"[4]在这段记载里,真实又充分地说明了包括马印在内的蒙古人所使用的各种符号印记的使用范围和意义。

最后,多桑的《多桑蒙古史》里介绍13世纪蒙古人生产以及生活状况时说:"其家畜为骆驼牛羊山羊,尤多马。……每部落各有其特别标志,印于家畜毛上。各部落各有其地段,有界限之,在此段内,随季候而迁徙。"[5]由此看出,蒙古人的马印是在氏族以及部落社会时期识别氏族以及部落的马的标志性符号。

蒙古人使用符号印记的历史源远流长,其造型神圣而不可替代,所包含的含义神秘而不可思议。马印的作用起初是为了巩固记忆、辨别游牧活动空间,之后随着人口增多而相对活动空间不断缩小,马印逐渐演变成氏族或

［１］ 转引自萧高洪:《烙马印及其作用与马政建设的关系》,《农业考古》,1988,346页。

［２］ 转引自苏北海:《哈萨克族文化史》,新疆大学出版社,1989,134页。

［３］ 耳记,蒙古人除用马印外,还给牛羊剪耳朵以做标识。

［４］ 拉施特著,余大钧、周建奇译:《史集》,商务印书馆,1983,140~142页。

［５］ 多桑著,冯承钧译:《多桑蒙古史》(上册),中华书局,2004,30页。

部落地界以及财产的标志性符号,而社会发展过程中人们的私有观念不断强化,符号印记也不断渗透到蒙古人游牧生活的方方面面,逐渐成为所有权的标志和部落族群及其所放养的家畜群盛衰的运气符号,由此可以看出马印在蒙古人游牧生活中是不可或缺的重要符号印记。

第二类人文符号是为马起的名称名号。蒙古人与马之间的深厚情谊让人类为自己的"亲密伙伴"赐予了各种各样亲切的称呼,其中仅仅按毛色特征起的名号名称就有240多种,如短耳灰兔褐骒马、黑花儿马、污白走马等;按岁数把整个马群可划分为幼驹、小驹子、三岁马、四岁马、五岁马、六岁马、七岁马、八岁马,三岁到五岁之间按雌雄还分为雄性马、雌性马,到成年时又分为骒马、儿马、老马等。在蒙古人眼里,马就是主人或生长地的形象代言人,所以也有了按生长地或主人名字起的名号,如成吉思汗亮鬃草黄马、哲里木快马、格萨尔枣红马、忽必来淡黄马等。每一匹马都有自己的性格,特别是有些特殊脾气的马,容易引起牧马人的关注,所以按脾气性格起名称名号的也比较多,如烈白马、顽皮豹花马、甩尾黄海留马等。

第三类人文符号是与马进行交流的"语言"。由于彼此相处的历史悠久又有了亲密感情,蒙古人与马之间有了多种多样的声音语言和形体语言交流方式。蒙古人发出各种声音来与马交流的能力,与其他民族相比实属罕见的独特技能。马儿幼年时主人便给它起一个绰号,长大以后不管在哪里,只要主人用绰号叫它,马儿都会跑回到主人身边。平时叫整群马的时候,牧马人会大声地喊"咕来咕来"的声音,马儿则会竖起耳朵听,并辨别是否是主人的声音,若不是就继续吃草,确认是主人的声音它们就跑回来。骑马时若想加快速度就发出"出乎出乎"的声音,马就会加速。马受惊癫狂、炮蹶子时,牧马人喊出"嗨、嗨"声音,它就会平静下来。赶着跑马群时,喊"出乎、嗨、哂、勾"的声音来指引方向。给马饮水、挤奶时候,吹曲子或发出"哦嘶-嘶-嘶、咕来咕来"或"宝古斯、宝古斯""苏吉苏吉"等声音,马儿就会心情舒畅地喝水或出的奶水量增多。遇到母马遗弃刚生的幼驹情况时,为了劝慰母马接受自己的"小孩子",牧马人会在幼驹身上涂撒母马喜欢吃的碱或咸盐,诱使它舔幼驹毛皮,同时给它拉马头琴,唱犹如摇篮曲一样的曲子,以此来感化母马并使其重新接受自己的幼驹。嗓音像鸟雀啼啭般的,又有拧劲儿的马一定是一匹优秀快马;频频眨着眼睛并表现出咬主人的动作是预示着要离开主人;用温暖的眼神看主人,并把头放在主人肩上磨蹭是亲昵主人的意思,这种马主人应该加倍珍惜;抿着耳朵显示出一副咬人的形象的马,表示不愿出战或参与捕猎的意思。

二、蒙古马的人格化

马一直以来是蒙古人的生活伴侣,贴心的伙伴。在蒙古人的心中,它已经不是一般意义的动物或驮拉东西的家养牲畜,而是通人性的已经得到"人格"的神圣动物。蒙古人绝对不会诅咒、谩骂或抽打马的头部。长期陪伴主人的日子里,马似乎已经能感悟到主人的喜怒哀乐,而自己身体不舒服或不愿做某一些事情时候,它也会用一些肢体动作或声音、眼神来向主人表达。在蒙古人的生活当中,每当遇到不幸时,他们会抱着自己的爱马诉苦,有了喜悦事情也不会落下自己的爱马,会与它分享喜悦之情。在草原上,蒙古人专为马举办的节庆活动很多,比较典型的有为马过新年、骒马生驹节或招禽节、套骒马节、白马宴、白湖宴、马印节、赞颂快马节等。在 13 世纪蒙古帝国时期以民间手抄本流传下来的长篇叙事史诗《成吉思汗的两匹骏马》中,用人格化手法把大骏马和小骏马描写成有血有肉又知晓世间冷暖的聪明又顽皮的形象。史诗的大致内容是,成吉思汗马群里有一匹威风的白骒马,生下两匹顽皮矫健的小骏马,成吉思汗像宝贝一样万分地呵护和细心调教它们。等到它们长大后,成吉思汗轮换骑着上围猎场,两匹骏马跑起来像猎鹰般风驰电掣,其他马都望尘莫及,所追捕的猎物数都数不清。但是,每次从围猎回来后,两匹骏马从未得到过大汗的奖赏和赞美。终于有一天,小骏马伤心落泪着劝大骏马一同离开了大汗,跑到遥远的阿尔泰古尔班查布奇亚勒草原,生活了三年多。在这期间,小骏马无忧无虑长得膘肥体壮,而大骏马整天思念大汗和母亲无心吃喝而瘦骨嶙峋。小骏马看着心疼不已,最终带着哥哥返回大汗的马群。大汗欣喜若狂,当即给小骏马在马群里过八年自由

放任生活的奖赏,把大骏马封为"神驹"。从此,每次围猎它们都为成吉思汗
追杀捕获数不清的猎物,而且每回都受到百万人的喝彩赞美而名扬世界。
这一叙事史诗里的更深层次的含义是——马的一切包括它的喜怒哀乐等精
神生活都离不开人类这一贴心朋友,它的生活不再局限于动物世界,而是深
深扎根到蒙古人的世界里。

蒙古人有一种给马"养老送终"的习俗,人格化的习俗让世人感到神圣
又感动。蒙古人生活中,对待马与其他饲养动物不一样,他们不会轻易杀马
吃肉,就算是别无选择需要杀一匹马时,马的主人也绝对不会自己动刀参与
的,因为他们不忍心,他们能做的只有为马的灵魂祈祷。对待接近生命终点
的老马,马的主人给它喂特种"营养餐"为它保存体力,并把它领到人烟稀少
的安静又有丰美水草的野外,把它身上的绳索和彩绸带等都解开,做郑重的
道别仪式——抱着它的头亲吻,擦一擦它的眼睛,身上洒上洁白的牛奶。这
是马的主人给这匹老马的敬重和感恩,更重要的是给予它完全解脱——"放
生"式的养老送终。不过,这样的"放生"不是让老马孤独地离开,而是让和
它相熟结伴的一匹小马陪着离开。此时此刻,主人和马都彼此感恩又心情
沉重,流着眼泪恋恋不舍,在频繁回头中道别。哪一天,陪着它走的那匹小
马单独回来,主人就知道了老马已经过世。之后,草原上的雄鹰或狼就会吃
它身上所剩不多的肉,若是没被吃掉主人会于心不安,因为蒙古人认为这匹
马是含冤而死或身患传染病而死的。若发生这种情况,主人会把马的尸体
用火烧掉或埋在土里。蒙古人认为,马头里有其灵魂,所以马的主人做的最
后一件重要仪式是拿回过世老马的头骨,用哈达和白色鹅卵石等装饰好后,
放在预先选好的山顶或土丘等高处,以此表示对长生天所赐予之神圣动物
的敬重。

得到这般待遇的马已经超越一般动物而成为人类的一员。成吉思汗
《大札撒》里马被人格化得更为明确,如在法律上赋予战马与骑兵战士完全
平等或更高的地位和资格。与人同样,马也有自己的生存空间可以自由自
在地觅食生活,也为自己的生存疆域的完整和安全付出了自己应付出的贡
献,从这个意义上讲,当时的蒙古人与马是平等的,所以人必须"保护马匹。

春天的时候,战争一停止就应将战马放到好的草场上,不得骑乘,不得使马乱跑"[1]。萨满教认为"万物有灵",马与人一样有灵魂,而且灵魂在于头脑,所以不得对其头无礼。更重要的是马是长生天的使者,通过其灵魂与长生天接触以达到通灵,所以马头千万不得侮辱和轻视,"打马的头和眼部的,处死刑"[2]。

三、蒙古马的神化

据世界历史学家和考古学家的考证,距今约一万年前人类已经驯服各种家养动物,相比之下马类动物稍微晚一点才被人类驯服并使用在人类生产活动中。若是这种考证和推断符合历史事实的话,人类崇尚和神化马的历史比驯服乘骑的历史还要悠久才符合逻辑,即一万年以前或更早。据有关专家考证,内蒙古达尔罕茂明安旗境内发现的岩画中的马图案,距今 1000 年到 6000 年。因为马不是狼或老虎那样可怕的食肉动物,而是警觉敏感、身体强壮、跑速惊人的食草动物。虽然对人类没什么威胁,但以当时人类的能力和技术水平来说捕获它们是可望而不可即的,所以让人类极度羡慕而将其神秘化。长期处于这种心境的人类,自然而然地陷入神秘的幻想境界,由此拥有强健的体魄、飞快的速度和勇敢无畏精神的马的形象,慢慢地变成从天而降的神秘物种。这样就能很清楚地解释日本学者横山佑之考古研究中遇到的一个疑惑,即"岩画和洞穴壁画内容的绝大多数是马,差不多达到60%。其次是牛和鹿,各自占 16% 左右。然而,这些动物哪个也不是他们(画壁画、岩画的人们)所捕猎到的猎物。从挖掘出来的骨头化石数量来看,牛骨完全没有,马骨头仅仅占 0.6%,鹿骨头占 1.5%。就这样,把挖掘出来的动物骨头的种类和壁画上的动物种类认真仔细统计之后,意外地发现一个事实:壁画里面的动物绝大多数并不是狩猎对象,捕获到的动物的大部分

---

[1]　内蒙古典章法学与社会学研究所编:《〈成吉思汗法典〉及原论》,商务印书馆,2007,185 页。
[2]　内蒙古典章法学与社会学研究所编:《〈成吉思汗法典〉及原论》,商务印书馆,2007,185 页。

没能画入壁画上面。究竟如何解释这一矛盾呢"[1]。生产能力还很落后的原始社会阶段，人类把自己梦寐以求的神秘之物刻画在岩石上，以"画饼充饥"的心态满足自己的幻想和愿望，是符合常理的事情。一旦某一时候很幸运地捕获到那匹想望已久的神奇、强壮又有神速的马，驯服并跨上其背后，所获猎物增多不说，人自身的生存和安全也得到了保障。在幻想中，人类有了梦幻般的、所向无敌的强者生活，人对马的神化观念和崇尚意识更加强烈而坚定不移了。

蒙古人对马的神化与崇拜也与其他地区人相差不远，若有差异也只是神化和崇拜的形式和内容方面的差异。有关蒙古人对马的神化和崇拜的历史印迹在他们的原始宗教——萨满教和出土文物马头龙姿的玉器上可以发现。首先，在萨满教的各种祭祀活动中有马的神化形象。萨满教最崇拜"天"，蒙古人也叫作"长生天"。它是人们意识里概念性的"天神"，其下有具体形象、名号和管辖范围的"东方四十四天，西方五十五天，北方三天"一共一〇二个"天神"，其中就有一个天神叫阿塔噶滕日，是"马神"；还有一个叫哈阳哈日瓦滕日，是保护马群的天神，有意思的是它是地上的马所崇拜的神，其直接受益者是马而不是人类。而且，这一〇二个天神很多都是骑着马的天神，如发扬"黑莫日"精神的苏力德滕日骑的是白马；"马神"阿塔噶滕日骑的是踏着乌云而飞的黑马；指挥战争的戴青滕日骑的也是踏着乌云的云青马；保护牛羊马群的扎亚尔奇滕日是牧马人的化身，骑的也是一匹飞奔的骏马。萨满教最隆重的祭祀活动是祭长生天仪式，仪式上所用的主要祭祀用品是纯白色的生个子马和九十九匹白马，作为祭品的白马不能卖、不能乘骑、不能杀，是完全自由的"翁衮"[2]马。早期萨满教的祭天、祭敖包等大型祭祀活动上，充当祭祀品的白马是用其肉体供奉神灵，并让其灵魂（即神灵）带着人类意愿腾飞升天，后因为受到佛教的影响变成"放生"意义的"翁衮"

[1] 转载自白·呼和牧奇：《马的文化志》，内蒙古人民出版社，2009，114页。
[2] 翁衮，是蒙古人祭拜的一种图腾偶像，有善恶之分。有全蒙古人公认的翁衮，有各部自己的翁衮。善翁衮可以充当自己的保护神，恶翁衮能给人们带来灾难。本文的"翁衮"马是身带神灵的马。

马。所以信仰萨满教的蒙古人认为，白马是长生天赐予的"神马"或太阳大神的宠物"太阳之驹"，是神圣之精灵，是长生天与人类之间的神速使者。那匹纯色白马充当祭祀品而成为草原马群中的"翁衮"之后，任何人不能套拴、骑乘、剪鬃毛，更不能打骂和侮辱它，它是草原上"自由神灵"的象征，是长生天的信使，是蒙古人心中的精神力量和神圣之物的承载者。受这种观念的影响，蒙古人生活当中对马的崇拜是极其普遍的文化现象，如前面已经讲过的放飞"黑莫日"（风马）形式的精神信念，成吉思汗的战旗"四胯黑纛"。另外，蒙古人称之为"哈日苏力德"的黑色缨穗是用一千匹黑枣骝公马的鬃毛和尾毛制作而成，所表达的是马群的气势威力，纯黑色寓意英勇无畏和为国忠诚；蒙古人称之为"查干苏力德"的白色缨穗是用一千匹白色公马的尾巴毛做成，其所表达的含义是成千上万匹马的声势威风，白色寓意国家民族的和平安祥和强大凝聚力；还有前面已经提过的，把死去的马头安葬在山头或土丘等高处以表祭祀崇拜之心等，这些都是信奉萨满教的蒙古人对马的神化崇拜的具体表现形式。

岩画和新石器时代玉器上也有马的神化形象。就像日本学者横山佑之调查考证的那样，在内蒙古和蒙古国境内发现的岩画和洞穴壁画中，在各种运动中刻画的各种各样的马的图案占绝大部分。这说明，人们对马这种可望而不可求的神奇动物，抱着一种神秘的敬畏之心。人类由于对马的强壮、机灵而又有飞快速度既羡慕又恐惧，长年累月处于这种心境的结果，就会对其产生崇尚、迷恋甚至神化的情感。于是，在岩石上或自己的洞穴墙壁上涂抹刻画出这种神奇动物的形象，以此安慰自己的获取欲望，同时祈祷早日得到它的关照和恩惠。这样做完全符合萨满教的"翁衮"祭祀和"招魂"法术。后来捕获到这一神奇动物，并驯服骑上之后，它的神奇能力更让人爱慕不已，从而对其更加爱护和崇拜。游牧民族的一切生产生活活动都离不开它们，甚至自身的生命安全都依赖于它们，其结果是理所当然地被刻画在岩石上，受到更多人的敬仰和崇拜。

第四节　蒙古马装饰器具文化

一、蒙古马骑具文化

　　蒙古人从驯服牧养马匹的时候起,就开发和制作役使它的各种器具。这些器具的制作,经过探索—制作—试用—失败—再探索—再制作—再试用……反反复复的过程,最终制成今天最适于马身上的器具。不同器具的使用和制作时代的前后顺序是不同的。首先制作的应该是捕捉器具,所以最早制作的是用于捕捉野生动物的套索或套马索,捕捉到了之后驯服并骑着它再去套抓其他马或动物,因制作了套马杆等器具;其次是为了驯服和控

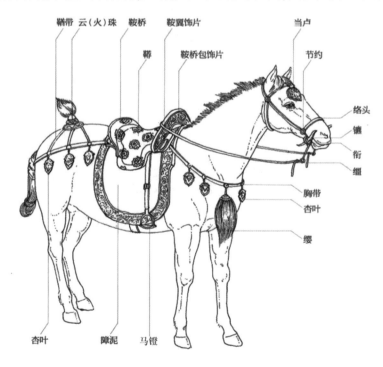

制所捕捉来的马而制作了马嚼子、笼头、马绊、橛子、马绊绳等控制器具；最后制作出来的是能让人稳定乘骑在马背上的马鞍以及肚带、鞍鞴、鞍屉、后鞒、鞍攀胸、马镫等乘骑器具。

马具中的核心器具之一是套马杆，这是牧马人套抓马的最主要的器具，由杆端（或主杆）、中杆、杆梢以及套索四个部分构成，整体长度6~7米，套索是用公黄羊脖子皮加工编织而成，长1.5~2米。使用套马杆要"秋弯春直"，即秋季为保住体重和草场的安宁用弯曲的套马杆，而春季为保障母马顺产而使用直溜的套马杆。蒙古人的套马杆不仅是重要的生产工具，也是蒙古汉子的精神气魄的象征物。所以，有套马杆不能随意扔地上，禁止踩踏套马杆任何部位，女人不能跨过套马杆，套马杆杆梢不能朝地或在地上拖拉等很多禁忌。其二是笼头，即马头上套住的牵制或约束马的皮质套具，配有金属嚼子的笼头叫作马嚼子。单一的笼头一般没什么装饰，而马嚼子则喜欢用

成吉思汗陵供奉的马鞍与马镫

金银珠宝装饰，以此显示马主人的富裕生活，同时提振马的气势威风。蒙古人对笼头和马嚼子也有很多讲究：不许拿笼头、马嚼子或马绊等抽打马，不许腰上系着笼头、马嚼子或马绊进家门，不许跨过笼头、马嚼子和套马杆等，这样做都会影响马的运气和气势。其三是马鞍，是为稳坐马背而制作的，用木头和皮革制成前后隆起中间有凹槽的坐垫，其造型很像骆驼的双峰。最

初骑马时，人们都是骣骑，双手离不开马鬃或脖子，又累又危险，而且做不了其他动作。所以，马鞍是一件伟大的发明，既能让人在马背上坐稳，也能让乘骑者完成他们的生产劳动。尤其对于蒙古人来说，马鞍不仅促成了他们的游牧生活方式，更是成就了受人仰慕的骑士精神，由此创造了所向无敌的生产力和战斗力，为世界文化与技术畅通无阻地交流铺开了道路。蒙古人的马鞍不仅是骑马的必备器具，也是骑手及马的重要装饰物和形象代表物。据考古学家考证，蒙古族马鞍已经有 3000~5000 年的历史。20 世纪 60 年代从蒙古国阿勒泰省发现的用纯金银镶嵌装饰的马鞍，距今已有 1000 年的历史，是一件制作工艺精湛的绝世精品。蒙古人对马鞍也有很多禁忌：禁忌倒放马鞍鞯；马鞍不能安放在蒙古包东侧，应放在包的西南或西北面；安放马鞍时，马鞍鞯不能朝北；禁忌枕着马鞍躺下等。其四是马镫。马镫是另一项具有划时代意义的发明。马镫指挂在马鞍两侧的一对脚镫，是供骑马人在上马、下马和骑乘时用来踏脚的马具。众所周知，马鞍的发明比马镫早，最初人在马背上骣骑，之后才慢慢试用皮毛之类的垫衬物，直至发明了马鞍，但还存在上马、下马不方便的问题。为解决这一问题，最初采取的办法是在上下马一侧用绳子、皮革制作出与马鞍连接的蹬带。后来这种蹬带用挖了窟窿的木头、柳条编织物或动物骨头替代，再到后来变成用铸铁制作，从此随着生产工艺的不断发展出现了样式多样、材质多种的现代意义的马镫。伊朗学者志费尼在《世界征服者史》里谈到成吉思汗兴起前蒙古人的情况时，这样说道："他们穿的是狗皮和鼠皮，吃的是这些动物的肉和其他死去的东西。他们的酒是马奶，甜食是一种形状似松的树木所结的果实，他们称之为忽速黑（qusuq），在当地，除这种树外，其他结果的树不能生长……他的马镫是铁质的，从而人们可以想象他们的其他奢侈品是什么样了。"[1]我们无法推测志费尼所说的"成吉思汗兴起前"的时代指的是什么年代，但是能想象得出，从那个年代起蒙古人的世界里马镫是权力和地位的象征，是人们向往和仰慕的尊贵器具。再说志费尼眼中的成吉思汗时代，蒙古人征服世界

---

[1] 志费尼著，何高济译：《世界征服者史》，内蒙古人民出版社，1981，23 页。

的最关键的优势可以归结于马镫这一不起眼的器具上。自从马鞍上配置马镫之后，马背上的骑手有了保护，使骑乘变得稳定又安全，而且双手得到解放，由此真正产生了马背民族的游牧生产及其游牧生活和所向无敌的游击战斗力。对于马镫的作用和价值，孛儿只斤·吉尔格勒先生在他的《游牧文明史论》中做了这样评价——"马镫是游牧人生命的起点，马镫解放了游牧人的双手，骑手们无须再用双手紧握马鬃奔驰，骑手变成了骑兵。骑兵可在马背上弯弓搭箭或手持枪矛冲刺厮杀，亦可手持套马杆，牧放畜群，倒场轮牧。有了马镫，骑手们在马背上行动自如，既可镫里藏身，又可套马，对彻底驯服野马起到了巨大的作用。从此乘马无须择路而进，既可单骑、列骑、群骑、轮骑，又可使妇孺老小皆能乘马。"[1]正如英国人怀特指出的："很少有发明像马镫那样简单，而又很少有发明具有如此重大的历史意义。马镫把畜力应用在短兵相接之中，让骑兵与马结为一体。"马镫的出现不仅谱写了蒙古族的历史，同时改变并加速了人类历史的进程。

二、蒙古马辅助装具

自古以来，蒙古人在套抓、驯服调教和乘骑马的一系列操作中，除了套马杆、绳索、马绊、马鞍、马镫等主要器具之外，还需要其他辅助性器具。其中具有代表性的有保护马的马蹄铁、刮汗板，日常理疗的放血针、针灸器，取悦马的马铃、马梳子、马尾掸、马鞭等。

马蹄铁是为防止马蹄在砂石山地和冰雪地上受伤、滑溜和疼痛而在四蹄下钉上的铁掌。因为马蹄里有很多神经、血管，所以钉装蹄铁有很高的技术要求，必须格外认真和用心，否则会给马留下终身伤痛。蹄铁的形状主要有太阳圆和月牙儿两种，寓意踏云飞奔的瑞兆。

刮汗板是给参赛马进行吊膘和给长途骑回来的马刮汗水用的，附有吉祥图案和五色飘带。

---

[1]　孛儿只斤·吉尔格勒：《游牧文明史论》，内蒙古人民出版社，2001，60 页。

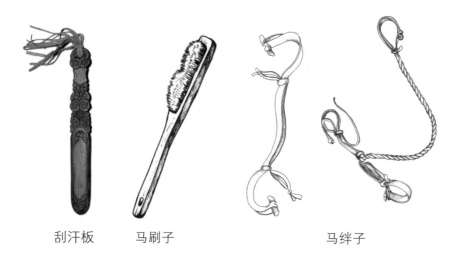

刮汗板　　马刷子　　　　　马绊子

　　放血针和针灸器具,是牧马人给马调理身体血液循环的必备的传统医疗器具。老练的牧马人都知道马身上放血、针灸的穴位,而且知道每个穴位放血、针灸能治疗什么毛病。在战争年代,远征的蒙古骑兵在长途跋涉中,最能提供补给和提神的营养饮料,除了马奶还有活马血。用放血针或原始针灸器具放马血喝,不仅对马匹正常奔跑没什么影响,反而能调理马的血液循环,又解决了骑兵的营养补给问题。所以,放血针和针灸器具等工具是蒙古牧马人随身携带的必备器具。

　　马铃戴在笼头或脖子上,既能装扮马,又以其美妙的声音取悦马,使它有好心情。马梳子和马尾掸,主要起到为马梳理鬃毛、驱赶蚊虫以及挠痒痒等作用,这样既能使马舒服,可以防病,更重要的是让主人与马培养亲密感情和信任。

　　马鞭是用柳树条或动物皮筋编织、制作的器具。在蒙古人眼中,马鞭是骑手的装饰品,也是为马提神鼓劲的器具。因为蒙古人驯马、调教、吊马时,特别忌讳用马鞭子抽打的恐吓方式,这样不仅会给马留下心理障碍或养成"不看鞭子不迈步"的坏习惯,甚至会打垮马的气势威风,使其永远失去"黑莫日"。这不仅关系到马的一生,更严重的后果是牵连到主人或乘用者的"黑莫日"。所以,蒙古人的马鞭不是抽打器具,而是取悦马的另一种特殊器具。

第五节 蒙古马之文化艺术

在蒙古人的日常生活和生产活动中,随时随地都有各种形式各种内容的文化娱乐活动。而绝大部分文化娱乐活动的形式和内容,几乎都与他们所牧放的五种主要牲畜有着千丝万缕的关联,其中体现和发挥"马背民族"勇敢、敏捷以及聪明才智的文化艺术活动占据首位。

一、蒙古马游戏

(一)赛马

赛马是当今世界尤其是西方发达国家重要的体育竞技项目。然而,蒙古族赛马仍然保留着传统形式,与现代国际赛马相比有着自己的风格。蒙古族赛马分类多而规则复杂,按马步形式可分为速度赛、走马赛、颠马赛,按岁数和性别可分为搭嘎(二岁马)赛、公马赛、成年马赛等。除了这些基本赛事外,还有即兴赛马等。

蒙古人最典型的传统赛事是速度赛马。其中有搭嘎赛、三岁马赛、四岁马赛、五岁马赛、成年马赛以及公马赛,国际上还有母马赛项目,但是在蒙古族赛马项目中,不提倡或不习惯母马赛。蒙古人认为,母马速度赛会对母马的生育能力不利,所以母马参赛极为少见,也不设置母马赛专项。赛程长短根据马的岁数而有所不同:成年公马 22~25 公里,六岁马 22~25 公里,五岁马 18~20 公里,三岁马 14~16 公里,搭嘎 10~12 公里等。历史上,蒙古人以法律形式制定过有关速度赛事的诸多规则,如 1729 年的《喀尔喀法典》里规定:"赛马场上除了监场官员之外,必须有四名裁判官;出现不达目的地提前调头等违规现象,罚监场官一匹马、台吉塔布囊一头牛、一般监场员一只羊;

抢跑者抽打十鞭;不得抽打参赛马;赛道上赛马摔倒而骑手徒步跑到终点,应得其名次;夺冠成年马、五岁马,奖一峰骆驼、八匹马;夺冠四岁马,奖一峰骆驼、六匹马;夺冠三岁马,奖一峰骆驼、四匹马;夺冠搭嘎,奖一峰骆驼、两匹马……"当前现行规则几乎都继承了先辈们所定的规则。比赛进入前五名的马,受到"马奶(奶酒)献礼"的祝福。

走马和颠马赛事也是蒙古族的传统赛马项目,主要比马的韵律、节奏,是一种展现优美跑姿的赛事。赛程距离为 5~10 公里,规则特别严格,要求速度快的同时,不失去有韵律、节奏的步法。

搭嘎赛事,主要在剪胎发等喜庆的日子或秋季放回挤奶的母马时节举行。骑手是 5~6 岁的轻巧灵敏的儿童。

即兴赛事,是鼓励或为正规赛事增加趣味色彩的热身性质的赛事。该赛事一般都是牧马人之间对彼此的马或马术不服气而发生的即兴"赌气赛",其距离和规则是临时制定的。

赛事的一个重要环节是颁奖仪式。蒙古马的赛事上,延续下来的颁奖方式有颁发实物奖和精神奖两种。颁奖对象不是国际惯例的前三名,而是前五名和最后一名。实物奖按三件、九件或八十一件等奇数颁发,因为对蒙古人来说奇数含有"未来有无限希望"的意义。精神奖指荣誉称号,有"天马""风骏""飞蹄"等多种。

为了参赛的马及骑手的身心安全和"黑莫日",蒙古族传统赛马也有很多不成文的禁忌。如禁在岩石或岩石一般的坚硬路上赛马,因为会损伤马蹄;禁吊膘母马参赛,因为会损毁马群气势威风;禁不吊膘参赛,因为会伤及马内脏;不能在赛程中乱抽打卖力跑着的马;忌在马的头和腹部下鞭;赛场上不能携带蛇纹马鞭,因为会损伤马的皮肤;参赛期间不能修剪马鬃、马尾和马蹄,因为会削弱赛马气势运气;赛后不管名次如何,必须给马梳理鬃毛、抚摸额头或脖子并夸奖安慰,否则马会伤心等。总之,蒙古人认为,马是通人性的情商极高的动物,得不到主人的认可或嘉奖,它会伤心,甚至会记仇报复的,所以任何时候任何人都必须善待马。

（二）马术

自幼在马背上成长的蒙古人，马背就是他们玩耍的"娱乐场所"，毋庸置疑他们的骑术是非常高超的。王国维在《黑鞑事略》笺证本中说："其骑射，则孩时绳束以板，络之马上，随母出入；三岁，以索维之鞍，俾手有所执射，从众驰骋；四五岁挟小弓、短矢。及其长也，四时业田猎。凡其奔骤也，跂立而不坐，故力在跗者八九，而在髀者一二。疾如飙至，劲如山压，左旋右折，如飞翼，故能左顾而射右，不特抹鞭而已。"[1]在疾驰的马背上做各种动作犹如在平地一般自在。宋人赵珙在《蒙鞑备录》中说"鞑人生长鞍马间"[2]，即是说他们不管在白天黑夜都在马背上度过。这样，蒙古马让蒙古人练就了一身马背上的高超绝技，即马术。蒙古族传统的民间马术运动形式多样，是绝妙的强身健体和休闲娱乐的运动。比较典型的马术游戏有骑马术、套马术、捡取术、马上争斗、跑马射箭、马球、马戏等。

骑马术和套马术，是蒙古族儿童从三四岁开始在大人的指导下玩耍的体验性游戏。孩子们乘骑调教好的小马驹，大人则教他们扔绳索套抓小马驹、小牛犊等，稍长大到七八岁后，就能骑上生个子搭嘎（二岁马）了。

捡取术，是从疾驰的马背上捡取地上的马鞭、哈达等物的骑术。

马上争斗是骑着马进行了力量和技巧的角斗，有"抢羊""抢马鞭"等玩法。

跑马射箭，是在疾驰的马背上射箭的一种骑术，射程20～30米。该项赛事在蒙古族赛马史上历史悠久，最有纪念意义的一次是在1225年，蒙古大军庆祝彻底战胜沙陀国的那达慕大会上，那个长距射箭和跑马射箭的记载，哈布图·哈萨尔长子伊苏黑摩尔根射箭射出335度（1度≈5尺），获得冠军。

马球，是从围猎中骑马追捕兔子等小型猎物而演变来的捕猎游戏，元朝时期蒙古贵族盛行这种游戏。

马戏，是让调教好的马去完成或模仿人类的行为动作，以此取悦观众的

---

[1]　转载自纳古单夫：《蒙古马与古代蒙古骑兵的作战艺术》，《内蒙古社会科学》，1994（4），64～65页。

[2]　转载自纳古单夫：《蒙古马与古代蒙古骑兵的作战艺术》，《内蒙古社会科学》，1994（4），64页。

一种杂技项目。

总之,蒙古人把骑术升华成马背艺术。骑上马背不再是一般的乘坐而已,而是人与马融为一体的艺术的欣赏或享受。

(三)衍生游戏

蒙古人的游牧生活形成于马背之上,所以不仅生产生活与马有千丝万缕的割不断的联系,连他们的玩具、智力游戏都与马息息相关。有关马的玩具和智力游戏以及玩法种类有很多,各地区有各地区的独特玩法,比较普遍而又有代表性的有以下几种。

赛马是少年儿童的游戏,参赛的"马"是羊踝骨,参赛者一般为两人或更多人。该游戏中,羊踝骨的凸面代表"羊",凹面代表"牛",平面代表"马",弯曲面代表"骆驼"。玩法有多种,比较普遍的玩法是,参赛者按一定顺序把各自分到的踝骨扔到场地内,扔三轮、五轮、七轮、九轮后,哪位扔出的"马"多就获胜。还有一些地方用柳条当"马"进行比赛。游戏中,参赛者"骑"柳条或树干进行赛跑,在十到二十米的距离内来回跑三轮或五轮,得第一名的次数多者获胜。获胜者还得到和实际赛马一样的荣誉称号。这是一种开发智力和强身健体的游戏。

羊拐(踝骨)游戏是蒙古族儿童的传统游戏,其中有很多玩法都是与马有关的,而且都有一定的智力开发作用。据《蒙古秘史》记载:"最初互相结成安答时,铁木真十一岁。那时扎木合送给铁木真一个狍子髀石,铁木真回赠给扎木合一个灌铜的髀石,就相结为安答,互称安答。在斡难河岸上一起打髀石玩的时候,两人就互相称为安答了。"[1] 由此看来,羊拐一直是蒙古族少年的主要玩具。玩法有很多,其中扔三次或五次时"马"立起最多者为胜是最普遍的玩法。还中有一种叫"四难"的玩法,即四个踝骨一起扔时出现"牛""羊""马""骆驼"四种"动物"所得的分数最多,其次是四匹"马",第三是四峰"骆驼",以此类推算分。

---

[1] 余大钧译注:《蒙古秘史》,河北人民出版社,2001,132 页。

蒙古象棋,蒙古语音叫"沙塔拉"或"吉热格",是蒙古族世代相传的古老游戏,是世界最古老的博弈游戏之一,距今已有 2000 多年的历史,是国际象棋的萌芽。有关它的文字记载可以追溯到 13 世纪蒙古军队的消遣游戏"沙塔拉"。据清叶明澧《桥西杂记》载:"局纵横九线,六十四格。棋各十六枚:八卒、二车、二马、二象、一炮、一将。别以朱墨,将居中之右,炮居中之左,车、马、象左右列,卒横于前,棋局无河界,满局可行,所谓随水草为畜牧也。其棋形而不字,将刻塔,崇象教也。象改驼或熊,迤北无象也。卒直行一至底,斜角食敌之在者,去而复返,用同于车,嘉有功也。马横行六,驼可斜行八,因沙漠之地驼行疾于马也。车行直线,进退自由。群子环击一塔,无路可出,始为败北。"蒙古人说"沙塔拉"是"二人竞技,二十人观赏"的游戏。蒙古象棋与国际象棋相比,蒙古象棋有诺颜 1 个,同国际象棋的国王;蒙古象棋有哈昙 1 个,同国际象棋的王后;蒙古象棋有骆驼 2 个,同国际象棋的象;蒙古象棋有马 2 个,同国际象棋的马;蒙古象棋有哈萨嘎(也叫"车")2 个,同国际象棋的车;蒙古象棋有厚乌 8 个,同国际象棋的兵卒,但厚乌是儿子的意思,不是其他象棋意义上的兵卒。蒙古象棋有其独特之处,即:不能用马杀死国王,不能吃光对方的牌,一定在诺颜之外再留一名厚乌,意为不让对手处于无立足之地的残忍处境,显出了蒙古人对任何生命都不赶尽杀绝的观念等。"蒙古象棋最能说明游牧民族的'动'的文化的基本构型和规则。蒙古象棋的所有棋子都像它们的主人一样,可以自由地走动和流动。虽然有战阵的边界,在游戏开始时明确,到后来不起作用。所有棋子在棋盘上自由驰骋……(就连)帅(可汗和可敦)也不像中国象棋中的帅那样被固定在一个'城池'里,它可以自由地活动,也可以过河"[1]杀进"战场"。

九匹马,是蒙古族古老的棋类游戏,黑白双方各有 9 匹"马",在划有 81 个格子的棋盘上争夺"草地盘"。白方先开始,黑方紧跟着,按斜线随意移动,与"沙塔拉"的"马"一样吃对方。先吃光对方者为胜。该游戏里,蒙古人崇尚的数字九和颜色白色融合为一体。

---

[1]　孛尔只斤·吉尔格勒:《游牧文明史论》,内蒙古人民出版社,2001,83~84 页。

有关马的传统游戏,在蒙古人生活中随处可见,丰富多样。这些世世代代传下来的蒙古族民间游戏,与现代游戏相比有着天壤之别,但是它们是马背生活中自然形成的强身健体和开发智力、增强技能融为一体的实战性游戏,其应用性能更为实际有效。

二、蒙古马节庆文化

蒙古人在马背上创建了史无前例的强大帝国,也在人与动物之间建立了最成功的情谊。马是蒙古人生活中的重要组成部分,也成为蒙古人生命的强有力的精神支撑。有了马,蒙古人精神坚强了,生活富裕了;也是因为有了马背生活,蒙古人的身体强壮而生命中有无限乐趣。所以,蒙古人生命中的一切喜怒哀乐均与马有关,彼此之间真正结下了"同甘共苦"的友情。生活中遇到喜悦之事,他们会与马分享;马的生命中的每一个重要时刻,他们会给马关爱和祝福。在蒙古人的社会生活中,有关马的节庆文化活动很多,各地区也有本地区特有的节庆活动,比较普遍和典型的节庆文化活动主要有以下几种。

马过新年,是蒙古人选定正月十五之前的某一个吉利日子(不同地区有不同的固定日子)为马过新年的一种习俗。大年初一,放飞(或竖立)"黑莫日"的"佛幡",以此祈福马和马群一年的运气。到了选好的那天,蒙古人拿出最珍贵的新鲜的白色奶食品(马奶、牛奶、驼奶等)敬长生天敬大地,再洒泼到马群,涂抹在马身上,祝福它们新的一年开心健康地繁衍生长。同时举办歌舞宴会取悦"马神"阿塔嘎滕日,祈求保佑马群的平安无事。

骒马生驹节或招禽节,一般在春天候鸟来临时节,即骒马开始生小驹的季节举办,祝福骒马顺利生出更多健康的小马驹和母子平安。

马驹节或套骒马节在每年农历五月十五日举办,是为祝福小马驹茁壮成长的节庆活动。这一天用白马的鲜奶敬长生天、敬大地,祈祷马驹健康成长、马群平平安安。这一仪式是1211年成吉思汗在克鲁伦河畔开始举办的,后成为正统的节庆活动。该活动在鲜马奶酿造成"策格"(酸马奶)那天举办，所以也叫作"策格节"或"马奶节"。套抓头一匹生驹骒马的套马手，必须是兄弟姐妹以及父母都健在的成年壮汉，挤头一匹骒马奶的也是正规着装的牧马汉子，之后其他男女才能动手挤奶。该节日有挑担策格、献祭、赛马驹、赛公马等一系列活动，所以不一定只举办一天，也可能持续几天。原来这一节庆活动叫作白马宴，后来逐渐演变成现在这种称呼。

白湖宴，是夏季牧马人家马奶酿造成最佳味道时，大家聚集在一起举办品尝、交换彼此马奶的庆祝活动。

马印节，是在夏季天暖和的时候为马群举行修剪鬃毛、烙马印的节庆活动。这是蒙古人游牧生活中的重要节庆活动。

快马节，是获得冠军的牧马人举办的庆功那达慕宴会。选好吉日后，马的主人邀请邻里朋友一起参加。当日，人们把冠军马装饰得像参赛一般，把骑手儿童打扮成参赛者，让他们骑着马绕着包周围跑几圈。然后门前铺白色地毯，让马站在地毯上，给马的头上系上哈达，用新鲜马奶抚摸马的额头、背脊和臀部，之后开始庆功宴会。

蒙古马在蒙古人生活中无处不在。在现实生活中，它帮着主人参与生产，创造财富并分享喜悦之情，在精神世界里陪着主人勇往直前，不断开拓和征服新的知识领域。蒙古人与蒙古马的精神世界彼此相容，构筑了人与动物之间最默契的"有难同当，有福同享"精神联盟。

三、蒙古马文学艺术

人类社会的一切文学艺术来自于他们的生产活动和聪明才智。蒙古马与蒙古人之间构成的"生命共同体"不仅为人类创造了奇迹般的历史，同时为人类开辟了独特而珍贵的文学艺术天地。蒙古人精神文化生活形式与众不同，内容丰富多彩而鼓舞人心，这源于他们与众不同的生产生活方式和环境以及由此形成的思维方式和生命认知。他们是以大自然为伴的特殊群体，所以，他们的一切文学艺术是人与自然、人与动物和谐相处的产物，是人与大地、人与苍天之间"万物"的"交响乐"，而蒙古马是其中永恒的主旋律。

法国历史学家勒内·格鲁塞在《草原帝国》中这样写道:"他们彼此之间确实有些类似:他们出生于同一草原,在同样的土地上和气候中成长,经受了同样的锻炼。蒙古人身材矮小敦实,骨骼大,体格结实,具有不寻常的忍耐力。蒙古马也是个小而壮实,体态不优美,'有强健的脖子和粗壮的腿,厚厚的毛,但是,蒙古马以其烈性、精力、忍耐力和平稳的步伐而令人惊叹。'"[1]如此这般令世人惊叹而羡慕不已的历史文化现象,自古以来在文学艺术领域从未减弱过其应有的活力和贡献。从各类史册记载、传说故事以及民间诗歌艺术,到现代文学家、艺术家作品中表现的蒙古马魅力和蒙古马形象,都是世人心目中无法忘怀的美丽印记。虽然文学艺术中的蒙古马形象为数众多,对此无法一一分析谈论,但从经典传说故事和民间诗歌艺术中可以感受到它的真谛及无限魅力。

(一)传说故事

蒙古族有关马的感人故事很多,有些故事甚至传播到世界各地,与当地民间文化融在一起,形成了更有影响力的文学作品,还有些在蒙古人中家喻户晓并成为众多文化现象的源头。

英国詹姆斯·奥尔德里奇的《奇异的蒙古马》讲述内蒙古少年巴玉特在一次偶然的野外活动中发现了濒临绝种的蒙古野马,并与其中的领头马大基产生了友情。詹姆斯闻讯后同助手彼得、孙女吉蒂来到内蒙古,在牧场主任巴玉特父亲基利的陪同下,他们选中了大基,并把大基带回英国驯养。巴玉特眼看和自己朝夕相处的大基离去,伤心不已。大基被送到英国自然保护区驯养后,仍然想念自己的故乡——内蒙古草原。在一个风雨交加的夜晚,它冲破了马厩逃离了保护区,但没跑多远就被人抓住,并被马贩子卖到了法国宰马场。詹姆斯及其孙女吉蒂赶到法国营救大基。大基与宰马场的工人奋力搏斗,最后冲破了关押它的铁笼奔向自由。

在蒙古族广泛流传的"朝图白骒马"的故事,讲述的是勇敢的骒马在艰

---

[1] 勒内·格鲁塞著,蓝琪译:《草原帝国》,商务印书馆,2007,286~287页。

难的环境中,为保护和领回自己心爱的小马驹流尽最后一滴血的故事。"曾经领有七十二伙伴、蛋白色可爱小马驹和一匹勇猛的黑儿马的朝图白骒马。那年干旱寸草不见,朝图白骒马领着马群远离故乡寻找水草。由于旅途中不小心踩烂了大雁群的七颗蛋,被鸟禽军啄死了七十二伙伴和勇猛的黑儿马,只有朝图白骒马护着小马驹逃脱了鸟禽军的围攻射杀。朝图白骒马领着小马驹千辛万苦地跑回故土。途中小马驹问:'妈妈!您身上的支支叉叉是什么?'白骒马回答说:'儿啊,经过杏树林时扎了杏树枝呗。'小马驹又问:'妈妈!从您身上流出紫红色液体,那又是什么?'白骒马回答说:'儿啊,越过赭石图岭时赭石剐蹭的呗。'小马驹再问:'妈妈!您坚强的铁蹄怎么蹒跚不稳健了呢?'白骒马回答说:'儿啊,路途遥远跋山涉水劳累的呗。'边哄着小马驹边赶着艰难的路,最终踏进故土的边界后遍体鳞伤的白骒马倒下了。生命的最后时刻提醒着小马驹说:'儿啊,北方地区不能在昏沉欲睡中赶路,到处有狼群!不能横着过人家的门,那家孩童和狗会拦截你的去路!喝水时赶在最先,落后就只能喝上浑浊的水。"[1]

蒙古人生活中,不管是男女老少,对马都非常了解,几乎每个人都是出色的相马师。"阿尔贝枣红马"故事讲的是有位远近闻名腰缠万贯的台吉独生子,娶了穷人姑娘当媳妇。新娘来到婆家,每天早起晚睡勤勤恳恳做家务。有一天早晨被邻居家门前一匹黑瘦的马吸引住了,婆婆生气地喊她回家。新娘请求新郎不管什么价钱都把那匹黑驹子买下来,知道媳妇眼力的新郎拿出四匹骒马换来了那匹黑驹子。婆婆责怪儿子听从穷媳妇的指示买来阿尔贝(一种小米一样的谷物)粒子一样瘦小的东西。但是那年的那达慕大会上唯独这匹黑驹子飞奔回到终点,而且从此连续多年摘得冠军。最后这匹冠军老马自己"备战"自动参赛摘取冠军后,带着喜悦走到山丘前自己喜欢的草场上站着死去了,从此这个山丘就有了"阿尔贝丘陵"的美名。

蒙古人最敬重和喜爱的乐器是马头琴,所以有关马头琴的传说故事有很多,如科尔沁草原的"苏和与他的白马"、锡林郭勒草原的"巴特尔的白

---

[1]　苏·赞布勒道尔吉:《蒙古马》,内蒙古大学出版社,2014,342页。

马"、家喻户晓的"呼和那木吉勒的传说"和"左撇子琴师的故事"等。在民间最有感染力的是"呼和那木吉勒的传说"。很早很早以前,有个叫呼和那木吉勒的朝气蓬勃的小伙子,因为服兵役离开故土被派遣到遥远的西域边疆地区。在那里,他遇到了一位王爷家的漂亮姑娘,彼此产生了爱慕之情而开始了幸福生活。但好景不长,有一天呼和那木吉勒收到服兵役期限已到必须返回原籍的通知。那位已经深深爱上他的姑娘伤心欲绝,赠给心爱的男人自己最疼爱的长有翅膀的宝马。从此,呼和那木吉勒虽然回到原籍地,但每天晚上骑着宝马飞到爱人身边,到了早晨再回到原籍放马群。这样的幸福生活延续了三年。有一天,一位喜欢呼和那木吉勒的富人家姑娘跟踪他并发现了他的踪迹,心中十分嫉妒,于是残忍地砍掉了宝马的翅膀,没过多久宝马便死去。呼和那木吉勒看到死去的宝马痛苦又悲伤,每天以泪洗面艰难度日。为了度过这样难熬的日子,他用檀香木雕刻出宝马的头,用宝马皮做琴箱,用宝马鬃毛制作琴弦和弓,从此每天拉着优美而又伤感的曲子,回想过去与心爱的人和宝马的美好日子。马头琴的优美而伤感的韵律,反映了蒙古人游牧生活中的喜怒哀乐,也是人与自然界万物之间情感传递的方式。蒙古人普遍认为,马头琴声不仅对人类,对山河草木以及一切有生命之物都有穿透力和感染力,而且只要有马头琴声响起,一切邪恶病魔都会远离而去。他们用马头琴声取悦山水生灵,也用马头琴声驱赶恶魔鬼怪。

(二)民间诗歌艺术

蒙古人是世界上最崇尚诗歌艺术的民族之一,尤其是与马有关的诗歌艺术是他们矗立于世界民族之林中独有的特征。这里对最有代表性的普遍流传的三首诗歌作简单介绍。前面讲过的史诗《成吉思汗的两匹骏马》,是大约从13世纪开始流传于蒙古人社会的叙述性史诗,长期以手抄本的形式流传民间。两匹骏马离开后,大汗思念心爱的骏马,诸臣民为大汗的两匹骏马祈求祷告:圣主的两匹骏马呦不知是否安好,阿尔泰杭盖是大地之高处;不知那苍天之神驹是否安好,但愿你没有被冰冷的嚼子束缚,但愿你没有汗湿马鞍的重负,但愿你在丰美草场上驰骋,但愿你能畅饮圣洁的泉水……后人把赞颂它们的诗歌谱上了曲子：

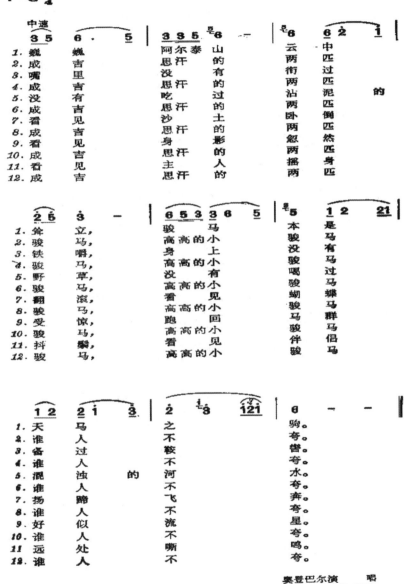

成吉思汗的两匹骏马
（叙事歌）

牧马人每次举办节庆或那达慕不可或缺的另一首诗歌是《图门额和》（万众之母）。歌词大意是：重生在人类社会/赶走一切恶魔鬼怪/把此世与来世之事/处置得善又美/为了善事由命由心/为了美貌尽力尽责/付出真是值/万众之母，精粹的在于此……

在蒙古族流传了二三百年的有关一匹快马的民间歌曲《胡戈辛浩弘》，其歌词、歌曲以及风格各地区不尽相同，而且各地人都能说出一整套出自当地的"铁证"，然而究竟出自哪个地区现已无法考证。根据锡林郭勒盟正蓝旗沙·东希格调查考证，胡戈辛浩弘还处在小搭嘎时候就被老练猎手道布泰老人调教成猎马，7岁时参加大型赛事摘得冠军后名声大振，25岁时获得"浩弘"荣誉称号，大约32岁时以站立姿势死去。胡戈辛浩弘死后，民间赞颂和怀念它的各种风格、节奏的祝词歌曲流行起来。其中，在苏尼特地区可连续唱75首，其他地区五六十首也是普遍现象，也有的地方仅有二三首的短唱法。蒙古人认为"日唱三次胡戈辛浩弘，男人不缺乘骑的骏马，女人不愁珠宝嫁妆"。比较普遍的一种开头是：幼年始吊膘的/搭嘎始好奔的/海一般那达慕上/拿过无数次冠军。还有一种开头是：大海还处于泥塘时/大山还像小土丘时/野驴还在幼驹时/黄羊先祖还是幼羔时/浩弘美名的快马飞奔在大地。民间传统极其敬重这首神圣的歌曲，唱这首歌时必须用马头琴、蒙古筝伴奏。开唱前还必须向苍天大地敬献鲜奶和奶酒，并由德高望重的老人最先开唱。

第七章

马文化的研究价值

第一节　马文化与草原文化

　　中国草原总面积约4亿公顷,是世界上草原资源最丰富的国家之一,草原主要分布在辽阔的北方和青藏高原一带。从春秋战国时的林胡、楼烦至匈奴、东胡、乌桓、鲜卑、柔然到突厥、回鹘、契丹、女真、蒙古等民族,都是在草原上与马相伴建立了一个又一个强大的游牧政权,依靠马支撑起游牧民族的生存繁衍和成长壮大。众多少数民族聚居于草原世代相传,创造了博大精深的草原文化,而马文化是其中最耀眼的部分。

　　草原文化经过漫长的发展,流传着许多独特的民族元素和丰富的内涵。然而,悠久的历史并不等于辉煌的现实。草原文化的发展受到自然条件和民族习俗的约束以及社会条件的制约,所受外来文化的影响远远高于草原民族传统文化的对外输出。

　　研究马文化就必须跳出狭隘的层面,要站在国际文化大背景下,对草原民族传统文化进行全面梳理、全新定位,制定全新的发展战略,以马为特色标志树立全新的品牌形象。寻求草原文化新的市场结合点,调整草原文化的传承、传播方式,发扬草原文化固有的特色与民族资源优势,是时代赋予草原儿女的一项艰巨任务和伟大使命。

一、马文化彰显草原文化的优势特色

　　草原上有句谚语:人生最大的不幸是少年时离开父亲,中途离开了马背。对于游牧民族来说,马是他们相依为命的重要伙伴,是他们实现所有理想和愿望的最佳工具。所以正如他们所说,牧人没有了马就没有了手脚。马背民族在与马朝夕相处,与马共同创造历史的过程中创造发展了多彩的马文化。草原文化是世代生息在草原地区的民族共同创造的与草原生态相适应的文化,它是在特定地域、特定环境中产生,展示了世代生息繁衍在草原上的部落、民族的生命历程,外化出草原民族与自然生态亲和相处的得天独厚的观念和精神。草原文化又是一种生活文化,无论是刚性的赛马、摔跤、射箭,还是迷人的蓝天、碧草、白云,无论是悠远的长调、呼麦还是深情的牧歌、马头琴,及诸多禁忌、习俗,都记录着草原民族与马共同创造的游牧生活。

草原文化在其发展过程中曾经多次发出过照耀历史长河的文明火花,其中马文化是最具特色、商机无限、前景远大、亟待开发的"朝阳文化"[1]。马文化是以反映人马关系为内容的文化,是人类文化的分支,它包括人类对马的认识、驯养、使役以及人类有关马的艺术及体育活动等内容。自从人类开始驯化马,马就在不断地推动着社会历史的进程和时代的发展,也为工农业的发展做出了不可磨灭的贡献。马文化并不是孤立地存在的,它与其他文化一样需要一个可以呈现它特点的载体,与其他文化保持密切的联系。有人假设:如果将有关马的内容从中国文化中抽出,那留下的文化典籍和艺术作品将会残缺不全。马文化是中国传统文化的重要甚至是核心组成部分,有学者甚至称其是中国传统文化的基础和皇冠,是中国传统文化的支撑和框架。世界上很少有一种动物能够比骏马更加广泛而深刻地嵌入到一种充盈着生态理念与实践的文化之中,它的命运牵动着整个民族文化的命运,它的消退能够唤起与之朝夕共处的人们从心底发出的难舍之情。马被现代交通工具取代,游牧民族失去的与其说是一种工具,更不如说是一个有情感的朋友,以及最有代表性的文化载体。马这种曾经对人类做出最大贡献的动物若淡出人们的视线,人们不仅会丧失前人留下的资源,也会失去地区特点、民族特色和现代产业发展的一些机遇。

---

[1]　黄淑洁:《草原民族传统文化的创意实践及其传播》,摘自《中华文化的创意实践》,南京大学出版社,2015。

二、马文化推动草原文化与国际文化接轨

自远古洪荒时代,游牧民族借助马从狩猎到逐水草而居,成为游牧民族的一次生命生存环境的大变革。游牧民族通过敬马、崇马的礼仪证明他们的情感、觉醒与进步,因为是马让整个民族进行了一次文明的飞跃。尤其是蒙古族,在蒙古马的助力下才谱写了壮阔的历史,马文化即是他们的灵魂,同时是中华民族传统文化的重要组成部分。

随着时代的发展和社会的进步,繁荣以马为核心的草原文化的主体将不再是某一个单一的民族,而应该是包含了生活在草原这一地理范围之内的所有民族、文化的多元共存,既有纵向传承也有横向融合,各民族文化的相互影响使草原文化具备了开放性、兼容性的特点,草原牧区、农村、城市将会共同承载、共同承担发展繁荣草原文化的重任。马文化要不断获得生机和活力就必须适应时代发展的要求,对马文化而言,全球化是一把双刃剑,既带来机遇,也提出挑战。机遇是有利于利用国际国内的市场、资源,广泛而深入地参与国际草原文化交流,参与全球马文化活动,但同时中国的草原文化和马文化也将受到西方发达国家强势文化的冲击和商业文化的挑战。如何应对变化了的时空环境,使草原文化精髓的马文化得以弘扬和创新发展,成为繁荣和发展草原文化的重要课题。草原文化虽有地域限制,但一直以来草原文化的核心理念包含了草原民族在特定的自然、社会环境下生存、发展及对外交流的思想观念,也是其走向全国乃至世界的主要前提。草原文化需要准确把握全新时代文化发展的重要机遇期,积极加入到全媒体时代文化交流和互动中去,向世人展示草原文化的独特魅力。

人类发展的历史证明,任何一个民族的文化发展都离不开与外来文化的碰撞、接触和竞争,在相互交流和融合发展中相互补充、丰富和完善。大胆吸收人类文明的一切优秀成果是各民族文化发展的必然途径。草原文化在融入现代化过程中,获得文化增长必不可少的内需动力,而实现文化"走出去"的战略转变是自觉提高自身文化原创能力和生存空间的主动选择。

同时,草原文化兼容并蓄的开放精神,是其走向全国及走向世界的精神内驱力。游牧民族逐水草而居的生活方式为其广泛接触和了解不同地区、不同民族的文化创造了条件,培养了游牧民族豪放、大度的宽广胸怀以及兼容开放的文化心态,不断吸收外来文化以丰富自己,并最终实现与众多外来文化的和睦共处,和谐发展。辽阔浩瀚的草原,丰富多彩的自然资源、人文资源以及民族文化资源是草原文化、马文化走向全国、迈向世界的现实基础,奠定了坚实深厚的文化底蕴。

从遥远的茶马古道开始,马及马文化就参与了国际市场的经济活动,人们在马背上为开辟亚欧洲际联系通道,促进东西方的经济文化交流做出过重要贡献,对中华文化的发展和传播,对人类社会的进步产生过深远的影响。马克思认为:"游牧民族最先发展了货币形式。"可见,游牧民族早期渴望商品交换的意识对人类社会进步产生的影响是重大而深远的。草原文化具有鲜明的开拓进取、竞争创新、遵规守法、诚实守信等文化特质,而马文化则融合了世世代代生活在草原上的不同民族的文化,并在长期的历史积淀中形成了自由开放、开拓进取、英雄乐观、敬畏自然的精神。

回顾漫长的人类生活史,可以说是马驮着人类从远古走向现代,从遥远愚昧的混沌世界奔向文明,马始终伴随着人类,人马关系早已牢不可破。如今,虽然不再使用马匹生产生活,但人类始终没有与马分离,马依然是人们的精神依靠,为了人类的休闲、娱乐、健康而奔驰,相信现代社会人与马还会续写辉煌的未来。

三、马文化是草原文化创新的保障

草原与马是不可分割的整体,草原文化与马文化也有着千丝万缕的联系。经过无数次的历史变迁,蒙古族在辽阔神奇的草原上顽强地生存发展到今天,马始终承载着民族繁衍发展的重任。因此,草原上人与骏马被岁月牢牢地拴在了一起。先民对自然的崇拜以长生天为最高神灵,他们认为马是长生天派到人间的天神,肩负着沟通人类与长生天的使命,是通天之神

灵。因此，马深得人们的喜爱和崇敬。在生产劳动、行军作战、社会生活、祭祀习俗和文学艺术中，都有马的踪影，在同马相互依存的过程中，马的习性和禀赋也影响了蒙古人的性格——勇往直前，奔腾不息。

历史上，马的主要用途从战争工具变为运输工具，又从运输工具变为休闲工具，如今"文化"马作为新的角色带动马产业在转型。许多国家的马产业已进入转型时期，他们积极拓宽马的应用领域，将其引入治疗、影视、展览及广告宣传等诸多领域，同时也让更多的人认识马、了解马、接近马、爱护马。现代马产业集高端、自然、时尚于一身，衍生出的产业服务链十分丰富。放眼世界，马产业的发展已然是别有洞天了。在美、英、法、德等国家，良种马的价格一直居高不下，英国的良马配种成功一次就需支付5万英镑。良马之所以在欧美身价显赫、备受推崇，与这些国家的马文化有关。欧美一直流行的赛马活动不断推动马产业的发展，赛马不仅活跃于竞技体育领域，还作为博彩业的一部分被纳入了商业领域，其交互作用大大提高了马的身价。因此，马产业成为许多国家和地区的支柱产业之一：马产业是美国就业人数最多的产业之一，是澳大利亚第三大产业，在英国、德国、法国、日本等国家马产业在 GDP 中均占有很高的份额。随着改革开放和经济发展，我国参与各种马类赛事，如马术、赛马、"盛装舞步"、马上娱乐项目等，从而给马文化、马产业的发展提供了新的机遇。但是我们应该看到，我国依然处于传统马业阶段，马匹价值低、从业人员少、马文化产业规模有限、经济和社会效益低下等问题已经严重制约了马文化产业的升级和发展。为蒙古马寻找新的更多的投资空间已经是摆在人们面前的崭新的话题。

草原文化正处在文化碰撞时代，这就要求草原文化、马文化以开放的姿态走向大众，以包容的精神走进民间，以自然的风格影响民众，以和谐的主题唤起人们对生命的尊重，提升大众的情操与文化品位，进而发挥出草原文化的特有功能，展现马文化的特有魅力。同时，对马文化的深入研究将会系统地掌握马文化马产业开发的实际内容，重新认识马文化的重要意义。草原具有发展马产业的深厚的文化底蕴和优越的基础条件，发展以马文化为依托、以现代赛马业为带动的综合型马产业，特别是赛马业，对于树立新的品牌形象、培育经济发展新的增长点,具有重大战略意义。

　　草原自然环境和气候适宜马的繁育、驯养和大型赛马赛事活动,而且爱好马文化和各种赛马活动的人口众多,这些都为发展现代马文化马产业奠定了基本条件和优势,故而应着力打造和全方位提升"中国马都"形象,全力构建内蒙古马文化品牌。如此,草原上一定会再现马文化为灵魂、马产业在奔腾、马头琴在传唱、马奶酒在飘香的壮丽景观。

第二节　马文化与丝路文化

　　中国古代的丝绸之路共有四条:一是经云贵通往南亚的"茶马古道",二是经新疆通往中亚、西亚、波斯湾和地中海的"沙漠丝绸之路",三是经蒙古国和俄罗斯的草原丝绸之路,四是经南海、太平洋和印度洋的"海上丝绸之路"。其中草原丝绸之路从青铜时代一直延续使用到现代,生态系统以草原为主,主体民族为蒙古族。他们以马为主要的承载工具,以草原为活动区域,以游牧为主要经济类型,是几千年来连接东西方经济贸易的大动脉。草原丝绸之路较其他大通道形成时间早,传播速度快,对人类社会的影响也较为深远。

　　匈奴于公元前 3 世纪统一了蒙古高原,建立了强大的匈奴帝国。公元 1 世纪匈奴帝国开始走向衰落,南匈奴南下附汉,使中原汉王朝的疆域得到极大的拓展,同时将蒙古高原地带的丝绸之路进行了强有力的连接与拓展,与漠南的沙漠丝绸之路组成亚欧大陆南北两大交通要道,丝绸之路逐渐形成带状体系。匈奴之后的鲜卑族经过檀石槐、轲比能等人的经营,再一次统一蒙古高原,使草原丝绸之路得到了全面发展。公元 1 世纪前期,拓跋鲜卑以草原丝绸之路为依托开始南迁,于 386 年建立了北魏王朝,定都盛乐,其先后迁都平城、洛阳,进行了汉化改革。

　　到了唐朝,草原丝绸之路得到进一步的发展。贞观四年(630 年),唐太宗李世民率军击败了东突厥贵族政权,并和西突厥加强了友好联系。贞观十四年(640 年),唐朝在西域设立了安西都护府,进一步加强了对西部边疆的管理,保证了丝路的繁荣畅通。此后,又应回纥等部所请,在回纥以南开辟了"参天可汗道",沿途置邮驿 68 所,并备有驿马、酒肉等专供往来官吏和行贾。"参天可汗道"不仅加强了漠北与中原之间的联系,而且开辟了西部与北部边疆往来的通道。从此以后,西部地区与广大漠北连成一片,丝路向北面得到了显著扩展。

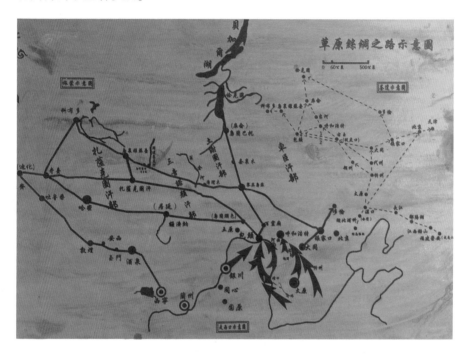

契丹早期活动在今内蒙古赤峰市一带,建立政权后很快就统治了黑龙江流域的广大地区,还开拓和发展了连接东西方的草原丝绸之路。辽朝利用草原丝绸之路,加强了内地与西部的联系,通过经济和文化交流发展和壮大了自己。辽朝的丝路路线不再走向西安、开封,而是东进,把这条线路延伸到上京临潢府(今内蒙古赤峰市林东镇)。西北诸部的物资通过朝贡和贸易,沿着这条畅通的草原丝绸之路,不断进入辽朝。

蒙元时期的草原丝绸之路最繁荣。造纸术和火药的西传都与草原丝绸之路有着密切关系。此外，蒙元时期实行的对外开放政策，以兼容并包的姿态吸收各国的技术文化，将西方的天文历法、数学、机械、地理等引入中国，极大地丰富了中国的科技文化。同时，又将中国的艺术品、印刷术、天文历法、军事技术、医药技术等传入中东和西方。丝绸之路是一条具有历史意义的国际通道，正是这条通道把古老的中国文化、印度文化、波斯文化、阿拉伯文化和古希腊、古罗马文化连接起来，促进了东西方文明的交流。中外商人通过丝绸之路，将汗血马、葡萄、佛教、音乐、胡萝卜、葡萄、乐器、绘画艺术、天文学、棉花、烟草等输入中国，使得东西方文明在交流融合中不断发展。"丝绸之路"成为促进亚欧交流和人类文明发展的纽带。

一、马是丝绸之路的使者

西汉时期，丝绸之路以长安为起点（东汉时为洛阳），经河西走廊到敦煌，从敦煌分为南北两路：南路从敦煌经楼兰、于阗、莎车，穿越葱岭到大月氏、安息，往西到达条支、大秦；北路从敦煌到交河、龟兹、疏勒，穿越葱岭到大宛，往西经安息到达大秦。丝绸之路的最初作用是运输丝绸。因此，当德国地理学家李希霍芬最早在 19 世纪 70 年代将之命名为"丝绸之路"后，即被广泛接受。张骞出使西域的过程中使用的交通工具是马，马在整个过程中起到了举足轻重的作用，所以，马是丝绸之路的使者和见证者。

在古代丝绸之路上行进的，除了商队以外，还有许多僧侣。唐太宗贞观三年（629 年），玄奘经凉州出玉门关西行，骑着胡老翁送给他的那匹老马，过了玉门关，进入莫贺延碛沙漠（今哈顺沙漠）。在风沙弥漫的沙漠中几乎要葬身的玄奘，因为"老马识途"才渡过沙漠。到达高昌国后，高昌王又提供给他良马 34 匹和护送的人员，使他顺利经过了焉耆、龟兹，进入天山北麓，闯过了雪山，到达碎叶城，会见西突厥可汗。西突厥可汗送给他乌骆马助他取经。玄奘过铁门、吐火罗（今阿富汗北部），来到迦湿弥罗国（今克什米尔地区）等地。玄奘于 643 年动身回国，在他写给唐太宗的信中说："经五万余里"，"艰危万重，而凭恃天威，所至无烦"。玄奘从丝绸之路的中段出国，从

西域南道回国,跋山涉水五万余里,而支撑他行走五万余里的重要交通工具是马,正因为有了精良的马,他才能去天竺取经。玄奘的事例反映出,古代的僧侣们,不管东来西去,都是以大牲畜为交通工具的。

二、马是丝绸之路的交换物

举世瞩目的丝绸之路自汉代以来,就成为我国通往中亚、西亚的通道。尤其是今宁夏回族自治区海原县地区,西域各国使节、商队都从这里进入京都,带来中亚、西亚的奢侈品。海原的盐湖盛产甘盐,是盐茶贸易的重要物资,也成为脚户们经常集中驻足停留、进行商品集散的驿站,成为海原县最早最重要的贸易城镇之一。唐朝在海原地区设置"盐茶马交换所",由当地军民指挥使司监管市场。宋朝时,由于与辽、金政权战争频繁,所需军马数量大增,同时,宋也将茶叶作为一种政治手段,用以控制西北各部,于是专门设置盐茶马司进行管理。

马是丝绸之路上交易数量较大的物品之一。从公元前 101 年汉朝批量获得大宛马起,到唐玄宗开元二十一年(733 年)的 800 多年里,仅中央王朝就得西域官方进贡的天马数以万计,民间交流的天马更是难以数计。酒泉丁家闸 5 号墓里的天马壁画,敦煌的月牙泉、渥洼池和白马塔遗址,张掖的肃南马蹄寺和山丹军马场,武威雷台汉墓出土的铜奔马,天水的牧马滩和跑马泉,长安上林苑出土的形若马蹄、重可达斤的马蹄金,东汉时丝绸之路起点洛阳的白马寺以及整个丝绸之路上的驿道、驿站、候马亭遗址,无不与马有着密切关系。

中原王朝在与中亚游牧民族进行交往时,主要是用中原王朝的丝绸交换中亚的特产良种马,这也是古代中原王朝与中亚游牧民族的基本关系。松田寿男指出:"我们可以确信,隋与突厥的关系基调,就像匈奴与汉的情况一样,明显地是以所谓的'绢马交易'为中心。"除粟特、波斯商人在丝路贸易中扮演中间商角色外,突厥、回纥等游牧民族也积极参加贸易活动,他们用牲畜和畜产品进行交换,出售生产的铁和铁制武器,还把侵袭邻国时劫掠的大量宝物当成贸易商品,用来换取自己酷爱的丝绸制品。突厥人经商活动的记载,见于吐鲁番阿斯塔那墓《高昌口善等传供食帐》《高昌延寿十四年兵部差人看客馆客使文书》《高昌竺佛图等传供食帐》《唐西州都督府牒为便钱酬北庭军事事》《唐译语人何德力代书突骑施首领多亥达干收领马价抄》《唐上李大使牒为三姓首领纳马酬价事》等,这些出土文书说明在西州市场上有钱帛市马的交易。《唐便钱酬马价文书》记载唐西州官府必须用"便钱"来支付突厥人马价。所以,古道上马越来越多,马业越来越繁荣,提供的战马也越多,巩固了国防,加强边境防卫,保证丝绸之路的畅通。可以说,丝绸之路的发展,促进了马品种和质量的改良和发展。

回纥是一个惯于经商的民族,在绢马贸易中获得巨大的利益,"以马一匹易绢四十匹",使唐政府面临"蕃得绢无厌,我得马无用,朝廷甚苦之"的局面。在数额巨大的绢马贸易中,回纥人自身是无法完全消费这些丝织品的,他们进行丝绸转手贸易,每年将大量的丝绢通过草原丝绸之路运往中亚、西亚等地,同时将中亚、西亚的琉璃、翡翠、珊瑚以及一些稀有珍品和奢侈品如宝石、珍珠、金银器、毛皮、地毯、药材等贩卖到中原。

安史之乱后,唐朝元气大伤,马匹骤然减少,亟须向域外(主要是回纥人)购买战马。《新唐书·食货志一》记载:"时回纥有助收西京功,代宗厚遇之,与中国婚姻,岁送马十万匹,酬以缣帛百余万匹。而中国财力屈竭,岁负马价。"《资治通鉴·唐纪四十》记载:"回纥自乾元以来,岁求和市,每一马易四十缣,动至数万匹,马皆驽瘠无用。朝廷苦之,所市多不能尽其数,回纥待遣、继之者常不绝于鸿胪。至是,上欲悦其意,命尽市之。秋,七月,辛丑,回纥辞归,载赐遗及马价,共用车千余乘。"莫任南先生指出:"每年从中原大量流入突厥的丝织品,可汗和贵族们只会消耗掉一部分,大部分当转销到西方各国去了。"唐政府为了加强西州的军事力量,需要购买突骑施等部落的马匹,所以,在西州也存在用钱帛交换马匹的贸易。

汉、藏之间茶马贸易与茶马古道的大规模开通与兴起应是在宋代。此时,饮茶习俗在藏区已逐渐从上层普及到民间,茶开始成为藏区人民日常生活中不可或缺的饮用品,对茶叶需求量亦骤增。自此,宋政府直接介入汉、

藏之间的茶马贸易。两宋时期，为对抗北方辽、金、西夏等游牧政权的侵扰，需要大量战马。北宋熙宁七年(1074年)设立茶马司，并在西北地区设置了众多买马场和卖茶场，每年在西北地区及四川地区用川茶与吐蕃等部落交换马匹。自此，汉、藏茶马贸易开始兴起。有学者推算，北宋时用川茶交换藏区的马匹每年在2万匹以上，南宋在1万匹以上。

在贯穿东西方的丝绸之路大动脉上，成千上万的大牲畜作为血液流动其中，其中，马是最主要的贸易对象之一。唐王朝靠战马经营着西域，同时靠驿马维护着通道的畅通和行政上的高效率。民间的商贸，也是靠着大牲畜驮载着东西方的物资，进行贸易、交流。还有僧侣、使节、行旅，无一不借助着马、驴、牛、驼的乘载，来完成他们的事业和工作。从这个意义上看，唐王朝的繁荣、兴盛过程中，大牲畜确实做出了很大的贡献。而做出更大贡献的则应是长年奔波于东、西道上，善于管理和驾驭马匹及其他大牲畜的劳动者们，正是这些劳动者们，一代又一代地长年与大牲畜相伴，驱动着它们为东、西方经济和文化的交流默默地做着奉献。

东南亚本不产马，马均由外部输入。横断山脉各河流的河谷是中国与东南亚各国贸易的通道，西南马就是从这条通道进入缅甸、泰国、老挝等东南亚国家的。自汉唐起，因对外贸易之需，又开辟了由四川经云南、缅甸进入印度的古代著名的"茶马古道"，沿途商贾不绝，全靠马匹运输。17世纪，泰国建立了强大的大城王国，国王通常能召集一支包含20万士兵、2万匹马和2万头象的军队，可见这时养马业已很发达。马的用途广泛，它既是生产资料，又是生活资料，在交通运输、农牧业生产、军事战争、畜牧产品、竞技运动等方面担当了重要角色。历史上，马主要作为役使家畜用于骑乘、挽车和载重，在战争和劳作中也起到非常重要的作用。直到蒸汽机出现以前，马一直是主要的拉车动力，以至于后来机器的能力要以马力来衡量。在无法行车的山区路上，马亦是主要的运载工具。

三、马路是丝绸之路的古道

茶马古道在中国的范围主要包括云南、西藏、四川三省区，外围可延伸到广西、贵州、湖南等省区,而国外的范围可达印度、尼泊尔、缅甸、越南、老挝、泰国等国家,并波及南亚、西亚、东南亚的另外一些国家。它是以马为运输工具在高山峡谷中跋涉,以马帮运茶为主要特征,与对方进行马、骡、羊毛、药材等商品交换的重要运输通道。古代丝绸之路不仅是丝绸交易之路,也是茶叶与马匹的贸易之路。中原政权与周边的文化交流史,也是良马引进的历史,其目的在于改良中原的军马品质,增加军马数量,提升军马的战斗力。如历史上契丹马匹的入贡中原、古代奚国的奚马流入关内、云南自杞人为南宋贩运战马、茶马古道上雅安的茶马交易点、吐蕃贡马与宋朝的封赐、大理国与南宋的马匹交易、唐朝与吐谷浑在赤岭开辟马市、突厥马为大唐建功立业、渤海国良马进入大唐等。

在中国的历史上,先后出现过三条有名的茶叶之路。第一条是"茶马古道",该通道是云南、四川与西藏之间的古代贸易通道,通过马帮的运输,四川、云南的茶叶得以与西藏的马匹、药材交易。茶马古道是中国西南民族经济文化交流的走廊。开辟古道的是经商的人和马帮,古道上流通的是各地的商品。公元前4世纪,蜀地商队驱赶着驮运丝绸的马,走出川西平原,踏上了崎岖的山间小道,翻山越岭,跨河过江,来到今印度开展贸易活动,从而开辟了这条我国通往南亚、西亚以至欧洲的最古老的商道。它源于茶马互市,兴于唐宋,盛于明清。茶马古道分川藏、滇藏两条路线,延伸到不丹、尼泊尔、印度境内,直到西亚、西非及红海海岸。到了近代,茶马交易的规模越来越大,产品越来越多,带动了其他行业的发展。据不完全统计,宋朝初年,仅行销到安多地区的茶叶就在亿斤以上。民国时期,年销茶叶万斤,输出羊皮万张、牛皮万张、康香千余斤、鹿茸千余对、贝母万余斤。当时,丽江是滇藏茶马古道上重要的货物交易场所和集散地,滇藏商贾云集于此,异常繁华。到了清乾隆年间,每年跋涉在茶马古道滇藏线上的驮马已达万匹之多。历代如此昌盛的茶马贸易不仅形成了沟通汉藏的经济走廊,也成为一条政治走廊和文化走廊。抗日战争中,在沿海城市沦陷和滇缅公路被日寇截断之后,经大理、丽江至拉萨到印度的茶马古道成为中国当时唯一的陆路国际通道,丽江也成为这条通道上重要的交通枢纽,有大小商号多家,来往于丽江、

西藏、印度、尼泊尔的马帮有万头骡马,盛况空前。

　　第二条是"茶马互市",即封建王朝用茶叶与北方少数民族以茶马交易为中心的贸易往来。今日我们所称的"茶马古道",实际上源自古代的"茶马互市",即先有"互市"后有"古道"。宋代我国内地茶叶生产有了飞跃的发展,其中一部分茶叶"用于博马,实行官营",还在四川名山等地设置了专门管理茶马贸易的政府机构——"茶马祠"。"茶马互市"也成为一种经常性的贸易,政府明文规定以茶易马。宋朝统治阶级如此重视"茶马互市",是因为当时契丹、西夏和女真等民族的崛起对两宋政权造成严重威胁,迫使朝廷同西南地区少数民族保持友好关系,以便集中力量与北部少数民族政权抗衡。"茶马互市"除为朝廷提供一笔巨额的茶利收入解决军费之需外,更重要的是通过茶马贸易,满足了国家对战马的需要,维护了宋朝在西南地区的安全。唐宋以来,汉藏人民之间通过"茶马互市"建立起来的交流和友谊,一直延续到元、明、清。元代,中央王朝为了加强对藏区的治理,在茶马古道沿线建立了历史上著名的"土官治土民"的土司制度,自此"茶马互市"和"茶马古道"的管理、经营均发生了重要变化。

　　第三条茶路是中蒙俄"万里茶道",这条茶道在长度、空间跨度上以及对后世所带来的影响方面都超越了前两条茶道。这是一条跨国、跨民族、跨多种地理生态区的国际商道,被俄国称为"伟大的茶叶之路"。从中国福建北部到俄国圣彼得堡,以最近线路测算,"茶叶之路"全长在 9000 公里以上,因而又被称为"万里茶道"。其中俄国境内 5000 余公里,中国境内的主干线近3000 公里。俄国境内的驼帮茶路,大部分在北纬 55 度线上,东起当时中俄边界恰克图,横跨西伯利亚的针叶林荒漠、乌拉尔山脉,经莫斯科到圣彼得堡,主要由俄国商人运输;中国境内的茶路,南起福建武夷山(后期从湖南安化或湖北羊楼洞起),纵穿长江、黄河、长城、草原和浩瀚戈壁,直抵恰克图,完全由华商运输。在这条路上,晋商对俄贸易是走陆路,以运费较高的牛马车、骆驼等为交通工具,当水路结束后马成为陆路的主要运输工具。从明代五次北伐北元开始,到清康熙大战噶尔丹、乾隆争战沙俄的历次战争中,在承担后勤供给的边贸生意中,晋商逐渐壮大。其中,丝绸之路发挥了举足轻重的作用。康熙中期,清政府在平定准噶尔部封建主骚乱期间,曾组织一部分汉族商人进行随军贸易。他们跟随清军,深入蒙古草原各地贩运军粮、军马等军需品,同时与蒙古人做生意。这些"旅蒙商"绝大多数是清廷命名为"皇商"的山西商人,还有一部分是直隶(河北)等地的汉族商贾,他们为清军的军事行动保证了后勤之需。尤其是位于丝绸之路上的俄罗斯,晋商与俄罗斯的商贸往来,成为中俄历史上浓墨重彩的一笔。晋商将丝绸、茶叶、瓷器及生活日用品贩往俄罗斯,又将俄罗斯的皮毛、木材等贩运回中国。

据考证,福建武夷山的下梅是当年晋商开辟的古茶路的起点。茶船从武汉溯汉水西驶、北上,出襄樊,溯唐白河、唐河,北到河南赊店,此为全长1500余公里的茶道水路。茶帮从南方进入中原后,从赊店改用骡马驮运和大车运输,在豫西大地上迤逦北行,直抵黄河南岸的孟津渡口。少部分茶帮转洛阳,经西安、兰州,去往西北边疆;大部分茶帮渡过黄河后,从济源取太行山与王屋山之间的峡谷,北上泽州、长治,走出上党山区,经子洪口进入晋中谷地。在祁、太老号稍事休整后的晋商,全部改换畜力大车,经徐沟、太原、阳曲、忻州、原平,直抵代县黄花梁。此时,一部分沿"走西口"的通路,经雁门关、岱岳(今山阴县)、右玉,穿过古长城的杀虎口去了归化(今呼和浩特市);大部分经应县、大同到达塞上重镇张家口,然后再从张家口到达库伦(今乌兰巴托市)和恰克图,进行对外贸易。

在业内人士看来,丝绸之路成为东西方友谊的桥梁、贸易的通道和互通有无的纽带。千百年来,丝绸之路承载的"和平合作、开放包容、互学互鉴、互利共赢"精神薪火相传。在这条古老的道路上,沿线的国家共同推动人类文明进步,促进不同民族、不同文化相互交流与合作,成为东西方文明融合发展的友好象征,成为人类共有的宝贵历史文化遗产。

四、马帮是丝绸之路职业化运输队

马帮是大西南地区特有的一种交通运输方式,它是由一定数量的骡马组成的集货物运输和商品贸易为一体的以营利为目的的商旅组织,也是茶

马古道主要的运载手段。云南马帮运输的形成是与其特定地域的历史、经济和社会环境密切相关的,是伴随着商品流通而不断发展而来的。马帮在一定时期内成为该地区对外贸易的主要力量,促进了当地经济的发展。

茶马古道上的马帮

马帮具有一定的规模。马帮多系商业性营运,在各地都有自己的东家。商业马帮的规模庞大,一般拥有百匹以上的马,有的多达四五百匹。还有一种临时性"散帮",又称"拼伙帮",由有零散骡马的人家联合而成,开展短途季节性运输,马匹数最有限,一般不逾百匹。

马帮有严密完整的组织管理制度。旧时边疆匪患迭起,天灾不断,加之路途艰难,在长达数千公里的路途中,随时会遇到危险。为此,马帮逐渐形成了一套严密完整的组织管理制度,全体成员有不同的分工和身份:大锅头1人,总管内务及途中遇到的重大事宜,多由通晓多种民族语言的人担任;二锅头1人,负责账务,为大锅头助理;伙头1人,管理伙食,亦负责内部惩处事宜;哨头2~6人,担任保镖及押运;岐头1人,为人畜医生;伙首3~5人,即马帮的"分队工";群头(即"小组长")若干人;么锅(即联络员)1人,对外负责疏通匪盗关系,对内是消灾解难的巫师;伙计(即赶马人)若干人,每人负责骡马1~3匹。在人员庞大的马帮里,有的还设置"总锅头"1人,管理全部事宜,实为东家代理人。马帮成员分工明确,奖惩严格,但不像其他行业有过分的特权和等级界限,长时间的野外艰苦生活,练就了人们团结友爱、坦诚豁达的性格。马帮,堪称"桃园结义"的群体,平时互相亦以弟兄相称。

为了便于管理,骡马也有编制:群——9匹为一群,由群头负责,从9匹马中挑选一匹为群马,群马额顶佩戴红底黄色火焰图案途标,耳后挂2尺红布绣球,脖系6个铜铃,鞍插一面红底白牙镶边锦旗;伙——3群为一伙,由伙首负责,选一匹伙马,伙马额顶佩戴黄底红色火焰图案毡绒途标,耳后挂4尺红布绣球,脖系8个铜铃,鞍插一面红底黄牙镶边锦旗;帮——全部骡马组成一帮,选3匹健走识途好马组成头骡、二骡、三骡负责带队,头骡打扮得异常华丽,其额顶佩戴黄红色火焰图案。

马帮是茶马古道上主要的运输力量。从古代到近代,茶马古道上的交通运输主要是依靠马帮。马帮可以说是云南历史上一种独特的地方文化,由云南的地理环境和驰名于世的马匹这两大因素结合而成。历史上云南以产马著称,考古学家从万年前的哺乳动物化石中发现了马的化石。马帮的发展又与茶马古道的兴盛紧密联系在一起,马帮为西南地区的对外交通贸易提供了便利,茶马古道的繁荣则促进了马帮运输业的扩大与发展。

明清时期云南马帮的足迹遍及西藏、四川、贵州、广西等省区,还延伸到印度、缅甸、泰国、老挝等国家。丽江是当时商品集散的一个中心。当年往返于下关、丽江之间的马帮锅头有马凤保、马世金、马耀武等。他们除专程替丽江商号来回运输外,有时还将货物调剂到昆明及腾冲等地。走丽江一路的还有藏族的马帮,他们走维西沿澜沧江上游的阿墩子、青海、西藏一线,由藏族土司王家禄等人的马帮往返运输。其他藏族马帮也有由丽江分走康定、拉萨一线的。进藏马帮,每年往返一次,春季在滇驮运茶叶,夏季进拉萨,秋后出来。鸦片战争以后,中国逐渐沦为半殖民地半封建社会,中国这个大市场逐渐变成外国商品的倾销市场和原料掠夺地,地处祖国边陲的云

南也没能幸免。中法战争以后,中国西南的门户被打开,蒙自、思茅、腾越三关相继开设,云南的对外贸易空前活跃,一方面随着对外贸易的不断发展,对马帮运输需求急速扩大;另一方面云南各地出现了一批服务于国际市场的专业性马帮。民国年间,大理、凤仪、洱源、仁里等村镇及下关、玉溪等马帮大户与一些商号相继建立了稳定的外贸运输关系。与此同时,云南各地的大商帮、商号自己组建了马帮,把云南的五金矿产及其他产品如山货、药材、茶叶、玉石等运往国外,运回洋纱、洋布、日用百货及其他外国商品。

云南除滇越铁路外,公路汽车运输只限于昆明附近数县,因此,马成为滇川和滇西、滇南各县的主要运输工具。当时,滇东大马帮以彭光祖为代表,拥有驮马1000余匹;滇西大马帮以凤仪包文采、巍山黄锡朱为首,各拥有驮马千余匹。云南马帮商贸经营活动,促进了地区间的经济联系,扩大了国内外贸易市场,把西藏和东南亚商品运到云南及内地,密切了云南各地区间和云南同内地、藏区及东南亚国家的经济联系。马帮进入藏区后,把内地生活方式、先进技术和文化传到藏地,对藏民的生产生活产生了一定的影响。他们把云南的一些土特产品和矿产源源不断地运往东南亚各国,运回大量日用品及其他商品,客观上推动了云南经济及对外贸易的发展。

五、"一带一路"视域下马文化的"新马路"

习近平总书记提出的"一带一路"倡议,是国际合作的新平台,是实现中华民族伟大复兴的中国梦所必不可少的强大驱动力,也是当前发展的新机遇。"一带一路""新马路"对当代马文化的发展具有非常重要的意义。中国源远流长的马文化,不仅曾深刻影响和推动过丝绸之路上商贸马队的漫漫征程,为沿路各国家、各民族的物质和精神文明的交流做出过重要贡献,而且马文化作为一种世界语言,早已为"一带一路"周边国家所共享和认同。人们高度赞赏的马所具有的万马奔腾的气势,快马加鞭、一马当先的劲头和勇气,奋斗不止、自强不息、吃苦耐劳、勇往直前的坚韧精神,正是推动"一带一路"倡议,实现中华民族伟大复兴的中国梦所必不可少的强大驱动力。

"新马路"是我国与周边国家进行文化交流和友好往来的有效路径。以马会友、"马背"外交、"马"上合作必将大有可为。早在 2000 多年前，天马就穿越古老的丝绸之路，不远万里来到中国。中国和土库曼斯坦建交以来，土方先后三次将汗血马作为国礼赠送我国，增进了两国人民的感情，汗血马已经成为中土友谊的使者和两国人民世代友好的见证。2018 年 7 月，亚琛世界马术节开幕式上舞龙、舞狮、杂技、汉服、舞蹈等表演将中国元素融入马术，标志着中国的传统文化与马产业的结合进入国际化的发展阶段。2017 年 10 月 12 日，中国加入国际马术旅游联合会（FITE），标志着中国的文旅产业与马产业的结合进入国际化的历史阶段，对于推动中国马术旅游产业的标准化，加快与世界各国的马文化交流与合作具有重大意义。

"新马路"会带动"一带一路"沿线国家经济的大发展。古代丝绸之路促进了各民族间的交往，而现代社会技术的进步和经济联系的日益增强让各国合作变得更加简便易行。2016 年，国家发改委、商务部、外交部发布的《推动共建丝绸之路经济带和 21 世纪海上丝绸之路的愿景与行动》中指出："2000 多年前，亚欧大陆上勤劳勇敢的人民，探索出多条连接亚欧非几大文明的贸易和人文交流通路，后人将其统称为'丝绸之路'。千百年来，'和平合作、开放包容、互学互鉴、互利共赢'的丝绸之路精神薪火相传，推进了人类文明进步，是促进沿线各国繁荣发展的重要纽带，是东西方交流合作的象征，是世界各国共有的历史文化遗产。"

丝绸之路曾经是古代马文化发展的一条充满商机的通道，探索"一带一路"倡议中马文化全新的发展路径是非常重要的新课题。近年来国内有关马文化和马产业方面的研究，越来越得到人们的重视，观念也在逐渐发生着变化。马的经济价值和社会价值的挖掘应该按照传统产业新型化、新兴产业规模化、支柱产业多元化去谋篇，从最具特色的传统马文化马产业入手，结合国内外马文化马产业最新发展动态，努力推进由传统养马业向现代马产业转变，推动马产业与旅游业及现代服务业的有机融合。

第三节　马文化的当代价值

一、社会价值

（一）马文化已是世界性课题

当今世界,赛马和马术已经成为一种流行文化,充斥在服饰、马车、歌曲、舞蹈、乐器、历史故事、影视、绘画之中。有马的地方,一般都保留着丰富的民俗文化。无马,则无魂;无马,则无史。马,似乎是另一半的中国史。目前,中国马文化及其形态的研究与传播,处于区域性、零星分布的状态,缺乏较为系统、较为完整的梳理。2017 年,中共中央办公厅、国务院办公厅印发的《关于实施中华优秀传统文化传承发展工程的意见》,为大力挖掘、弘扬、承传中华优秀传统文化,关注、研究、梳理中国古代马文化,提供了强大的动力,具有积极的现实意义。

我国已进入新时代,社会主要矛盾已经转化为人民日益增长的美好生活需要和不平衡不充分的发展之间的矛盾。富裕起来的人们,已不再满足一般的文体活动,而是开始追求更高层次的娱乐健身生活。据此,传统的、高水准的赛马等"马文化"系列活动也就自然成为人们追求和喜爱的活动。马文化有了新时代的内容,马文化产业正在迎来爆发式增长。

2017 年 6 月,文化部艺术发展中心组建了"中国马文化运动旅游规划研究院",开展马文化的国家标准研发、教材编写、规划策划、技术和文化输出,丰富马文化旅游的产品内容,打造新文旅时尚的全新业态模式。研究院将协助各地政府和企业的马文化项目的专业策划规划落地、国家 1000 个特色小镇的马文化特色植入。文化部以马文化为重点之一,展开国家文化新经济产业标准的研发,利用标准化和证券化的手段,推进文化产业和特色小镇的创建。2017 年 6 月 15 日,我国文化部马文化运动旅游规划研究院正式成立,在国家文化部领导下研究院初步设立如下专项机构,展开马文化研究:非物质文化保护与标准化委员会、马背服饰委员会、鞍具饰品委员会、胡服骑射委员会、马背鹰猎委员会、斗马及动物竞技委员会、国际牧人竞技委员会、马戏与演出委员会、走马委员会等 31 个委员会。它标志着我国马文化的研究进入了一个新的里程碑。

(二)马文化对弘扬民族团结、民族传统文化的重要作用

中华民族在漫长的历史发展过程中,创造了灿烂辉煌的马文化。马文化有着深层的意蕴和丰富多彩的内容,是不同地区不同民族在其社会发展进程中逐渐形成的,受各个民族生存的不同的自然环境、历史条件、经济政治状况、宗教信仰、思维方式、习惯势力、传统伦理观念和民族素质等多种因素的综合制约和影响,因而必然具有突出的民族心理特征和强烈的思维意识及鲜明的时代烙印。探索和研究马文化,不仅可以了解当时的社会风貌,而且可以从一个侧面深入揭示当时社会生产力及生产关系的演变和发展的客观规律以及各民族相互融合和渗透的历史进程。

茶马古道是民族关系融洽、团结的象征。茶马贸易本来是商贸关系,即双方在平等自愿、互惠互利的原则下进行商品交换、调剂余缺,是为提高人民生活、繁荣市场而进行的一项经济活动,并以这种经济活动为纽带,推动其他更多商品的交换和科学技术、文化艺术各方面的广泛交流,从而促进地区友好交流和民族团结。

在古道上,各民族在长期的交往中,增进了对彼此文化的了解,形成了兼容并尊、相互融合的文化圈。在茶马古道上的许多城镇中,藏族与汉、回等民族亲密和睦,藏文化与汉文化、纳西文化等不同文化并行不悖,而且在某些方面互相吸收,相互交融,出现了不同民族的节日被共同欢庆,不同的民族饮食被相互吸纳,不同的民族习俗被彼此尊重的文化和谐局面。与此同时,沿途地区的艺术、宗教、风俗、文化也得到空前的繁荣和发展。茶马古

道是迄今我国西部文化原生形态保留最好、最多姿多彩的一条民族文化走廊,增进了汉藏等各族人民唇齿相依、不可分离的亲密关系,推动了沿边各民族的团结,巩固了祖国的统一。可以说,茶马古道不仅是边疆地区物资运销之路,同时也是中国西南各民族经济、文化交流之路。

留在茶马古道上的先人足迹和马蹄烙印以及对远古千丝万缕的记忆,积淀升华为华夏子孙的一种崇高的民族创业精神,而这种生生不息的拼搏奋斗精神已经得到了发扬和延续,并将在中华民族的团结发展历史上雕铸成一座座熠熠生辉的丰碑。

(三)马文化能够促进与其他国家的友好往来

习近平总书记提出的"一带一路"倡议,强调相关国家要打造互利共赢的"利益共同体"和共同发展繁荣的"命运共同体"。马文化一方面有利于增进各国人民之间的友谊和加强相互了解,发展同世界各国人民的友好合作关系,促进世界和平与发展。文化交流互鉴是维系世界和平的纽带。各国人民在马文化交流互鉴中,能够不断深化对彼此文化的理性认知,展示各自文化的魅力与特长,汲取其他文化的优点与长处,开创文明发展之路。各国马文化在交流互鉴中也会开阔视野,不断增强对自身的自豪感与对其他文化的认同感,从而深化共识、团结合作,共同应对世界难题,维护世界和平。另一方面,通过与世界各国马文化交流可以大力弘扬中华文化。今天的世界是个开放的世界,文化具有多样性。加强中外文化交流,可以使各国文化相互学习、借鉴。加强中外文化交流不仅有利于加深世界各国对我国文化的了解,弘扬中华文化,同时也可以学习和吸收外来优秀文化,使中华文化和世界文化得到更好的发展。我们应当积极参加和举办国际马文化活动,进一步加强与国际马产业和马文化研究机构的联系与合作,促进世界文化的多样性发展,为全面建设社会主义现代化强国创造良好的国际环境。

二、经济价值

文化在社会发展中的地位和作用是通过它对生产力发展的反作用显现

出来的。文化发展对生产力的促进作用主要体现在通过科学技术的创新和转化形成新的生产力。

（一）马文化是推动马产业发展的核心要素

马文化作为一种"软实力"，日益成为一个国家和地区马产业综合实力的重要组成部分。中国是世界上养马历史最为悠久的国家之一，也是马文化比较发达的国家之一。在这一基础之上，中国的马文化研究取得了比较快速的发展。截止到目前，人们对于中国马文化的研究主要集中于我国古代马文化、马在交通运输上的应用、马的文学艺术形象以及马在军事中的应用等。当然，这些研究对于中国马文化的传承以及发展起到了积极的促进作用，也对中国马业的发展有重要的影响。但是，由于人们只局限于理论上的分析与研究，并没有将关注点放在对中国马文化的实际应用上，因此，在中国马产业的发展过程中，并没有将中国马文化的作用充分地发挥出来，其对中国马产业的发展所起的作用是有限的。另外，虽然中国马文化已经是一种比较发达的文化，蕴含丰富的内容，但是，世界上还有其他比较发达的马文化，比如欧洲的一些国家以及美国的马文化，而我国的研究者并没有充分重视将中国马文化与其他一些国家和地区的马文化进行深入的比较研究，因此，也就不能从中发现二者之间的区别及其成因，更无法从其他比较发达的马文化中汲取所需要的营养与优势。所以，为了使中国的马文化能够在马产业的发展过程中充分地发挥应有的作用，对于中国马文化的研究应该更进一步、更加深入。譬如，在进行中国马文化研究时，要与当今社会的发展以及大众的需求相结合，从中挖掘出与时代发展相符合以及能够满足当代人实际需求的文化资源，从而为中国马产业的发展提供丰富的资源，促进中国马产业的发展与进步。随着时代的发展，人们对于马文化的需求也发生了变化。如果还按照以前的观念来发展中国马产业，不仅不会对中国马产业的发展起到促进作用，还很有可能起到一定的阻碍作用。要使中国的马产业真正得到发展，就必须转变发展观念，这需要对我国的马文化有一定的了解，只有在对中国马文化具备一定的了解与认识，把握中国马文

的发展特点的基础之上,才能够拓宽视野、扬长避短,以更加适合的理念来发展中国的马产业。

中国马产业的发展的确需要马文化作为基础和指导,并不断转变发展观念、注重地域特色、培育优良品种、创新发展形式。只有这样,中国马产业才能够得到切实的发展,提高发展水平。

(二)马文化能促进旅游业的发展

中国最著名的四大草原分别是:内蒙古呼伦贝尔大草原、内蒙古锡林郭勒大草原、新疆伊犁草原、西藏那曲高寒草原。目前,草原旅游业与马文化相关产品的开发主要集中在骑马、观看马术表演、观看赛马运动、品尝马奶酒、参观马文化展览等。大多数草原旅游景区中的马文化项目主要是骑马体验项目和参观或欣赏马上运动。现如今,我国草原旅游业快速发展,游客来草原之前,对草原文化的概念就是蓝天、白云、绿草地、成群的马。但是只有骑在马背上,只有深入了解马文化,游客才能更深刻地感受草原生活和游牧文化。所以,只有深挖马文化内涵,把马文化渗透到"吃、住、行、游、购、娱"的每个方面、每个细节,草原旅游业才能持续发展。

随着文化产业与旅游产业的进一步融合以及对美好生活的需求不断增加,文化内涵在旅游中的地位和作用越来越突出。这个文化内涵体现出文化意蕴,表现于外在形式上就是特色,这种特色除了流于表面的独特景观和独特产品体验,其内里需要注入一种独特的文化价值。比如呼和浩特市的敕勒川草原文化旅游区通过挖掘马文化,推出大型实景剧《天骄铁木真》,为游客重现铁木真的诞生、少年铁木真的磨难、青年时代的友谊和爱情、最终一统草原的历史故事。实景剧以壮丽的场面、恢宏的气势、跌宕的情节震撼人心,以美妙的音乐、精彩的故事、动人的情感扣人心弦,以马术表演结合戏剧、音乐、舞蹈的艺术风格引人入胜。

马文化与旅游的融合没有止境,应从景区规划和建设、旅游产品设计及其宣传营销等多个方面突出马文化元素。

（三）马文化对文化创意产业能起到积极的推动作用

文化创意产业是目前世界各国竞相发展的"绿色产业"。霍金斯在《创意经济》一书中写道,全球创意经济每天创造220亿美元产值,并以5%的速度递增。创意经济已成浪潮,并伴随着经济全球化席卷世界。从世界范围看,文化创意产业的发展成为许多发达国家或地区寻求城市复兴的重要路径。随着城市间竞争的日益激烈,一些城市可能会出现具有鲜明特征的文化创意产业中心,如2008年北京奥运会,上海的迪斯尼乐园,2010年的上海世博会,南京的东方娃娃动漫大世界、江宁织造府、1912街区,浙江宋城集团打造的杭州乐园。新加坡早在1998年就制定了"创意新加坡计划",2002年又明确提出要把新加坡建成全球的文化和设计业中心、全球的媒体中心。

我国是一个马文化资源大国,但并不是一个文化产业强国,这是因为对文化资源优势的挖掘和创新发展不足。成功利用马文化资源促进文化产业发展,少不了创意的支撑、技术的支持和合理的营销。文化资源的一大特性是非独占性,即文化资源是一种可供全人类共享的精神财富,谁的借鉴、创新能力强,谁就能占有更多的文化资源,所以更要充分利用好本地特色文化资源加速文化产业的发展。

文化创意产业是提高人民生活品质的需要。好的创意和策划,对提高人民群众经济生活品质、文化生活品质、社会生活品质、环境生活品质都有着独特的、不可替代的作用。《文化部"十三五"时期文化发展改革规划》明确指出,发展文化产业是满足人民群众多样化精神文化需求、提高人民群众生活品质和幸福感的重要途径,是推动中华优秀传统文化创造性转化和创新性发展、使中国梦和社会主义核心价值观深入人心的重要载体,是推动中华文化走向世界、提升国家文化软实力的重要渠道,是培育经济发展新动能、推动经济社会转型升级、促进创新创业的重要动力。

系统梳理马文化资源可以使马文化资源活起来,以中华美学精神引领创意设计,把马文化的传统元素与时尚元素、民族特色与世界潮流结合起来,创作生产出更多优秀原创文化创意产品,扩大中高端文化供给。鼓励马文化研究单位和社会力量深度合作,创作生产适应市场需要、满足现代消费需求的优秀马文化创意产品。利用现代科技手段,推动马文化内容形式、传播手段创新,提高马文化创意产品原创能力和营销水平。落实创新驱动发展战略,促进演艺、娱乐、动漫、游戏、创意设计、网络文化、文化旅游、艺术品、工艺美术、文化会展、文化装备制造等行业全面协调发展,以跨越式发展助推马文化创意产业成为我国经济支柱性产业。文化是创意产业的核心。过去我们过多关注创意产业本身,而往往忽略了文化。西方发达国家的文化创意产业,基本上都是从最核心的文化本质内容出发的。应该全方面、多角度、深层次诠释和弘扬马文化,让马文化成为创意产业发展的核心要素。全面征集关于马的诗歌、绘画、雕塑、歌曲、舞蹈等艺术作品,邀请全国各地的专家、学者举办相关交流活动。鼓励各大院校艺术系、各大文艺团体创作以马为主题的艺术作品,通过多种方式、多种渠道掀起马文化的艺术创作和文学艺术讨论热潮,更加广泛、深入地发掘、弘扬马文化。通过融合现代艺术,以瓷器、绘画等多种方式设计与马文化相关的产品,开拓市场,进而以马文化为核心推动地区创意产业的发展,从而促进地区经济的增长。

三、精神价值

(一)马的象征意义

几千年来,马伴随着人类经历了风风雨雨,成就了源远流长的马文化。马的精神,是忠诚,是高贵,是奔驰,是不可征服。马的神韵,则是马在与人类同生死、共荣辱的历史中所表现出来的一种奉献的精神。马精神是中华民族自古以来所崇尚的奋斗不止、自强不息的进取、向上的民族精神。《易经》中说"乾为马"。它是象征,代表着君王、父亲、祖考、金玉、敬畏、威严、健康、善良、远大、原始、生生不息……马又是能力、圣贤、人才、有作为的象征。古人常常以"千里马"来比拟优秀的人才。

（二）弘扬蒙古马精神

蒙古马特别重视亲情、伦理，它们离别"故乡"后即使过去多年甚至到死都能准确认出父马、母马与兄妹并保持亲密的家庭关系，久别重逢的马会以互闻、咬鬃来表示问候。蒙古马的"思乡情结"非常重，不管走多远它都会清楚地找到"回家"的路。马的这种"亲情"与"思乡情结"和人类非常相似。在同蒙古马长期相互依存的过程中，马的习性和禀赋也不同程度地影响了蒙古民族勇往直前性格的形成。

蒙古马耐力强，能承受得住长途跋涉。它不会畏惧上战场，能做到跟主人心意相通，甚至热衷于和主人一起参与战争。蒙古马精神源远流长，其内涵是吃苦耐劳、一往无前，不达目的誓不罢休。蒙古马精神是草原文化的结晶，世代影响和鼓舞着草原人民，成为守望相助，团结奋斗，打造祖国北部边疆这道亮丽风景线的强大精神力量。蒙古马精神深深根植于中华民族优秀文化的沃土，是中华民族的宝贵精神财富，在与时俱进中被赋予了新的时代价值，是社会主义核心价值观的表现，与社会主义核心价值体系中包含的民族精神和时代精神相一致，对实现中华民族伟大复兴的中国梦具有重要意义。蒙古马精神的重大时代价值昭示我们：要坚定理想信念，进一步激发干事创业的激情和强大力量。

第八章

马文化的传承与开发

第一节　马文化的传承传播

　　文化传承和文化传播是两个不同的概念,文化传承一般是指文化在一定范围内的纵向传递过程,而文化传播则强调文化的横向宣传,并以文化传承为基础。马文化是地域文化也是民族文化,它承载着千百年来游牧民族的智慧,因此,我们必须将其传承下去和传播开来。

一、马文化传承传播的现实境遇

　　随着城市化进程的逐渐加快,草原生态环境和游牧民族的思想观念均发生了很大的转变,重大的社会变迁给传统马文化的发展带来极大的冲击和诸多的挑战。马的生存环境和空间发生了变化,加上草场退化、沙化等问题,对马的保护重视不足,导致近年来有些品种的马处于濒危境地,有些品种数量急剧下降甚至消失。"每个民族在其生存的过程中都有一种主要的用以维持其生活的方式,以实现其基本的生存以及更进一步的发展。每个民族生计模式的变化是导致该民族文化变迁的基本因素。"[1]。当前,一部分牧民主动或被动地离开了草原,而另一部分坚守者正从传统的牧业向其他经营类型转变,以传统放牧为生计模式的马文化逐渐失去了原有的生存发展空间。

　　当然,从另外的角度来看,草原民族的人口流动,促进了马文化的对外交流和广泛传播以及多样化发展。

---

　　[1]　秦红赠,唐剑玲:《定居与流动:布努瑶作物、生计与文化的共变》,《思想战线》,2006(5)。

二、马文化传承传播的思路

马文化传承与传播的基本思路是:传承方面以草原民族为主体,传播方面以城市为中心通过各种载体弘扬马文化。

(一)确立马文化传承主体:"以马为伴"的牧民

传承,顾名思义为传授和继承。"脱离创造的主体,与传承者的现实生活脱节,离开动态的传承,草原文化生命的源泉将枯竭,草原文化也必将成为历史的记忆。"[1]草原文化的传承如此,马文化亦是如此。马文化的传承不能离开文化主体的现实生活。马文化是世代生活在草原上从事游牧生产生活的人所创造的文化,牧民是马文化的主要创造者,也必然是马文化的主要传承者。所以马文化传承首先应该尊重生活在马背上的民族的文化认同感,尊重生活在草原上的牧民在养马及保护草原中的主体地位,激发牧民的文化自觉意识,鼓励牧民积极参与马文化的保护和传承。同时,积极引导广大牧民突破以个人家庭为单位的狭小范围,对他们进行科学化规模化经营指导,建立地域性与现代科学有机结合的牧养机制,建立马匹和天然草场的自然保护区和科学放牧管理试验示范区,根据草地类型、地势地貌特点、海拔高度差异、季节变化规律等制定分层分类牧养方式,合理规划各季节牧场轮换制度,提高牧民的育马水平及市场化发展的能力。鼓励牧民自发组织各种马文化活动,支持他们自下而上地建设保护和传承马文化的基层组织,引导牧民及其子女接受文化传承教育,提高马文化传承意识,积极参与草原文化、马文化的各种理论和实践活动,真正发挥纵向传承的主体作用。此外,建立合理而有效的马文化传承体系,在传播宣传推广方面,兼顾青少年马文化的传承教育、马术技能的培养及国际马文化的交流,使马文化在更高的平台上被更多的人接受和认可。

---

[1] 包斯钦,金海:《草原精神文化研究》,内蒙古教育出版社,2007。

(二) 明确马文化的传播:依靠各种载体

马文化传承以牧民为主体,但马文化的传播需要举全社会之力来进行。长期以来,受牧民生产生活方式单一、生活环境闭塞、现代科学技术掌握不够、社会资源的占有量低等诸多因素的影响,马文化的传播范围有限,故而需要通过各种载体来进行广泛传播。

三、马文化传承传播的平台与载体

(一) 马术俱乐部及休闲健身场所

为更好地展示马文化的独特魅力,除了开展丰富多彩的有关马的竞技赛事外,还要融入现代马产业发展的新理念,同时,弘扬蒙古马精神唤起民族文化的自觉宣传推广意识,保护马文化赖以生存的生态环境,为马文化注入更多的时代内涵。

当前,现代生活方式以前所未有的态势突显出特有的张力和辐射力,以至于很多富有传统内涵的马文化活动必须借助于都市场所才能进行。如今,许多城市遍布着马术俱乐部等具有浓郁马文化特色的活动场所,成为城市居民新的健身、娱乐、休闲的选择。马产业注重经济和娱乐的结合,也就有了适合市场经济发展的基础。在经济高速发展的今天,适时改变马产业发展理念,汲取国际经验,做好马产业转型工作,利用现有马种资源培育适合社会需要的竞赛和休闲、体育竞赛专用马种,创新经营,其前景非常广阔。随着综合国力和人民生活水平的提高,社会对体育竞技的要求也随之提高。马术运动和骑乘旅游项目成为人们新的爱好,骑马俱乐部亦成为休闲健身的重要场所。如此,草原的灵魂——骏马不仅可以继续驰骋在辽阔的草原,还可以进入城市,成为人们的娱乐健身伙伴而继续陪伴人类。

(二) 建立马文化标识及园区

每个城市都有自己的城市精神,它是城市的灵魂,而能够作为灵魂的必须是该城市漫长的历史发展中积淀的最具特色、得到广泛认同的精神价值与追求。对于中国马都所在地内蒙古来说，能够担此重任的、一往无前的蒙古马是最适合的选择。所以，内蒙古的每个城市都应有马的雕塑或与马相关的标识，同时，还应该有一片特定的区域让远道而来的朋友体验和感受马背民族的特色文化，如古朴的蒙古包、醇香的奶茶、美味的手把肉、艳丽的服饰、悠扬的马头琴、欢快的歌舞及不可缺少的代步和娱乐工具——马。这类原生态生活环境的再现，让马和马文化从远古走进现代，从牧区走进城市，让古老的马文化融入现代的都市生活。在蒙古马的故乡可以在有条件的牧区建立蒙古马家乡小镇，发挥本地区特种马的优势与草原得天独厚的草场优势，以此传承传播马文化。

（三）布阵新媒体，建立马文化传承传播专业网站

网络是全球性的文化传播媒介，给国家、民族之间的交流带来了前所未有的便利，形成世界性的文化共享。网络为民族文化的发展提供了技术支持和全球化的平台，使各民族文化既保持自己的文化特色，又融合、吸收全球文化的精华，增强了民族文化的凝聚力，因而成为发展民族文化的重要方式和途径。马文化要走向世界，需要搭建不受时空、地域限制的文化传播通道来系统地介绍马文化悠久的历史和当代最新发展动态，以丰富的信息与高质量的服务，推动其更加快捷地走向世界，实现资源共享、优势互补。

因此，拓展传播渠道、加大网络传播力度，同时，提供和完善中英文互译系统，成为传承传播马文化的重要手段。应当发挥网络媒体视听觉结合的传播优势，突破语言的传播局限，利用网络传媒建立视听觉资源库，使网络成为宣传马文化、民俗风情、环境人文的最直接、最便捷、最有感召力的传播方式。在制作过程中，多选择一些具有民族特色的歌曲、乐曲、图片，以满足"听音时代""读图时代"受众的需要。在传承马文化的基础上进行大胆创新，使丰富多彩的马文化资源畅通无阻地走向世界。总之，要借力新媒体，拓展马文化的传播空间，谋求数字化传播空间，对马文化进行全新演绎和全方位传承传播，使悠扬的草原歌曲、独特的草原风光、深厚的马文化底蕴，通

过网络与世界各民族文化双向互动交流,在保持其民族性、独特性的同时,又体现时代性、开放性和创新性,从而顺应时代潮流,实现马文化顺利传承与传播。

(四) 建立马文化博物馆,作为长期宣传推广马文化的主要阵地

博物馆作为典藏人文自然遗产等的文化教育机构,其主要功能为搜集、修护、保存、研究、展览、教育、娱乐等。21 世纪以来,博物馆的文化辐射力和社会关注度得到空前提高,博物馆的公共文化服务能力和社会效益得到进一步增强,并且依托自身的文物和文化内涵越来越受到旅游业的重视,成为向四面八方的游客展示地方文化的一个重要窗口。建立马文化博物馆一方面可以挖掘普及传统马文化的精华,让更多的人关注了解人类历史上的功臣——马,传承马的物质文化和精神文化,同时可以展示和保护北方草原的特色资源,让马的标识、形象和精神时刻鼓舞着人类。马文化不仅推动马产业成为地方经济发展新的增长点,更在当今时代继续发扬其应有的作用并创造新的社会价值。

习近平总书记 2017 年在"一带一路"国际合作高峰论坛开幕式的主旨演讲中提到要将"一带一路"建成文明之路。"一带一路"倡议要以文明交流超越文明隔阂、文明互鉴超越文明冲突、文明共存超越文明优越,推动各国相互理解、相互尊重、相互信任。要用好历史文化遗产,联合打造具有丝绸之路特色的旅游产品和遗产保护。马文化是丝绸之路极具特色的历史文化遗产,可以倡导沿线各个国家建立马文化博物馆,成为促进各国友好往来的媒介。

目前,比较有影响的马文化博物馆是由中国马业协会、中国马术协会、中国文物协会、北京延庆区政府联合创办的位于北京八达岭阳光马术俱乐部内的中国马文化博物馆,这是目前为止第一个综合性的马文化集聚地,有1300 多件展品,博物馆前言标题"马文化 马艺术 马精神"概括了建馆的主旨。该馆既有文字图片介绍中国养马的悠久历史和古今人马情的展示,也有英式贵族赛场的激烈和美式西部牛仔拓荒道路艰辛的再现,有艺术家的绘画、雕塑作品,也有来自五大洲摄影大师的摄影作品,还有雕花的马鞍、马

头琴的动人传说以及与马相关的收藏品和民俗工艺品。

作为蒙古马的故乡内蒙古,至今尚缺一个综合性的大型马文化博物馆,目前只有几个规模不大的场馆。建立最早的是 2003 年位于呼和浩特市南郊、昭君墓西北方向的蒙古风情园内建造的一个 1500 平方米的马文化历史博物馆,俯瞰其外观造型是一个大写的汉字"马",馆内展示文物 300 余件,向世人展示了马背民族与蒙古马的渊源。建于 2006 年的内蒙古锡林郭勒盟太仆寺旗御马苑里的博物馆,其规模和馆藏品数量相对大一些、多一些,除了文字介绍,还设有马镫、马鞍、驯马设备、饰品、书画、雕刻等综合展区,陈列着近千件文物及展品。2008 年,内蒙古锡林郭勒盟镶黄旗蒙古马文化博物馆开馆,展品包括马的器具、比赛用具等 300 多件。2009 年,内蒙古锡林郭勒盟多伦县建立了国内唯一一家由家族出资的马具博物馆,展馆是一座具有 200 多年历史的祖屋,藏品是祖孙四代收藏的辽、金、元、明、清及民国时期的各类马具,计 3000 余件,分为三个专题,即全套马具、马镫系列、多轮马具制作。历史上的多伦是个独特的地方,因为地处交通要道,曾是蒙古地区的宗教中心和"旅蒙商"聚集地,同时也是马术盛行地,清朝到民国时期的赛马和骑手很多出自多伦,所以多伦县曾经是马鞍生产的主要地区和马匹的集散地,也是马文化中心区。

(五)利用美术馆展览馆等经常性开展马文化马艺术作品的展览展示

几千年来,不同时代的艺术家咏马、画马、塑马之作屡见不鲜,以马为题材的艺术作品种类繁多。从秦始皇陵出土的挽车陶马、汉代简洁质朴的黑漆木马,到造型优美的唐三彩马;从西汉骠骑将军霍去病墓前马踏匈奴石雕到唐太宗昭陵祭坛的六匹石刻骏马;从现代美术大师徐悲鸿创作的《奔马图》到溥佐的"宫廷马"……绘画、雕塑、陶瓷、青铜等各种艺术形式把马的神情和内在表现得淋漓尽致,博得中外人士的青睐。从古至今,中国有关马的艺术历久弥新,以马为题材的艺术作品几千年来杰作不断。

马在国画、油画、版画、壁画、泥塑、雕刻、书法、金银器、剪纸、手工艺等

艺术体裁中,占有十分重要的地位,中外艺术家们用不同的艺术形式表现了不同的"马",给我们今天留下了丰富而又宝贵的文化遗产。美术馆展览馆经常性举办各种马艺术作品的展览,可以丰富人们的精神生活,也是传承和弘扬马文化的一项长期性工作。

第二节　马文化的开发利用

一、马文化的开发方向

千百年来,中华民族的精神寄托、生产生活、科技进步、社会发展、战争胜负、艺术欣赏、体育运动等都与马有着密切的关系。马具有独特的性格,敏锐、激情、豪迈,它是人类的忠诚伙伴和黄金搭档。马文化是属于全人类的。因此,如何更好地开发和传承马文化,是一个需要认真筹划的现实问题,可以重点从以下几个方面着手。

(一)马文化旅游资源及其产品开发

当今社会旅游的形式和内涵正由过去的度假型游山玩水逐渐向求知型转变,文化旅游日益成为时尚。消费者对独特旅游资源的开发、旅游产品的推陈出新都表现出迫切的要求和期望。把马文化融入旅游,不仅重温了中国源远流长的马文化,而且对马文化资源有了新的了解和认识,对马文化的传承和保护、马品种的培育和繁衍具有重要的意义。国内外对马文化旅游的专题研究并不多,但几乎都把与马相关的项目界定于体育旅游之中。我国把体育旅游归为体育服务行业,骑马则被列为休闲体育旅游当中,包括休闲健身、保健康复、体育探险、体育观赏和体育文化等内容。少数民族地区的赛马、那达慕等列入民族传统体育文化旅游中。蒙古马的故乡内蒙古有着深厚而独特的马文化底蕴,但马文化旅游的开发尚处于浅层次尝试,深层次的开发较为欠缺,故而可发展为未来马文化旅游的发展方向之一。马文化旅游资源的开发应注重有创意、具有远大发展前景,要突出马文化,及少数民族的生活习俗、文化历史。马文化旅游形象的建构和马文化旅游产品的开发也非常重要,既要开发休闲娱乐产品和马文化观赏性产品等针对大众的普通产品,也要有生存体验型项目,如骑马野外生存项目等能够延长游客停留时间、满足有一定骑马素养的游客需求的项目,还要有能满足有较强求知欲的游客需求的马文化研学产品及马文化延伸产品,如马的现代科技产品。同时,注重别具一格的马文化旅游品牌的打造和宣传推广。

(二)马产业和马产品的广泛开发

马产业作为新的经济增长点的确立,需要社会关注和国家政策的支持,需要具备适合其发展的自然环境、人文环境和投资环境。马产业可以通过"越界"促成不同行业、不同领域的重组与合作,形成有效的资源共享,推动社会和文化经济的共同发展。从目前情况看,在开发草原民族民间传统马文化资源方面尚有很大空间。因此,我们可以借鉴其他国家现代马产业的成功经验,在广阔的乡村牧区建立大规模的马文化产业园区,与马文化关联的、产业规模集聚的特定地理区域和具有鲜明马文化形象并对外界产生一定吸引力的集生产、交易、休闲等为一体的多功能园区,成为区域经济发展的引擎,带动区域整体实力提升,推动中国马产业的发展。针对性地制定扶持政策,成立产业服务机构,搭建公共服务平台,把草原转化为现代马文化产业发展的重要基地,提高草原文化资源的挖掘、开采、利用、再生能力,开办大型科学化规模化类别化养马场,使马的品种培育、繁殖饲养、调教训练更加科学。一方面,培养满足国内外马术俱乐部和旅游景区等骑乘娱乐类用马需求;另一方面,积极引进国外优质马匹,科学改良饲养培育赛事用马,发挥养马大国的优势,积极将养马大国逐渐变成优质马匹的输出大国,以此为突破口积极参与到国际马匹贸易中去,扩大马匹出口,占领国际市场。满足那些缺少育马、繁殖、调教条件却大规模开展赛马活动的国家和地区对于

优质马匹的需求。当然，马匹的国际输出要充分考虑自然、人文、服务、资本、技术、智力等因素的综合作用和影响。草原民族马文化深厚的积淀、马品种资源的丰富，繁殖和育马的有利气候、地理环境，是发展现代马产业得天独厚的资源"富矿"和优势。

马产品的培育可以从食品和生物产品两方面入手。食品中的马乳与人乳成分接近，营养价值高，其中易于消化吸收的白蛋白和球蛋白含量高达1%（牛奶0.4%），是人类理想的奶类之一。在呼吸系统、消化系统和心血管系统等某些疾病的辅助治疗方面效果良好，现已被医学证实。马奶可生产马奶酒、酸马奶、马奶啤酒、马奶露、马奶粉和制造乳糖等。目前，市场上除传统手工作坊式生产的散装酸马奶制品外，还有少量罐装产品如马奶露等。目前，马奶不但在草原地区具有较大的消费市场，在旅游区域、民族疗养院等亦有需求。如果可以进行产业化、品种专门化发展，其经济效益会有很大提高，经济贡献率也会大大提升，是农牧民增加收入的重要途径，也是解决传统马产业出路的重要举措。马的生物产品中孕马血清促性腺激素的市场前景非常好，目前在我国少数地区已规模化生产。其他产品，如精制马脂、马板肠等，在我国部分地区也有消费市场。精制马脂对人体有皮肤渗透力强、涂展性好、皮肤吸收快、护肤养颜的作用，可取代羊毛脂用于化妆品制作。另外，精制马脂也可用于制作高级液体洗涤剂、皮革加工护理助剂、纺织助剂及精密仪表的润滑剂、防锈剂和缓蚀剂等。以马鬃、马尾为原料的编织产品也具有良好的市场前景。

（三）在休闲健身领域开发马文化

《马术》杂志发布的《2018中国马术行业发展状况调查报告》数据显示，2018年全国各类马术俱乐部总数为1802家，全国马术人口（会员）数量1088408人，比上一年增长11.9%。马术俱乐部的主要经营项目中，休闲骑乘占70.77%。经营性俱乐部数量排名前十位的省级地区为北京、山东、广东、河北、上海、江苏、浙江、辽宁、云南、四川。下图表为《2018中国马术市场发展状况报告》统计结果：

三、俱乐部的经营、投资类型 Business and Operational Type

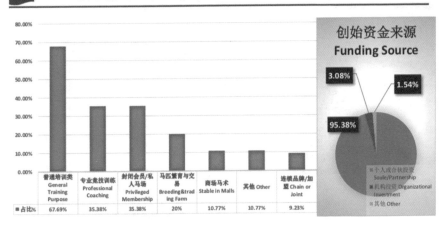

■占比%	普通培训类 General Training Purpose	专业竞技训练 Professional Coaching	封闭会员/私人马场 Privileged Membership	马匹繁育与交易 Breeding&trading Farm	商场马术 Stable in Malls	其他 Other	连锁品牌/加盟 Chain or Joint
	67.69%	35.38%	35.38%	20%	10.77%	10.77%	9.23%

四、俱乐部的主要经营项目 Primary Service

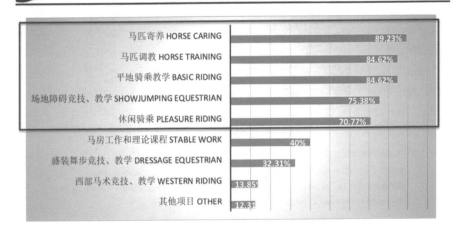

上面两张图表显示,目前中国马术俱乐部是以个人或合伙投资为主(95.38%),经营项目中以普通培训类为主(约占70%),市场空间还很大。

七、 2018年全国马术人口（会员）数量
2018 Equestrian Population (Membership-base)

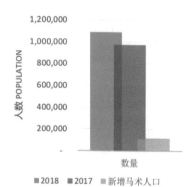

年份 Year	俱乐部平均会员数 Avg. Member per Stable	年度马术总人口 Total Members	年增长率 Annual growth
2018年	604	1,088,408	11.9%
2017年	670	972,840	-

2018年全国新增马术人口115,568人

In 2018, there's an increase of 115,568 in overall equestrian population.

根据《2018胡润财富报告》，中国千万资产高净值人群未来三年最想尝试的运动排名第一的是骑马。

Per *2018 Hurun Fortune Repor*, Chinese high-net-worth individuals are most interested in RIDING among all sports.

八、俱乐部活跃会员情况 Active Members

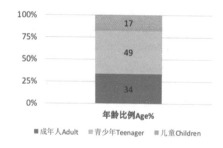

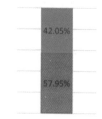

本调查数据显示俱乐部活跃会员平均约占全部会员的**52%**。

Results show a 52% percentage of active members among all members riding in clubs.

活跃会员是指连续3个月、平均每周至少消费一次的会员。*Active member is defined as members that consume at least once a week on average for any consecutive three month.*

　　根据上述统计图表显示,马术俱乐部的活跃会员中66%为儿童和青少年,在广大的学习马术的儿童、青少年队伍中开发、推广、普及、传承传播马文化不仅十分必要且有着非常深远的意义,可以让中国最年轻的一代了解中国源远流长、博大精深的马文化,同时培养其国际视野,了解和掌握国外马术知识、常识技能。在这方面,中国小马俱乐部已经做出了很好的探索和实践。

创办于 2016 年 2 月的中国小马俱乐部 China Pony Club 执行单位为北京马赛文化交流有限责任公司,是澳洲小马俱乐部协会体系授权的唯一中国机构。旨在为中国爱马儿童和青少年提供专业服务,推广国际规范的青少年马术体系。截至 2019 年 5 月 1 日,中国小马俱乐部共发展了 36 家马术俱乐部会员单位和超过 1900 名个人会员,862 人次中国小马俱乐部小骑手通过了骑手考级,205 个中国小马俱乐部教练得到了教练认证。

3年来,有66位澳大利亚和新西兰骑手和教练来中国参加中国小马俱乐部的交流活动。同时,中国小马俱乐部也成功组织中国的骑手参加7期赴澳马术夏令营和赴澳比赛。

澳洲小马俱乐部协会和中国小马俱乐部举办的常规活动包括:举办马术常规赛、洲际/省际赛、国际赛,组织青少年队赴国外参加国际比赛,组织国内外马文化及马术交流,举办教练及骑手培训、讲座和考试。

中国小马俱乐部的马术项目丰富多样,包括三日赛、盛装舞步、马背游戏赛、场地障碍赛、铁人四项(游泳、赛跑、射击、场地障碍)赛、兜网马球、马术知识竞答等。

中国小马俱乐部与澳洲小马俱乐部协会的合作,为中国青少年打开了一个通向海外的窗口,架起了一座中澳青少年学习交流现代马术的桥梁,开辟了中国马文化向海外马产业大国的传播通道,也为中澳青少年接受现代马文化奠定了基础。中外教练一起为两国青少年传授马文化,两国青少年经常聚在一起学习交流和比赛,是一种非常符合青少年年龄特征、值得推广的现代马文化知识及马术技能学习的方式。

内蒙古只有蒙骏马术俱乐部"骑季马术乐园"是中国小马俱乐部会员单位,"骑季马术乐园"位于呼和浩特市海亮二期花生小镇商场三楼和成吉思汗东街景苑生态园院内。内蒙古的马术俱乐部和休闲骑乘方面有很大潜力,尚待进一步开发。

(四)演艺领域马文化的开发

演艺领域马文化的开发除影视作品外,还有舞剧,如内蒙古的舞剧《千古马颂》。这是一部把草原马文化与旅游深度融合,彰显草原文化内涵,展现草原文化绚丽多姿、马背民族雄奇剽悍、蒙古族人马缘厚情深的中国首创大型马文化全景式综艺马舞剧。

该剧以"蒙古马精神"立意,通过讲述一个牧民之子的成长故事,折射出蒙古民族守望相助、砥砺奋进、追求文明进步的伟大历程,歌颂马背民族开放包容、坚韧不拔的民族精神,展示人与马、人与草原和谐共处、诗意栖息的

大美境界。2019 版的《千古马颂》剧情更加饱满、马术表演技巧更加成熟、视听感受也更加震撼。除此之外,新版马颂还增加了 12 位"明星嘉宾",即来自电影《狼图腾》剧组的 7 匹成年狼和 5 匹狼幼崽组成的"狼演员"阵容。这部剧汇集百匹名马和百名骑士,综合运用马术、杂技、舞马、蒙古族歌舞乐等艺术元素,融合高科技声光电、裸眼 3D 技术,以《天降神驹》《迁徙》《马背家园》《马背传奇》《自由天驹》五个部分生动演绎了人马结缘的温情、马背家园的祥和、百骏出征的壮观、千古马颂的绝唱,成为草原文化最好的名片。

北方广大的草原地区、西南各少数民族的集聚区均有不同特色的马文化和人马情缘的动人传说,亦可以开发成独具特色的演艺作品,使马文化的传播拥有更加亮丽的舞台。

(五)马文化在城市建设中的开发

马文化是打造城市品牌形象和开发城市标识的重要资源。城市形象是城市文化的具体体现,它的塑造要对城市本身的特有资源进行挖掘和梳理,通过视觉的建筑、道路、广场、名胜、标志等提炼、升华城市的精神风貌,进而

塑造独特的城市文化形象。城市形象的塑造要处理好历史与现代、传统与创新之间的关系，不能一味追求现代时尚而失去个性。城市形象呈献出来的应该是有历史、有文化、有内涵、有魅力，同时兼具独特性和吸引力，具有民族精神和向上的力量。

城市形象的重要功能是为复杂的城市系统提供一种经过升华凝练的印象标志，使人们透过现象把握本质特征，把一个城市与其他城市区别开来。这种标志既鲜明、简单，易于识别，又内涵丰富，容易使人产生联想。城市形象的设计应以自然为本，与地域融合，彰显地域文化内涵。

城市文化特色的形成和弘扬有利于在广大市民心中形成文化认同，提高城市的凝聚力和知名度，对城市建设具有十分重要的作用。在城市建设的过程中，需要一个具有历史背景和现实意义的标志性形象，而具有丰厚文化内涵的蒙古马正符合这一需求。在草原民族的心中，马已经不是普通的动物，而是他们寄托心灵与理想的载体，是一种能激励人奋发进取的精神标志，也是一种美好人格的象征。要充分利用现代马产业这个巨大机遇，传承和守护人们心中的马文化，打造马文化品牌，使之成为城市建设的清晰符号和显著标识。

对于内蒙古来说，马是草原文化的标志，深入挖掘马文化底蕴是树立民族文化品牌、建设"民族文化大区"的有效途径。发展以马文化为依托、以现代赛马业为带动的综合型马产业，不断完善马产业链，对树立新的品牌形象，打造民族文化强市名片，培育经济发展新的增长点具有重大战略意义。应该让不同材质、不同姿态的马匹奔腾在城市的广场、社区及大型活动的广场，向世界马都美国肯塔基那样，所到之处皆有勇往直前的骏马或马文化元素，尽情展示独特的民族地域风情及城市风貌。

经济的可持续发展需要文化的支撑，文化的繁荣同样需要经济的支撑。2016年"第三届成都·迪拜国际杯——温江·迈丹赛马经典赛"在成都举行，作为这次赛事重要经贸交流活动之一——"2016中阿经贸文化交流峰会"也在此期间进行。温江不仅让"马"成为城市名片，也让温江在国际马业机构交流与合作中探索出新的机遇，马产业为温江的发展提供了很好的平台和支撑,更为中外马文化、马产业发展提供了交流合作的国际平台。再如,凭借深厚的马文化积淀、丰富的马品种资源,锡林郭勒盟于 2010 年被中国马业协会授予"中国马都"称号,这块"金字招牌"花落锡林浩特。近年来,锡林浩特市依托丰富的马品种资源,不断强化马文化挖掘、马品种改良、马产品开发及马产业的规模化标准化建设,同时将马产业与旅游发展有机结合起来,推动马产业的迅速发展。

二、开发马文化的措施

首先是马文化传承专业人才的培养。人是文化生产过程中最活跃最重要的因素,创造、创新和创意都离不开人的智慧、智力和技巧。逐步建立一支有文化、懂经济、会管理、有创意的马文化产业人才队伍对于"新马路"的开发是至关重要的。目前马产业的现实情况是专业人才匮乏,尤缺领军人物。马文化产业从业人员知识水平、技术水平、能力水平、创新意识较低。此外,马产业还存在缺乏长效的人才培养、激励和引进机制,相关的投融资方式、产业链衔接、营销网络运作等不完善的问题。针对这些问题,"新马路"需要解决三大方向的人才培养问题,即马产业的经营人才、管理人才以及能够参加赛事的专业马术技术人才。

目前马产业学科设置大多侧重应用型,2008 年武汉商业服务学院在全国首开国家统招"马术运动与管理"专业,2011 年内蒙古农业大学职业技术学院设立"运动马的驯养与管理"专业,2011 年天津体育学院和武汉商学院联合开办了硕士学位"马术运动竞赛与管理"。尽管各地区还有一些不同层次的马术学校,但能够适应马文化产业发展的复合型人才缺口依然很大。欧美一些国家在马产业人才培养上采取二元制,中高级管理人才多在高等院校培养,应用型人才如马房管理员、钉蹄师等采取职业资格认证制度。完善人才培养机制,建立马产业人才储备库对于发展马产业非常必要。

开办或增设高等教育层次的相关专业,培养高质量应用型人才的同时加强与职业技术教育的合作,积极开展校企合作办学,建立实习实践基地。

建立灵活的人才引进机制,引进优秀马产业专业人才和跨专业创意人才,开展马文化创意和高层次开发,积极拓展人才引进渠道。同时,通过跨地区跨机构联合、项目协作、信息交流、资源共享等途径,借助发达地区创意人才,提高本地区创意产业水平。

培养未来人才亦是重要举措。未来理想的人才将是懂马业、会经营、有创意的复合型高级管理人才和受过高等专业培训的骑术技能比较高的专业技术人才。以具备条件的高校和骑士俱乐部为依托,建立创意人才培养、培训基地和中心,将创意人才培养纳入职业教育范畴,以形成多层次、多渠道、立体型的人才培养体系,使之深刻领会传统马文化和现代马文化的精髓,了解和把握国际马文化的发展趋势,洞察国内外马文化市场需求,对当今以信息技术为核心的高新科技有所了解、掌握和运用,着力培养具有领先的策划能力、创新能力、市场营销能力,具有国际视野的复合型创意人才和技术人才。

其次,马文化创意产业及产业链的培育。文化和创意的结合萌生出了一个新的产业形态——文化创意产业。文化创意的主体是有文化见识、文化自觉、文化自信、文化想象力和创造力的卓越人群,用适合这群人士生存发展的良好文化生态,吸引汇聚不同文化门类、文化行业的杰出之士已成为能否出现先进文化创意的前提。[1] 我国辽阔的北方草原拥有丰厚的草原文化资源和人文历史底蕴,但对草原文化的梳理不足,对草原文化的优势把握不够,对国内外文化受众的分析不足,对于文化创意产业的理解和认识不足且尚无长远规划,制约着文化创意产业的发展。

创意产业的核心与源头是文化,这个新兴产业需要文化、技术与资本三个要素的共同作用才可以将其支撑起来,应选择草原地区最具特色优势的文化产业,即马文化及其相关产业作为切入点和突破口。我国深厚的马文化资源亟待在新的历史时期找到新的发展点,传统的养马业已经不能适应时代发展变化,亟待结合新的创意产业项目,吸收马文化优秀成果,推动思

---

[1] 黄淑洁:《民族地区发展文化产业到文化创意产业的思考》,《文化产业》2016(5),232 页。

想观念、文化内容、表现形式和艺术手法的创新。以旅游纪念品为例,内蒙古可以通过对民族民间传统文化资源的创意设计和产业开发而批量化、规模化推出具有自主知识产权的创意产品与服务。在发展创意产业的过程中,必须增加相关的企业组织,包括投融资公司、知识产权保护组织、市场营销及拍卖机构等,构成一个完整的服务体系。目前,从内蒙古政府职能来看,扶持创意产业发展的公共服务体系尚未形成;从法律保障上看,针对创意产业的知识产权保护的法规体系还未建立,故而需要从这两个方面下功夫。另外,还需要进一步解放思想,转变观念,学习世界各国创意产业发展的经验、方法和措施,结合本地实际开拓跨越式发展的新思想,建立由文化、经济、高校和研究机构等部门相关人员组成的创意产业研发组织,统一规划、统一组织、统一协调和统一指导。做到合理规划还必须充分考虑地区之间、民族之间的文化差异和经济不平衡性,既深入挖掘当地文化资源的文化内涵,又充分展现民族优秀传统文化,力求尽快培育本土创意产业的核心竞争力和增长极。

马文化产业是体育产业和文化产业交叉型的融合体,是一个高附加值的产业,有一个很长的产业链。如马匹品种改良既需要马科学团队、马研究机构及相关配套设施,也要引入育种繁殖饲养培育调教等相关行业,同时,也要有马粮、马医、马鞍具制作等相关保障。此外,这条产业链上还有与马相关的体育休闲娱乐活动场所及服务、马出版、马传媒、马艺术等马文化产业,马的管理机构、法律部门、相关协会,等等。集聚和整合现有的处于分散状态的科技、人才、品牌、管理、设计、自主知识产权等高端要素资源,有效推动官、产、媒、学各界的通力合作,重点扶持民族特色浓郁的影视业、民族音乐歌舞演艺业、艺术品经营业等行业优先发展,进而带动广告、动漫、出版等内容创意产业、建筑—产品外观设计等工业创意产业以及旅游产品和旅游服务设计、娱乐体验设计等休闲创意产业。

同时,开辟马文化绿色品牌宣传通道。当前网络媒体的发展日新月异,已经成为信息传播的主要手段。以马文化为依托,借助多媒体网络平台进行国内外马文化宣传、学术交流、推广,宣传我国优秀的传统文化,促进与各

国的友好交流往来。多渠道、多形式积极开展与周边国家的马文化交流活动,扩大马文化的影响,努力争取申办国际性马文化活动,拓展马文化的传播范围,借新媒体之力在更深、更远的层面上架构马文化绿色品牌在全媒体语境下的传承传播的新桥梁。

"以本土文化为意,用西方美学作形的构成表现"既体现现代的形式美,又充分发扬本民族的优秀传统文化,成为现代品牌标志设计者所追求的境界。每个品牌都需要有特定的文化内涵,品牌不仅是特定文化的物化和外在表现,还扮演着文化传播者的角色。因此,应该充分利用马文化绿色资源,打造民族品牌。"经济与文化的联姻是我们所处时代的突出特征。"将马文化的马元素融入品牌形象中,是马文化与经济相融合的过程,既使马文化通过经济运作和开发得到进一步传承、弘扬和发展,又通过这种开发将绿色品牌变成一种无形资产。

最后,建设以马文化为主题的特色小镇。目前我国丰富的马文化有待挖掘与开发,尚未形成产业标准。中国马文化运动旅游规划研究院计划展开马文化的国家标准研发,已经开始编写教材、规划策划等一系列项目,努力丰富马文化旅游的产品内容,并打造新文旅时尚的全新业态模式。同时研究院将协助各地政府和企业的马文化项目的专业策划规划落地、国家1000个特色小镇的马文化特色植入。文化和旅游部计划以马文化为重点之一,展开国家文化新经济产业标准的研发,利用标准化和证券化的手段,推进文化产业和特色小镇的创建。

内蒙古、新疆和青海等地区发展特色小镇客观上存在产业资源薄弱等问题,可以通过弘扬当地民族特色的马术、赛马等马文化,使特色小镇成为西部地区的一支生力军,而具有浓郁特色的各种马文化节庆活动也将带动特色小镇的发展。中国蒙古马故乡的内蒙古、"天马"故乡新疆伊犁河谷以及中国最大的高山草原巴音布鲁克草原等地区,均属马文化和游牧民族特色文化丰富的地区。通过马文化特色小镇的打造,这些地区的马文化旅游资源能够带动其他行业迎来民族地区发展的新机遇。如今,特色小镇的功能性服务、商业化运营、基础性建设、人员配置等相关问题是其能否作为可持续发展业态模式生存的关键,而对相关课题的研究也一直是中国马术行业业内人士努力的方向。马文化特色小镇将极大丰富马文化旅游的内容,并将打造成新文旅时尚的全新业态模式,将在世界的舞台上展示中国马文化的深厚底蕴。

结 语

辽阔的北方草原是蒙古马的家乡，长久以来，生活在这片沃土上的游牧民族始终与蒙古马静默相守、相依相存，荣辱与共。飞奔的骏马拉近了人类的距离，甚至影响了人类历史的发展方向。草原游牧文明的形成与发展、草原文化的深邃与灿烂，马始终参与其中并处于举足轻重的地位，可以说马是推动草原部落历史车轮向前发展的核心动力。千百年来，在催人泪下的美丽传说、层出不穷的神话故事、诙谐幽默的寓言、传奇的歌谣和富含哲理的典故，以及种类繁多的祝词、长篇史诗和各类艺术作品中，都可以找寻得到以神奇的骏马作为主要描绘对象并贯穿始终的动人作品。如果没有马，游牧民族不可能产生如此多姿多彩、美妙绝伦、经久不衰的文化艺术。无论从哪个层面谈起，支撑游牧民族精神与文化的骏马，都始终在扮演着无可替代的重要角色。马是草原文化的灵感与命脉，是草原的魂魄。自古以来浪迹天涯的游牧民族与马儿相濡以沫、感情深厚、配合默契。人们在马的身上寄托了太多的情感和精神，为马赋予了太多的文化和内涵以及不同时期的不同使命。马伴随着人类由远古走到今天，由愚昧走向文明，经历了战场上的刀光剑影，穿越了大自然风雪霜寒的漫漫征程。马拥有宁静的内心和坚韧不拔、勇往直前、勇于献身的精神，是最潇洒、最具高贵气质的生灵。不论条件多艰苦，旅途多遥远，负担多沉重，马始终无怨无悔地与人共同承担，全力以赴。

弘扬马文化就是传承蒙古马精神。经过历史沉淀的蒙古马精神需要在与时俱进中加入新时代内涵，扩大和提升蒙古马精神的知名度、影响力、感召力，才能不负习总书记"守望相助"的嘱托，弘扬"吃苦耐劳、一往无前、不达目的绝不罢休"的蒙古马精神。蒙古马精神不仅赋予草原人民强大的精神力量,也是全国各族人民干事创业的强大力量,这种力量曾经创造过辉煌的历史,也将继续推动中华民族的未来发展,为建设中国特色社会主义事业增添力量!

后 记

　　本书作为内蒙古社会科学基金项目"马文化与马产业研究丛书"之一，从课题立项、接受写作任务到书稿的完成，历时五个多月。由于时间紧任务重，且需避免与丛书中其他书稿内容重复，无法将马文化的所有内容纳入本书并做全面深入的研究，有些章节未能全面展开论述，只作了一些概要介绍和初步探讨。

　　本书共分八章，第一章从远古传说入手，通过对人类养马历程的回顾，总结马文化内涵及其表现；第二章介绍人马奇缘及历史长河中人马关系的变化；第三章、第四章分别介绍中国传统马文化和现代体育中的赛马、马术文化；第五章介绍在视觉艺术、歌舞音乐、影视及工艺美术等不同艺术形态中的马文化；第六章介绍蒙古族的蒙古马文化；第七章探讨马文化与草原文化、丝绸之路文化的关系，进而探究马文化的当代价值以及在"一带一路"视域下的"新马路"；第八章探讨马文化的传承传播及开发利用。

　　由于古代马文化文献繁多而零散，梳理起来难度较大，且对现代马产业必要的实地考察调研不够充分，有些内容从微信、邮件及电话采访中获得。在此，对在本书写作过程中接受采访，提供史实、事件、图片、书籍等热情帮助的所有朋友(在此不一一列举)表示衷心的谢忱！

　　另外，在与本项目负责单位内蒙古社科联主管领导及其他五位作者的多次交流和思维碰撞中得到诸多启示，感谢各位不吝赐教！感谢五位专家提出的意见建议，使书稿内容更加丰富和完善。还要感谢学院领导对本项目的支持，将本学期所担任课程适当调整，使我有更多的时间和精力用于课题研究上。也要感谢家人的理解支持，让我在整个寒假和春节期间能够将

全部时间和精力用于书稿写作。

　　最后，特别感谢我的课题组成员：内蒙古艺术学院文化艺术管理学院副教授伊德日克博士，翻译了一些蒙古文论著并承担了《蒙古马文化》一章的撰写；内蒙古艺术学院设计学院副教授张永升，参与第八章写作并为本书画了部分插图；内蒙古艺术学院公共课教学部副教授陈莹，翻译了英文文献；内蒙古农业大学职业技术学院副教授武建林、赵利娜，分别参与第七章二、三节和第六章的写作。感谢各位的辛劳与合作，使我们的研究与写作在规定的时间内完成。

　　尽管我们以最认真的态度来研究和撰写书稿，但在博大精深的马文化面前，我们深感才薄识浅，加之囿于时间、精力与经验，书中持论必有不足，尚祈各方读者批评指正，督促研究不断进步，以便日后完善！感恩！

　　　　　　　　　　　　　　　　　　　　　　　　　黄淑洁

　　　　　　　　　　　　　　　　　　　　　　　2019 年 5 月 6 日